KIDS

6~9岁
全图解
实　用

儿童毛衣

张翠 主编

辽宁科学技术出版社
·沈阳·

U0678998

主　编：张　翠

编组成员：刘晓瑞　田伶俐　张燕华　吴晓丽　郭建华　胡　芸　李东方　小　凡　落　叶　舒　荣　陈　燕　邓瑞飞　蛾
　　　　　冬　日　暖　阳　飞　儿　枫　吟　寒　梅　简　爱　九核桃　桔　色　考　拉　拾　忆　塘　溪　风之花　蓝云海
　　　　　汕果是　欢乐梅　一片云　花狍子　张京运　逸　瑶　梦　京　莺飞草　李　俐　张　霞　陈梓敏　指花开　林宝贝
　　　　　清爽指　大眼睛　江城子　忘忧草　色女人　水中花　蓝　溪　小　草　小　乔　陈小春　李　俊　陈红艳　冰珊瑚
　　　　　孙　强　杨素娟　袁相荣　徐君君　黄燕莉　卢学英　赵悦霞　周　艳　刘金萍　谭延莉　任　俊　茶无味　蓝　天
　　　　　刘太太　清　影　淅　淅　小　麦　小　妖　小　薇　小　鱼　逸　涵　白云忘忧　阿　布　子非鱼　飞　翔
　　　　　雨在笑　KFC猫　jiqiaoli　飞　儿　娟　子　欣　雅　馨　雨　紫　颜　梦　妍　琳　妮　宁　静　左　缘　爱　任
　　　　　白　玉　包　袄　彩　虹　茶　香　唉　燃　当　当　飞　雨　菲　菲　雅虎编织　南宫lisa　紫色白狐　宝贝飞翔
　　　　　雪山飞狐　色彩传说旗舰店　爱心坊手工编织　夕阳西下　小河流水　朵朵妈妈　幸福云朵　蝴蝶效应　心灵如镜

图书在版编目（CIP）数据

6~9岁全图解实用儿童毛衣/张翠主编. —沈阳：
辽宁科学技术出版社，2012.11
　　ISBN 978－7－5381－7732－9

　　Ⅰ.①6 … Ⅱ.①张 … Ⅲ.①童服— 毛衣 — 编织 — 图
集 Ⅳ.①TS941.763.1—64

　　中国版本图书馆CIP数据核字（2012）第244692号

出版发行：辽宁科学技术出版社
　　　　　（地址：沈阳市和平区十一纬路29号 邮编：110003）
印 刷 者：深圳市龙辉印刷有限公司
经 销 者：各地新华书店
幅面尺寸：210mm×285mm
印　　张：12
字　　数：200千字
印　　数：1~11000
出版时间：2012年11月第1版
印刷时间：2012年11月第1次印刷
责任编辑：赵敏超
封面设计：幸琦琪
版式设计：幸琦琪
责任校对：徐　跃

书　　号：ISBN 978－7－5381－7732－9
定　　价：39.80元

联系电话：024－23284367
邮购热线：024－23284502
E-mail：473074036@qq.com
http://www.lnkj.com.cn

敬告读者：
本书采用兆信电码电话防伪系统，书后贴有防伪标签，全国统一防伪查询电
话16840315或8008907799（辽宁省内）

Contents

目录

使用针法

│ = 下针(又称为正针、低针或平针)

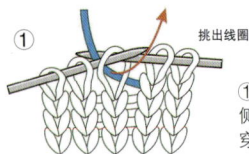

① 挑出线圈

①将毛线放在织物外侧,右针尖端由前面穿入活结。

②挑出挂在右针尖上的线圈,同时此活结由左针滑脱。

─ 或 □ = 上针(又称为反针或高针)

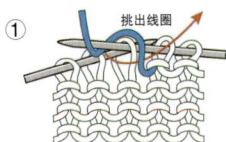

①将毛线放在织物前面,右针尖端由后面穿入活结。

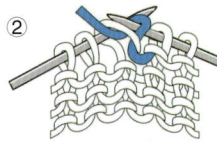

②挂上毛线并挑出挂在右针尖上的线圈,同时此活结由左针滑脱。上针完成。

○ = 空针(又称为加针或挂针)

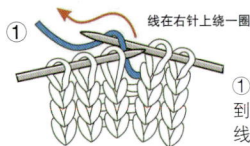

线在右针上绕一圈

①将毛线在右针上从下到上绕一次,并带紧线。

②继续编织下一个针圈。到次行时此针圈与其他针圈同样织。实际意义是增加了1针,所以又称为加针。

Q = 扭针

右针从后到前插入针圈,将此针扭转方向后再织。

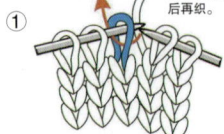

①将右针从后到前插入第一个针圈(将待织的这一针扭转)。

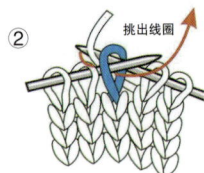

②在右针上挂线,然后从针圈中将线挑出来,同时此活结由左针滑脱。

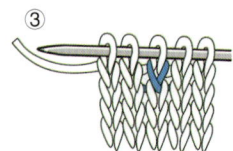

③继续往下织,这是效果图。

∩ = 滑针

松开到上一行

①将左针上第一个针圈退出并松开再滑到上一行(根据花形的需要也可以滑出多行),退出的针圈和松开的上一行毛线用右针挑起。

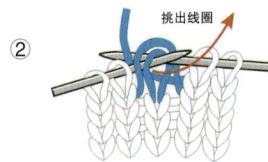

②右针从退出的针圈和松开的上一行毛线中挑出毛线使之形成一个针圈。

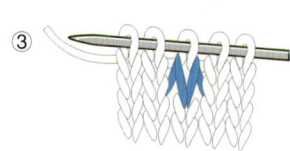

③继续编织下一个针圈。

⋌ = 右上2针并为1针(又称为拨收1针)

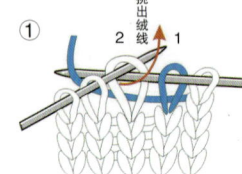

挑出绒线

①第一针不织移到右针上,线从后带过正常织第二针。

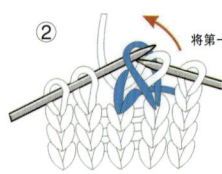

将第一针挑起套在第二针上

②再将第一针用左针挑起套在刚才织的第二针上面,因为有这个拨针的动作,所以又称为"拨收针"。

人 = 左上2针并为1针

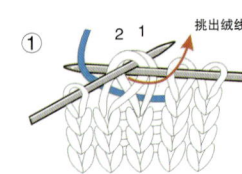

挑出绒线

①右针按箭头的方向从第二针、第一针插入两个针圈中,挑出绒线。

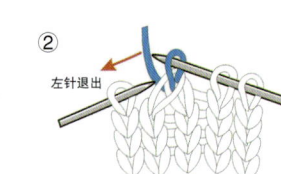

左针退出

②再将第二针和第一针这两个针圈从左针上退出,并针完成。

Y = 左加针

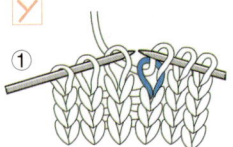

①左针第一针正常织。

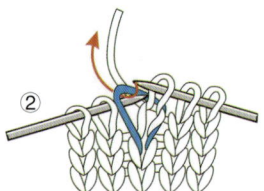

②左针尖端先从这针的前一行的针圈中从后向前挑起针圈。针从前向后插入并挑出线圈。

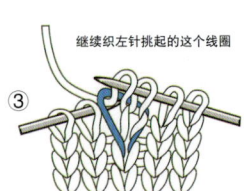

继续织左针挑起的这个线圈

③继续织左针挑起的这个线圈。实际意义是在这针的左侧增加了1针。

Y = 右加针

右针从前向后挑起前一行线圈

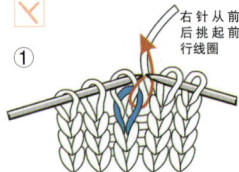

①在织左针第一针前,右针尖端先从这针的前一行的针圈中从前向后插入。

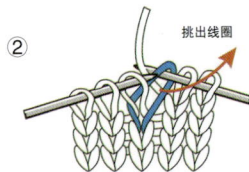

挑出线圈

②将毛线在右针上从下到上绕一次,并从挑起的线圈中挑出绒线,实际意义是在这针的右侧增加了1针。

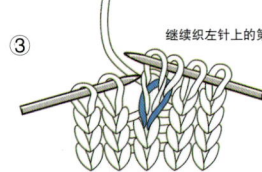

继续织左针上的第一针

③继续织左针上的第一针。然后此活结由左针滑脱。

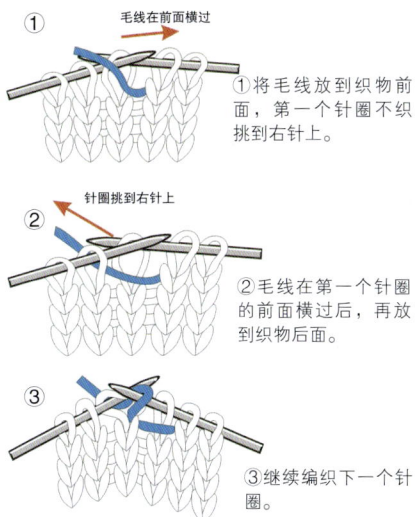

Ⴅ = 上浮针

① 毛线在前面横过
① 将毛线放到织物前面，第一个针圈不织挑到右针上。

② 针圈挑到右针上
② 毛线在第一个针圈的前面横过后，再放到织物后面。

③ 继续编织下一个针圈。

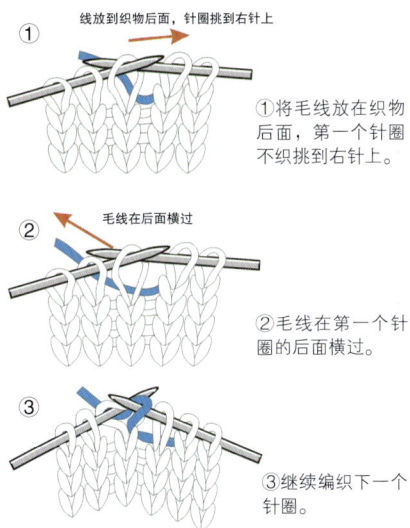

Ⴅ = 下浮针

① 线放到织物后面，针圈挑到右针上
① 将毛线放在织物后面，第一个针圈不织挑到右针上。

② 毛线在后面横过
② 毛线在第一个针圈的后面横过。

③ 继续编织下一个针圈。

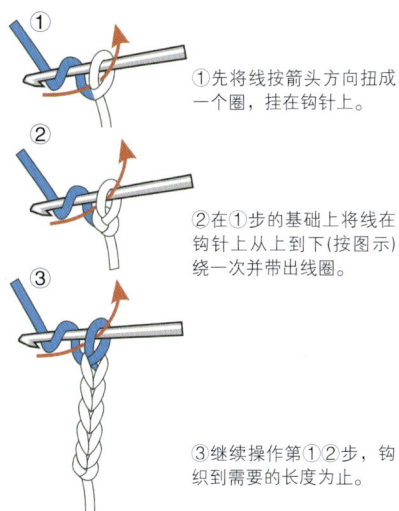

○ = 锁针

① 先将线按箭头方向扭成一个圈，挂在钩针上。

② 在①步的基础上将线在钩针上从上到下(按图示)绕一次并带出线圈。

③ 继续操作第①②步，钩织到需要的长度为止。

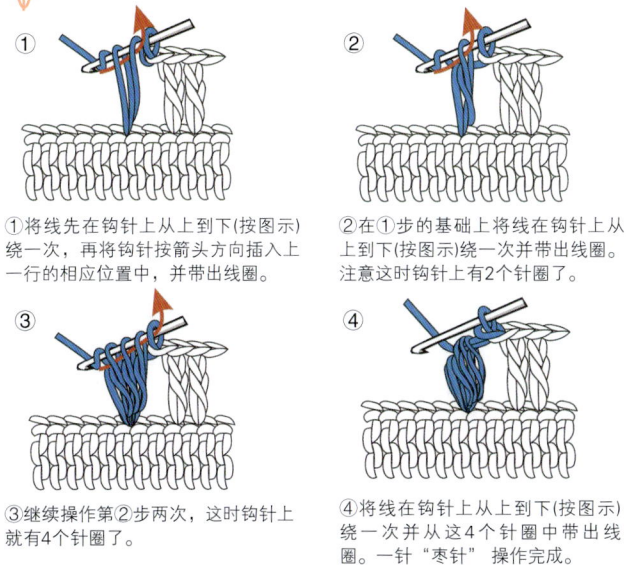

Ꝥ = 枣针(3针长针并为1针)

① 将线先在钩针上从上到下(按图示)绕一次，再将钩针按箭头方向插入上一行的相应位置中，并带出线圈。

② 在①步的基础上将线在钩针上从上到下(按图示)绕一次并带出线圈。注意这时钩针上有2个针圈了。

③ 继续操作第②步两次，这时钩针上就有4个针圈了。

④ 将线在钩针上从上到下(按图示)绕一次并从这4个针圈中带出线圈。一针"枣针"操作完成。

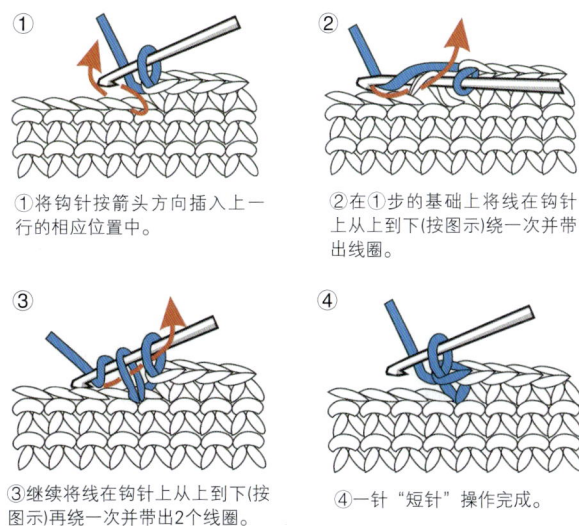

Ⅹ = 短针

① 将钩针按箭头方向插入上一行的相应位置中。

② 在①步的基础上将线在钩针上从上到下(按图示)绕一次并带出线圈。

③ 继续将线在钩针上从上到下(按图示)再绕一次并带出2个线圈。

④ 一针"短针"操作完成。

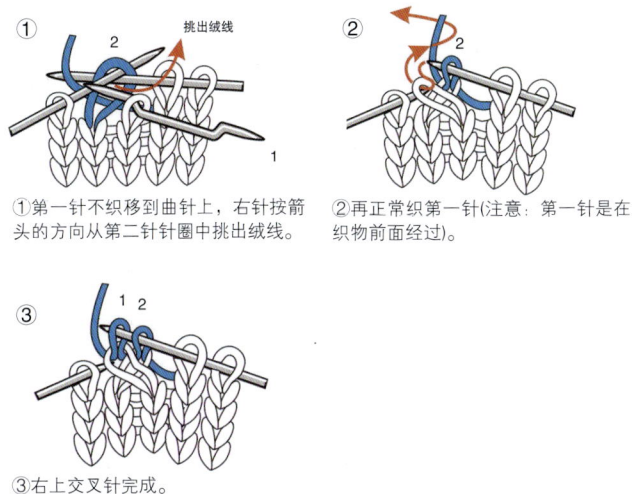

Ⅹ Ⅹ = 1针下针右上交叉

① 挑出绒线
① 第一针不织移到曲针上，右针按箭头的方向从第二针针圈中挑出绒线。

② 再正常织第一针(注意：第一针是在织物前面经过)。

③ 右上交叉针完成。

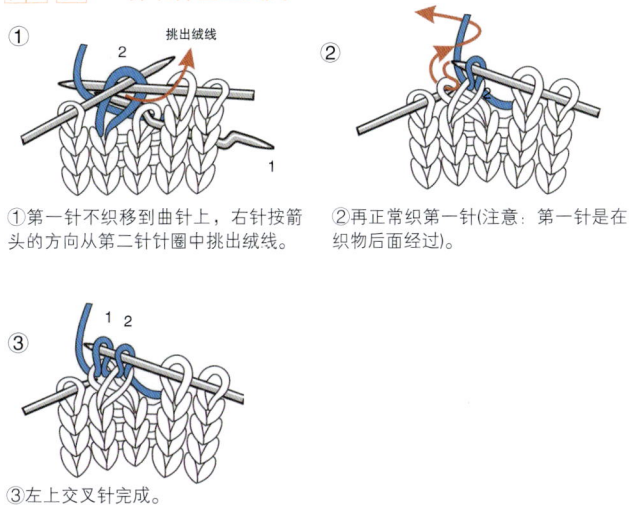

Ⅹ Ⅹ = 1针下针左上交叉

① 挑出绒线
① 第一针不织移到曲针上，右针按箭头的方向从第二针针圈中挑出绒线。

② 再正常织第一针(注意：第一针是在织物后面经过)。

③ 左上交叉针完成。

模特身高：108cm

适合年龄：6~9岁

适合身高：104~125cm

衣身长度：34cm

线材选购：棉线、宝宝绒、
蚕丝蛋白绒

编织方法 P81~82

喜庆心形花外套

for girls

大红色非常喜庆，衬出宝贝红润的脸色。心形的花样非常别致，代表了妈妈对
宝宝满满的爱意。

休闲v领套头衫

for boys

大气的灰色套头衫，穿上非常有气质，精致的花样使得衣服很显档次，休闲的款式，搭配衬衣非常帅气。

编织方法 P82~83

基本资料介绍

模特身高：113cm
适合年龄：6~9岁
适合身高：108~115cm

衣身长度：52cm
线材选购：棉线、宝宝绒、
　　　　　蚕丝蛋白绒

大红喜庆连帽衫

for girls

喜气洋洋的红色，在阳光下特别耀眼，背后的三叶草花样具
有运动感，给你的宝贝准备一件吧，送给她健康的祝福。

编织方法 P84~85

基本资料介绍

模特身高：110cm	衣身长度：35cm
适合年龄：6~9岁	线材选购：棉线、宝宝绒、
适合身高：105~115cm	蚕丝蛋白绒

活力粉色女孩装
for girls

　　圆领的套头衫，领口的花样繁复精致，宽松的衣身，粉粉的颜色，让你的宝贝看起来活力四射。

编织方法 P85~86

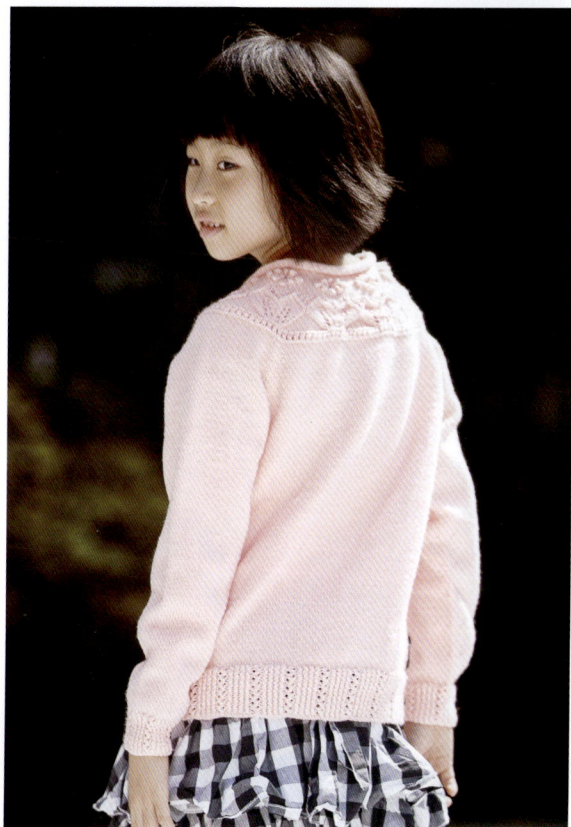

基本资料介绍

模特身高：110cm	衣身长度：36cm
适合年龄：6~9岁	线材选购：棉线、宝宝绒、
适合身高：105~115cm	蚕丝蛋白绒

个性流苏短袖衫

for girls

胸前和背后大大的六叶花非常具有特色，闪闪的串珠吸引眼球，靓丽的玫红色衬出吾家有女初长成的娇艳。

编织方法 *P87~88*

基本资料介绍

模特身高：110cm

适合年龄：6~9岁

适合身高：105~115cm

衣身长度：54cm

线材选购：棉线、宝宝绒、
　　　　　蚕丝蛋白绒

两穿粉色披肩
(裙子)

for girls

盈盈的桃粉色，让人想到满树娇艳的桃花，大大的蝴蝶结非常可爱，既可以当披肩也可以当做短裙。

编织方法 P89

基本资料介绍

模特身高：110cm	裙　　长：23cm
适合年龄：6~9岁	线材选购：棉线、宝宝绒、
适合身高：105~115cm	蚕丝蛋白绒

韩版绿色外套

for girls

非常时尚的韩版款式，来源于韩国传统服装的改良，跟你的宝宝一人来一件吧，母女装上阵，怎能不引人注目呢？

编织方法 *P90~91*

基本资料介绍

模特身高：108cm	衣身长度：40cm
适合年龄：6~9岁	线材选购：棉线、宝宝绒、
适合身高：104~125cm	蚕丝蛋白绒

牛角扣连帽外套

for boys

牛角扣宽松版的外套，略带韩版的感觉，比较中性风，
男孩女孩都可以穿。

编织方法 P91~92

基本资料介绍

模特身高：113cm	衣身长度：41cm
适合年龄：6~9岁	线材选购：棉线、宝宝绒、
适合身高：108~115cm	蚕丝蛋白绒

扭花高领毛衣

for girls

韩式娃娃裙的样式，大大的下摆，可搭配紧身牛仔裤或者打底裤，搭配一双短靴，真是美翻了。

编织方法 P93

基本资料介绍

模特身高：110cm	衣身长度：62cm
适合年龄：6~9岁	线材选购：棉线、宝宝绒、
适合身高：105~115cm	蚕丝蛋白绒

收腰款翻领大衣
for girls

简单的花样，收腰的设计使得这件红色毛线大衣非常别致，口袋是很好的装饰哦，也具有实用的效果。

编织方法 P94~95

基本资料介绍

模特身高：110cm

适合年龄：6~9岁

适合身高：105~115cm

衣身长度：50cm

线材选购：棉线、宝宝绒、
　　　　　蚕丝蛋白绒

俏丽花瓣领女孩装
for girls

编织方法 P95~96

精致的花瓣领，突出女孩子的俏丽娇柔，还可以换成艳丽的黄色或粉色，大红色也不错哦。

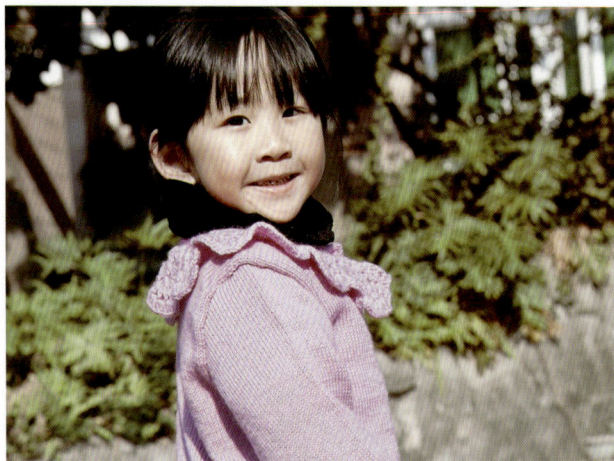

基本资料介绍

模特身高：95cm
适合年龄：6~9岁
适合身高：105~115cm
衣身长度：39cm
线材选购：棉线、宝宝绒、蚕丝蛋白绒

温暖高领毛衣
for boys

高领毛衣的保暖性非常好，衣身的花样非常简单，配色很有创意哦，穿在外面是低调的华丽。

编织方法 P97~98

基本资料介绍

模特身高：113cm   衣身长度：46cm
适合年龄：6~9岁   线材选购：棉线、宝宝绒、
适合身高：108~115cm   蚕丝蛋白绒

粉色俏丽开衫

for girls

　　竖条纹明暗交错，给人视觉上的冲击，粉色俏丽可爱，让你
的宝贝看起来活力四射。

编织方法 P98~99

基本资料介绍

模特身高：110cm	衣身长度：34cm
适合年龄：6~9岁	线材选购：棉线、宝宝绒、
适合身高：105~115cm	蚕丝蛋白绒

韩式大气披肩

for girls

灰色的披肩非常大气，韩版的样式，很百搭，是时尚扮靓的必备之选哦，妈妈们还等什么呢？赶紧动手吧。

编织方法 P100~103

基本资料介绍

模特身高：108cm
适合年龄：6~9岁
适合身高：104~125cm
衣身长度：29.8cm
线材选购：棉线、宝宝绒
　　　　　蚕丝蛋白绒

基本资料介绍

模特身高：113cm
适合年龄：6~9岁
适合身高：108~115cm
衣身长度：49cm
线材选购：棉线、宝宝绒、
　　　　　蚕丝蛋白绒

中性风连帽外套
for boys

这是一款比较中性的外套，无论从颜色上还是款式上来说，男生女生都适合，袖子很有特色哦。

编织方法 P104~105

火红花朵披肩

for girls

　　毛茸茸的线材，看起来非常柔软舒适，摸起来的感觉也很好哦，非常亲肤，同色系花朵装饰将女孩的甜美展露无遗。

编织方法 *P106~107*

基本资料介绍

模特身高：110cm

适合年龄：6~9岁

适合身高：105~115cm

衣身长度：36cm

线材选购：棉线、宝宝绒、
　　　　　蚕丝蛋白绒

蓝色休闲套头衫
for boys

蓝色似深邃的海洋，沉静温柔，充满神秘感，
衣身的花纹错落又有秩序，非常特别。

编织方法 P107~108

基本资料介绍

模特身高：113cm
适合年龄：6~9岁
适合身高：108~115cm

衣身长度：42cm
线材选购：棉线、宝宝绒、
蚕丝蛋白绒

浪漫紫色背心裙
for girls

　　浪漫的紫色，是属于每个女孩的童话梦想，大大的蝴蝶结是每个女孩的公主梦。

编织方法 P109～110

基本资料介绍

模特身高：108cm

适合年龄：6~9岁

适合身高：104~125cm

衣身长度：48cm

线材选购：棉线、宝宝绒、蚕丝蛋白绒

粉色圆领开衫

for girls

　　粉嫩的色彩是每个小女孩都喜欢的颜色，这样的一件开衫穿起来简单大方，妈妈们也可以为自己的宝宝试试。

编织方法 P110~111

基本资料介绍

模特身高：110cm	衣身长度：54cm
适合年龄：7~9岁	线材选购：棉线、宝宝绒、
适合身高：105~115cm	蚕丝蛋白绒

基本资料介绍

模特身高：110cm

适合年龄：6~9岁

适合身高：105~115cm

衣身长度：40cm

线材选购：棉线、宝宝绒、

蚕丝蛋白绒

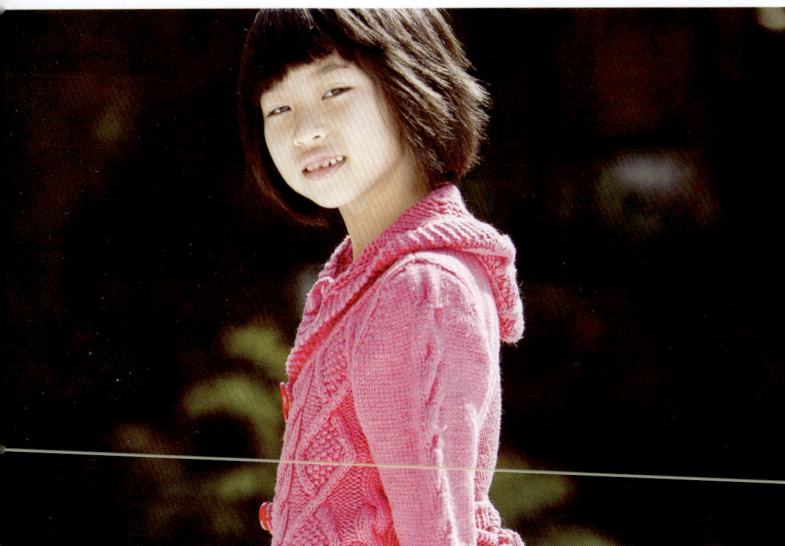

连帽短装外套

for girls

短装的小外套显得十分简洁干练，加上连帽的设计更是透露出了一股休闲的气息。

编织方法 *P112~113*

帅气树叶长袖衫

for boy's

简单的树叶花样搭配精致的珍珠花花
样，让男孩子的毛衣也不再那么单调。

编织方法 P113~115

基本资料介绍

模特身高：130cm   衣身长度：42cm

适合年龄：7~9岁   线材选购：棉线、宝宝绒、

适合身高：114~135cm   蚕丝蛋白绒

休闲斗篷衣

for girls

眼下斗篷似乎是时尚的潮流前线，这样的一件玫红色斗篷，搭配扭"8"的花样可谓恰到好处。

编织方法 P115~116

基本资料介绍

模特身高：108cm	衣身长度：40cm
适合年龄：6~9岁	线材选购：棉线、宝宝绒、
适合身高：104~125cm	蚕丝蛋白绒

温馨木扣毛衣

for girls

此款毛衣的样式比较简单，但是独具匠心之处在于门襟处五颗木纽扣的点缀，给衣服提升了一个档次。

编织方法 P116~118

基本资料介绍

模特身高：110cm

适合年龄：6~9岁

适合身高：105~115cm

衣身长度：37cm

线材选购：棉线、宝宝绒、
　　　　　蚕丝蛋白绒

灰色韩版毛衣

for boys or girls

衣身的色彩妈妈们可以根据孩子的需要来进行更改，亮纽扣搭配和衣边处波浪式花样的编织也是一大特色。

编织方法 P118~119

基本资料介绍

模特身高：110cm	衣身长度：48cm
适合年龄：6~9岁	线材选购：棉线、宝宝绒、
适合身高：105~115cm	蚕丝蛋白绒

基本资料介绍

模特身高：110cm

适合年龄：6~9岁

适合身高：105~115cm

衣身长度：48.5cm

线材选购：棉线、宝宝绒、
　　　　　蚕丝蛋白绒

淡紫色七分袖毛衣

for girls

　　淡紫色毛茸茸的兔绒线很是温馨，小女孩穿上这样的毛衣更显稚嫩。简单的花样编织，每个妈妈都可以拿来一试。

编织方法 *P175~176*

桃心领中袖毛衣

for girls

这款毛衣织成中袖的款式，更适合在天气比较凉爽的季节里穿，既不会显得热，也不会像无袖衫那样的清凉。

编织方法 P140~141

基本资料介绍

模特身高：110cm　　　衣身长度：44cm

适合年龄：7~9岁　　　线材选购：棉线、宝宝绒、

适合身高：105~115cm　　　　　　蚕丝蛋白绒

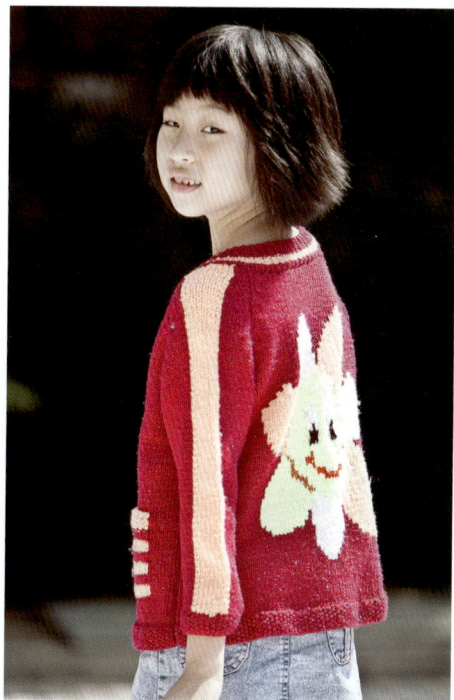

活力太阳花毛衣

for girls

　　迎着笑脸的太阳花，似乎每个孩子都很喜欢，这样的一款小外套爱美的妈妈们都可以为自己的小孩试试。

编织方法 *P124~125*

基本资料介绍

模特身高：110cm
适合年龄：6~9岁
适合身高：105~115cm
衣身长度：42cm
线材选购：棉线、宝宝绒、
　　　　　蚕丝蛋白绒

黑色红花长裙

for girls

修身的黑色更能突出一种高贵的气质，胸前搭配一朵这样的小红花，是每个小孩的最爱。

编织方法 *P126*

基本资料介绍

模特身高：108cm

适合年龄：6~9岁

适合身高：104~125cm

衣身长度：60cm

线材选购：棉线、宝宝绒、蚕丝蛋白绒

个性纽扣开衫

for boys

此款毛衣的款式设计比较独特，肩部至胸围处的纽扣搭配显得格外的耀眼，这样的一款毛衣充满着浓浓的中国风。

编织方法 P127~128

基本资料介绍

模特身高：1105cm	衣身长度：40cm
适合年龄：6~9岁	线材选购：棉线、宝宝绒、
适合身高：104~125cm	蚕丝蛋白绒

白色口袋毛衣
for girls

雪白的颜色代表着孩子们纯真的梦幻，搭配两个浅浅的口袋很有贴心的韵味。

编织方法 P128~129

基本资料介绍

模特身高：110cm
适合年龄：7~9岁
适合身高：105~115cm

衣身长度：52cm
线材选购：棉维、宝宝绒、
蚕丝蛋白绒

基本资料介绍

模特身高：110cm
适合年龄：6~9岁
适合身高：105~115cm
衣身长度：58cm
线材选购：棉线、宝宝绒、
蚕丝蛋白绒

假两件连衣裙
for girls

　　此款长裙可谓泾渭分明，上下的颜色完全不一样，看上去是两件衣服的搭配，这样的匠心独运可谓巧妙。

编织方法 *P130~131*

基本资料介绍

模特身高：113cm

适合年龄：6~9岁

适合身高：108~115cm

衣身长度：45cm

线材选购：棉线、宝宝绒、
　　　　　蚕丝蛋白绒

连帽无袖背心

for boys

　　小小的连帽背心显得十分的具有活力，搭配前片处珍珠花样的
编织，更是充满着朝气。

编织方法 P131~132

橘色短装风衣

for girls

此款毛衣更多的是参考韩式毛衣的特征，这样的款式穿起来既显得洋气也非常实用。

编织方法 *P133*

基本资料介绍

模特身高：110cm
适合年龄：7~9岁
适合身高：105~115cm

衣身长度：46cm
线材选购：棉线、宝宝绒、
　　　　　蚕丝蛋白绒

粉色休闲长裙
for girls

此款长裙的编织花样非常简单，唯一值得赞赏的地方要数袖口处和衣下摆处的钩花设计了，显得水到渠成。

编织方法 P134～135

基本资料介绍

模特身高：110cm   衣身长度：57cm
适合年龄：6～9岁   线材选购：棉线、宝宝绒、
适合身高：105～115cm   蚕丝蛋白绒

蓝色KITTY短袖衫

for girls

KITTY控们，可以为自己的宝宝织一件这样的可爱KITTY，当然也可以织成亲子装，这样的亲子装是不是很拉风呢？

编织方法 P135～137

基本资料介绍

模特身高：108cm

适合年龄：6～9岁

适合身高：104～125cm

衣身长度：49cm

线材选购：棉线、宝宝绒、
蚕丝蛋白绒

秀气连帽开衫

for boys

这样的连帽外套非常适合小男孩，简单、舒适的穿着是很多妈妈的追求，也是很多小朋友的最爱。

基本资料介绍

模特身高：113cm
适合年龄：6~9岁
适合身高：108~115cm

衣身长度：44cm
线材选购：棉线、宝宝绒、
蚕丝蛋白绒

编织方法 P137~138

配色蝴蝶结中袖衫

for girls

韩版的毛衣样式显得十分洋气，中袖的设计，更显干练。胸前大大的蝴蝶结诉说着每一个小女孩的梦。

编织方法 P138～139

基本资料介绍

模特身高：110cm	衣身长度：47.5cm
适合年龄：6~9岁	线材选购：棉线、宝宝绒、
适合身高：105~115cm	蚕丝蛋白绒

可爱熊条纹毛衣
for girls

可爱的小熊正眯着小眼睛憨笑，似带动了整件衣服的灵气，条纹的袖窿编织十分具有青春活力。

编织方法 *P142~144*

红色圆领短袖衫

for girls

皮肤白嫩的宝宝们最适合这样颜色鲜艳的毛衣，搭配横织的扭八花样，这样的一件套头衫你也值得拥有。

编织方法 P141~142

基本资料介绍

模特身高：108cm
适合年龄：6~9岁
适合身高：104~125cm
衣身长度：41cm
线材选购：棉线、宝宝绒、
　　　　　蚕丝蛋白绒

双排扣短款外套
for girls

简单的编织，大气的双排扣，可爱的娃娃领，军功章似的衣肩搭配，这样的一件短装外套你是否也心动了呢？

编织方法 P145～146

基本资料介绍

模特身高：110cm

适合年龄：7～9岁

适合身高：105～115cm

衣身长度：34cm

线材选购：棉线、宝宝绒、
　　　　　蚕丝蛋白绒

黄色圆领开衫
for girls

整件毛衣都是以小镂空的花样为主，袖口处和衣下摆处采用的都是简单的上下针编织，更显简单大气。

编织方法 P146~147

基本资料介绍

模特身高：110cm

适合年龄：7~9岁

适合身高：105~115cm

衣身长度：44cm

线材选购：棉线、宝宝绒、
蚕丝蛋白绒

红色翻领开衫

for girls

此款外套不论是在款式上还是在编织花样上都是最简单的，妈妈们一学就会。

编织方法 P148~149

基本资料介绍

模特身高：110cm
适合年龄：6~9岁
适合身高：105~115cm
衣身长度：43cm
线材选购：棉线、宝宝绒、
　　　　　蚕丝蛋白绒

蓝色长袖披肩

for girls

清新淡雅的天蓝色，给人以沁人心脾的视觉感受，搭配一件
浅色的连衣裙是很不错的选择。

编织方法 P149~150

基本资料介绍

模特身高：110cm	衣身长度：22cm
适合年龄：6~9岁	线材选购：棉线、宝宝绒、
适合身高：105~115cm	蚕丝蛋白绒

基本资料介绍

模特身高：110cm
适合年龄：6~9岁
适合身高：105~115cm
衣身长度：52cm
线材选购：棉线、宝宝绒、
　　　　　蚕丝蛋白绒

紫色连帽外套
for girls

此款紫色的外套十分俏皮，扭八的花样贯穿于整件毛衣直到衣身后的小辫子设计，无处不充满着童趣。

编织方法 P150~152

配色高领毛衣

for boys

灰色、橘色、乳白色，三色相交的色彩，显得
格外清晰明朗，这样的一件高领毛衣也是很多妈妈
的选择。

编织方法 P152～153

基本资料介绍

模特身高：130cm	衣身长度：33cm
适合年龄：7~9岁	线材选购：棉线、宝宝绒、
适合身高：114~135cm	蚕丝蛋白绒

基本资料介绍
模特身高：110cm
适合年龄：7~9岁
适合身高：105~115cm
衣身长度：47cm
线材选购：棉线、宝宝绒、
　　　　　蚕丝蛋白绒

编织方法 P154~155

红色水晶扣毛衣

for girls

这样的一款红色毛衣很有学生风范，胸前的两根系带，充满着童真和稚气。

连帽配色开衫毛衣

for girls

黄色和白色的完美搭配显得十分惬意，水晶纽扣
的搭配更是锦上添花。俏皮的连帽设计更显童真。

编织方法 P155~156

基本资料介绍

模特身高：110cm

适合年龄：6~9岁

适合身高：105~115cm

衣身长度：40cm

线材选购：棉线、宝宝绒、

　　　　　蚕丝蛋白绒

短款圆领蝙蝠衫

for girls

白色和浅紫色的搭配更显梦幻，宽松的款
式，搭配简单的编织花样，这样一件舒适的蝙蝠
衫，妈妈们赶快行动吧。

编织方法 P157

基本资料介绍

模特身高：110cm　　　衣身长度：36cm

适合年龄：6~9岁　　　线材选购：棉线、宝宝绒、

适合身高：105~115cm　　　　　　蚕丝蛋白绒

编织方法 P158~159

厚实双排扣大衣

for girls

这款毛衣很适合在寒冷的冬天穿着，厚实的毛衣衣身更能为你的宝宝遮风挡雨，妈妈们赶快行动起来吧。

基本资料介绍

模特身高：108cm

适合年龄：6~9岁

适合身高：104~125cm

衣身长度：54cm

线材选购：棉线、宝宝绒、蚕丝蛋白绒

56

扭八翻领长毛衣
for boys

简单的小翻领样式，显得十分帅气。这样的一件休闲小外套，搭配一件牛仔裤也能让你的小孩显得潮味十足哦。

编织方法 P159~160

基本资料介绍

模特身高：113cm
适合年龄：6~9岁
适合身高：108~115cm
衣身长度：46cm
线材选购：棉线、宝宝绒、
　　　　　蚕丝蛋白绒

玫红水晶扣开衫

for girls

　　此款毛衣的编织花样十分简单，只是在衣领处作了横织的处理，使得衣服看上去更具有层次感。

编织方法 P161~162

基本资料介绍

模特身高：110cm	衣身长度：44cm
适合年龄：7~9岁	线材选购：棉线、宝宝绒、
适合身高：105~115cm	蚕丝蛋白绒

温暖牌背心

for girls

　　鲜亮的黄色搭配毛茸茸的圆领显得十分温馨，此款背心的款式设计比较独特，衣身的纽扣设计也是恰到好处。

编织方法 *P162～163*

基本资料介绍

模特身高：110cm

适合年龄：7~9岁

适合身高：105~115cm

衣身长度：27cm

线材选购：棉线、宝宝绒、
　　　　　蚕丝蛋白绒

灰色长款背心

for girls

此款背心的款式很简洁，妈妈们也可以根据自己的喜好来更换衣身的颜色，使得整件背心更加富有童真气息。

编织方法 P163~164

基本资料介绍

织物身高：110cm
适合年龄：6~9岁
适合身高：105~115cm
衣身长度：49cm
线材选购：棉线、宝宝绒、
蚕丝蛋白绒

配色连帽学生装
for boys

此款连帽装很有日式校服的风格。绿色和褐色的搭配可谓恰到好处，这样的一件毛衣幼时的你是否也想拥有一件呢？

编织方法 P164~165

基本资料介绍

模特身高：1105cm

适合年龄：6~9岁

适合身高：104~125cm

衣身长度：40cm

线材选购：棉线、宝宝绒、
蚕丝蛋白绒

黄色纽扣斗篷

for girls

斗篷衣似乎是永远都不会过时的款式，不论织成什么样的颜色，都难掩斗篷衣的风采。

编织方法 P165~166

基本资料介绍

模特身高：110cm

适合年龄：7~9岁

适合身高：105~115cm

衣身长度：42cm

线材选购：棉线、宝宝绒、蚕丝蛋白绒

白色高领毛衣
for girls

雪白的颜色衬托出小女孩白净的皮肤，简洁的款式象征着童真的干净，这样的一款长袖毛衣，你是否也想拥有一件呢？

编织方法 P166~168

基本资料介绍

模特身高：110cm
适合年龄：7~9岁
适合身高：105~115cm
衣身长度：49cm
线材选购：棉线、宝宝绒、
蚕丝蛋白绒

红色蝴蝶结毛衣
for girls

大气、潮流的韩版款式，搭配可爱的蝴蝶结花，显得十分俏皮可爱。鲜艳的色彩更能衬托出小女孩白净的肤色。

编织方法 *P168~169*

基本资料介绍

模特身高：110cm

适合年龄：6~9岁

适合身高：105~115cm

衣身长度：51cm

线材选购：棉线、宝宝绒、
蚕丝蛋白绒

蓝色珍珠花披肩
for girls

蓝色的珍珠花显得气质十足。这样的一款披肩搭配纯色的连衣裙也是很不错的选择。

编织方法 *P170*

基本资料介绍

模特身高：110cm　　衣身长度：24cm

适合年龄：6~9岁　　线材选购：棉线、宝宝绒、

适合身高：105~115cm　　　　　　蚕丝蛋白绒

玫红色荷叶领毛衣

for girls

小女孩的毛衣似乎永远都和荷叶边、蕾丝边息息相关。这款毛衣的衣领采用的就是荷叶边的花样编织，满足了每个小女孩的公主梦。

编织方法 P171~172

基本资料介绍

模特身高：110cm
适合年龄：6~9岁
适合身高：105~115cm
衣身长度：55cm
线材选购：棉线、宝宝绒、
　　　　　蚕丝蛋白绒

帅气两粒扣外套

for boys

简单的韩版样式，搭配两颗纽扣的设计，使得整件毛衣颇具韩范的风采，这样的一件毛衣外套妈妈们也可以试一试。

编织方法 P173~174

基本资料介绍

模特身高：108cm	衣身长度：42cm
适合年龄：6~9岁	线材选购：棉线、宝宝绒、
适合身高：105~110cm	蚕丝蛋白绒

编织方法 P120~121

扭八花样毛衣
for boys

　　似高领的设计，修身的款式搭配和简单的花样编织，使得整件毛衣穿起来十分具有休闲的气息。

基本资料介绍

模特身高：108cm

适合年龄：6~9岁

适合身高：105~110cm

衣身长度：48cm

线材选购：棉线、宝宝绒、
　　　　　蚕丝蛋白绒

白色高领毛衣

for boys

高领是很多妈妈的选择，寒冷的冬天里，妈妈们也为自己的孩子织一件像这样的高领毛衣呗。

编织方法 P122~123

基本资料介绍

模特身高：113cm

适合年龄：6~9岁

适合身高：108~115cm

衣身长度：43cm

线材选购：棉线、宝宝绒、
　　　　　蚕丝蛋白绒

七彩圆领长裙

for girls

七彩的颜色象征着童年的美好时光，这样的一件彩色
毛衣妈妈们是否也想为自己的宝宝动手试一试呢？

编织方法 *P176~177*

基本资料介绍

模特身高：95cm

适合年龄：6-8岁

适合身高：105~115cm

衣身长度：58cm

线材选购：棉线、珊宝绒、
垂坠感的绒

绿色圆领毛衣

for girls

简单的花样编织，与众不同的地方在于，领口处采用的是稍显复杂的圈织，不过妈妈们只要有心，肯定可以织出一件宝宝喜欢的毛衣。

编织方法 P178~179

基本资料介绍

模特身高：95cm

适合年龄：6~9岁

适合身高：105~115cm

衣身长度：39cm

线材选购：棉线、宝宝绒、
　　　　　蚕丝蛋白绒

休闲蓝色连帽装
for boys

　　淡蓝的色彩很是清新，连帽的设计很是休闲，这样的一件连帽毛衣很适合帅气的小男孩。

基本资料介绍

模特身高：1105cm
适合年龄：6~9岁
适合身高：104~125cm

衣身长度：42cm
线材选购：棉线、宝宝绒、
　　　　　蚕丝蛋白绒

编织方法 P179~180

温暖休闲连帽背心
for girls

　　这款连帽的背心设计很独特，具有日式风范，胸前搭配一朵小花，更添大气之风。

编织方法 P181

基本资料介绍

模特身高：108cm

适合年龄：6~9岁

适合身高：104~125cm

衣身长度：48cm

线材选购：棉线、宝宝绒、
　　　　　蚕丝蛋白绒

酷雅腰带毛衣

for girls

　　酷酷的小背心，腰间搭配一条黑色的装饰腰带，显得格外抢眼，小翻领的设计，更是给小背心增色不少。

编织方法 P182～183

基本资料介绍

模特身高：110cm	衣身长度：39cm
适合年龄：7~9岁	线材选购：棉线、宝宝绒、
适合身高：105~115cm	蚕丝蛋白绒

雪白珍珠花短装

for girls

　　雪白的色彩，满足了每个小女孩的公主梦，具有民族风纽扣的搭配更具有别样风情。

编织方法 P183~184

基本资料介绍

模特身高：110cm	衣身长度：27cm
适合年龄：6~9岁	线材选购：棉线、宝宝绒、
适合身高：105~115cm	蚕丝蛋白绒

咖啡色连帽背心

for boys

　　咖啡色的色彩比较大众，爱调皮的小男孩比较适合这样的颜色，这样的一款小背心简单、大方，妈妈们可以动手试试。

编织方法 P185~186

基本资料介绍

模特身高：113cm	衣身长度：41cm
适合年龄：6~9岁	线材选购：棉线、宝宝绒、
适合身高：108~115cm	蚕丝蛋白绒

红色不规则毛衣

for girls

红色本是非常抢眼的颜色，加上衣身不规则款式的设计，更能吸引众人的眼球。

编织方法 *P186~187*

基本资料介绍

模特身高：110cm

适合年龄：6~9岁

适合身高：105~115cm

衣身长度：48cm

线材选购：棉线、宝宝绒、
蚕丝蛋白绒

帅气配色毛衣
for boys

褐色与灰色的搭配已是不可多得的用心，精致的纽扣搭配和斜口袋的编织，可谓是下了一番心思。

编织方法 *P187~189*

基本资料介绍

模特身高：113cm	衣身长度：45cm
适合年龄：6~9岁	线材选购：棉线、宝宝绒、
适合身高：108~115cm	蚕丝蛋白绒

白色休闲毛衣

for girls

雪白的颜色正好衬托小孩子白嫩的肌肤，这样的一件中袖毛衣，妈妈们也可以相对应地织成自己想要的长袖。

编织方法 P189～190

基本资料介绍

模特身高：108cm

适合年龄：6～9岁

适合身高：104～125cm

衣身长度：38.5cm

线材选购：棉线、宝宝绒、
        蚕丝蛋白绒

黄色珍珠扣翻领毛衣

for girls

此款毛衣的款式独特之处在于袖子的层次感设计和珍珠纽扣的编织，给衣服增添了温暖的气息。

编织方法 *P191~192*

基本资料介绍

模特身高：110cm

适合年龄：7~9岁

适合身高：105~115cm

衣身长度：44cm

线材选购：棉线、宝宝绒、
蚕丝蛋白绒

喜庆心形花外套

【成品规格】衣长34cm，胸宽33cm，袖长50cm
【工　　具】10号、12号棒针
【编织密度】10cm²=24针×36行
【材　　料】红色羊毛线760g

前片/后片/袖片制作说明

1.棒针编织法，前片、后片、袖片分别编织而成。
2.前片的编织。分别编织左前片和右前片。左前片的编织，起针，下针起40针，织花样A，一侧留出7针衣襟边织下针，花样A织80行，至袖隆。袖隆起减针，衣襟边不动，在另一侧减2针，然后4-2-9，减少20针，再编织8行至领窝。织成袖隆算起36行的高度时，衣襟边方向

平收10针不织，减2-1-4，共减14针，收针断线。相同的方法再编织右前片，减针方向相反，右衣襟边制作4个扣眼。
3.后片的编织。起针、编织与前片相同，第81行，开始袖隆减针，两侧同时减2针，然后4-2-11，每侧各减44针，后领最后余32针，收针断线。
4.袖片的编织。从袖口起织，起48针，织花样A，在两袖侧缝上进行加针，加20-1-6，织成122行，至袖山减针，两侧同时收2针，4-2-11，每侧各减24针，余下12针，收针断线，相同的方法再编织另一边袖片。
5.拼接。将前片的侧缝与后片的侧缝，前后片肩部与袖片对应缝合。
6.衣领的编织。沿着前后衣领边，挑出116针，编织下针，织6行后，收针断线。沿右衣襟边钩1行花样B装饰边，左衣襟缝上4个扣子。衣服完成。

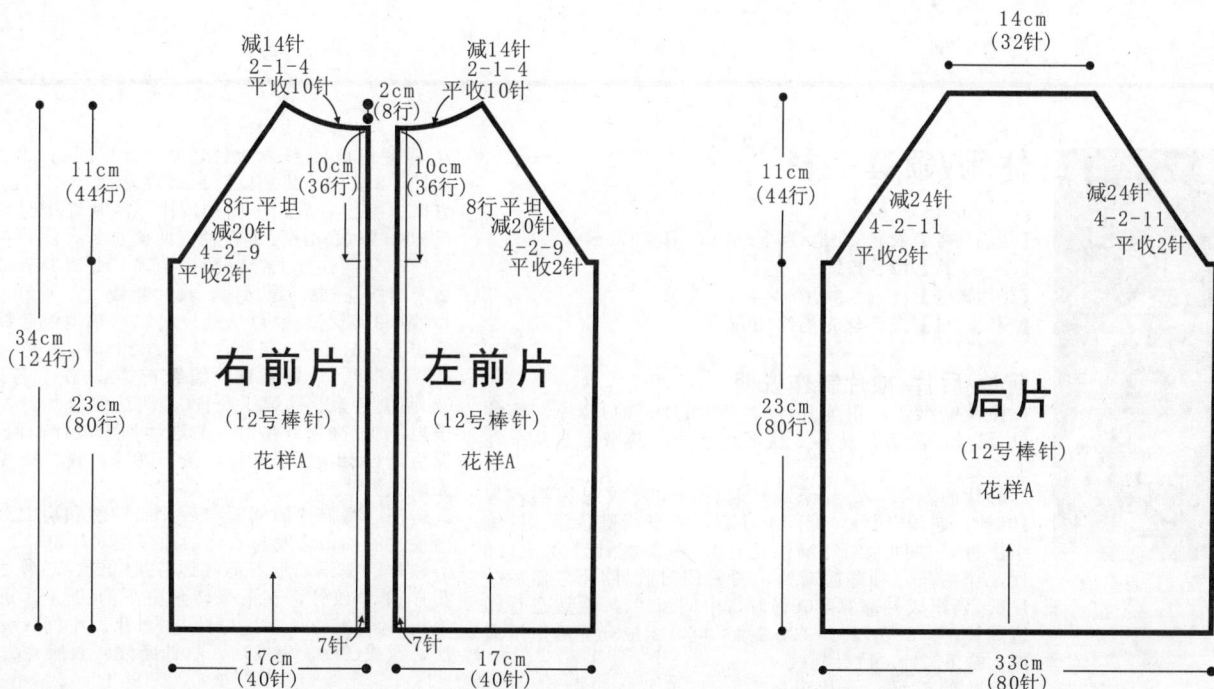

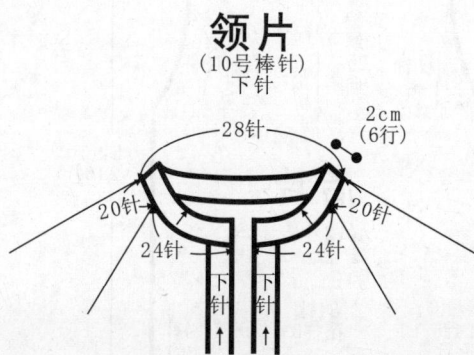

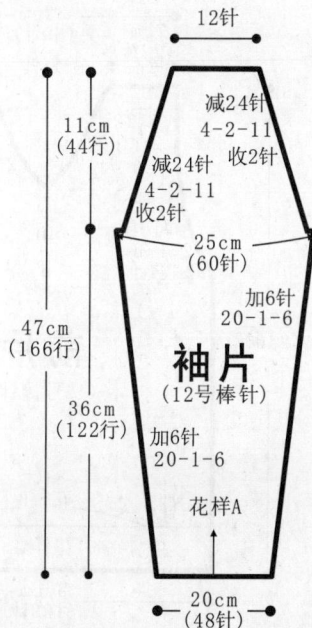

减14针
2-1-4
平收10针
2cm
(8行)
减14针
2-1-4
平收10针

11cm
(44行)

10cm
(36行)
10cm
(36行)

8行平坦
减20针
4-2-9
平收2针
8行平坦
减20针
4-2-9
平收2针

34cm
(124行)

右前片
（12号棒针）
花样A

左前片
（12号棒针）
花样A

23cm
(80行)

17cm
(40行)
7针
7针
17cm
(40行)

14cm
(32针)

11cm
(44行)

减24针
4-2-11
平收2针
减24针
4-2-11
平收2针

后片
（12号棒针）
花样A

23cm
(80行)

33cm
(80针)

领片
（10号棒针）
下针

28针
2cm
(6行)
20针
20针
24针
24针
下针
下针

12针

减24针
4-2-11
收2针
减24针
4-2-11
收2针

25cm
(60针)

11cm
(44行)

加6针
20-1-6

47cm
(166行)

袖片
（12号棒针）

36cm
(122行)

加6针
20-1-6

花样A

20cm
(48针)

81

花样A

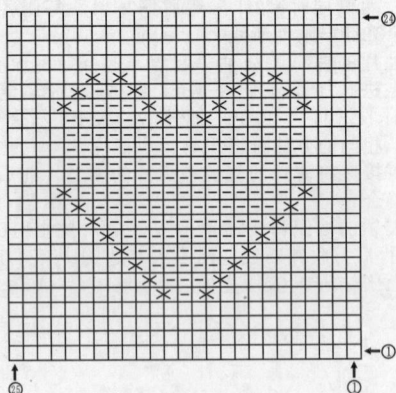

符号说明：

□	上针	⊠ 右上1针交叉
□=□	下针	⊠ 左上1针交叉

2-1-3 行-针-次

○ 锁针
┬ 短针
┼ 长针

↑ 编织方向

花样B

休闲V领套头衫

【成品规格】 衣长52cm，胸宽36cm，肩宽32cm
【工　　具】 12号棒针
【编织密度】 10cm²=30.1针×46行
【材　　料】 灰色丝光棉线400g

前片/后片/袖片制作说明

1.棒针编织法，由前片1片、后片1片、袖片2片、领片1片组成。除后片是从上往下织起外，其余都是从下往上织起。

2.前片的编织。一片织成。起针，单罗纹起针法，起109针，起织花样A，编织24行后，衣身两侧各留14针编织上针，中间余81针编织花样B，不加减针，织成120行，至袖窿。袖窿起减针，两侧同时收针4针，然后2-1-6，当织成袖窿算起60行时，中间留1针，两边进行领边减针，2-2-5，2-1-12，2行平坦，织成36行后，至肩部，余下22针，收针断线。

3.后片的编织。一片织成。起针，单罗纹起针法，起22

针，袖窿侧留4针编织上针，余18针编织花样B，同时进行领加针，2-2-7，共加14针，形成左肩。相同的方法，相反方向去编织右肩，中间加17针将两片连接起来，共81针编织花样B。织成68行后，进行袖窿两侧加针，2-1-6，再平加4针，加针部分继续打上针，形成袖窿。此时共有109针，织12行后，编织花样A，织24行。收针断线。

4.袖片的编织。袖片从袖口起织，单罗纹起针法，起70针编织花样A，不加减针，往上织24行的高度，下一行分散加8针至78针，中间留16针编织花样A，左右各留7针编织花样C，两侧各余24针编织花样C，两边侧缝加针，8-1-18，2平坦，织170行至袖山。并进行袖山减针，两边各收针4针然后2-1-28，织成56行，余下50针，收针断线。相同的方法去编织另一袖片。

5.拼接。将前片的侧缝与后片的侧缝和肩部对应缝合。再两袖片的袖山边线与衣身的袖窿边对应缝合。

6.领片的编织。沿着前领边各挑60针，后领边挑64针，编织花样A单罗纹针，在前领转角留下的1针上，进行并针编织每织2针，将左右1针共3针并为1针，中间1针在上，共拼次，织成12行，完成后，收针断线。衣服完成。

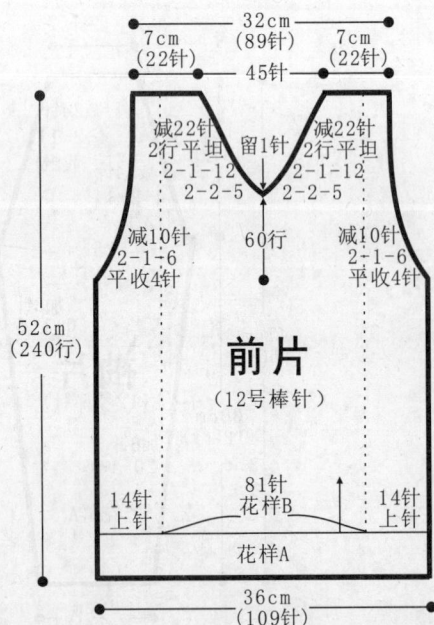

前片
（12号棒针）

图中标注：
32cm（89针）
7cm（22针）　7cm（22针）
45针
减22针 2行平坦 2-1-12 2-2-5
留1针
减22针 2行平坦 2-1-12 2-2-5
减10针 2-1-6 平收4针
减10针 2-1-6 平收4针
60行
52cm（240行）
81针 花样B
14针 上针　14针 上针
花样A
36cm（109针）

21cm（96行）
26cm（120行）
5cm（24行）

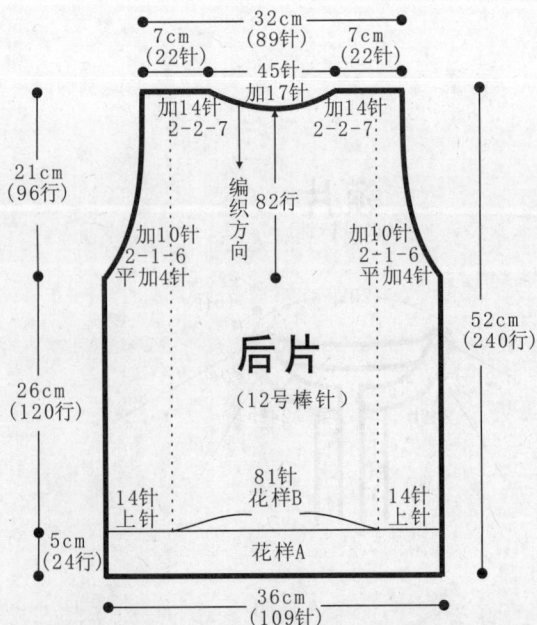

后片
（12号棒针）

图中标注：
32cm（89针）
7cm（22针）　7cm（22针）
45针
加17针
加14针 2-2-7　加14针 2-2-7
加10针 2-1-6 平加4针
加10针 2-1-6 平加4针
编织方向
82行
52cm（240行）
81针 花样B
14针 上针　14针 上针
花样A
36cm（109针）

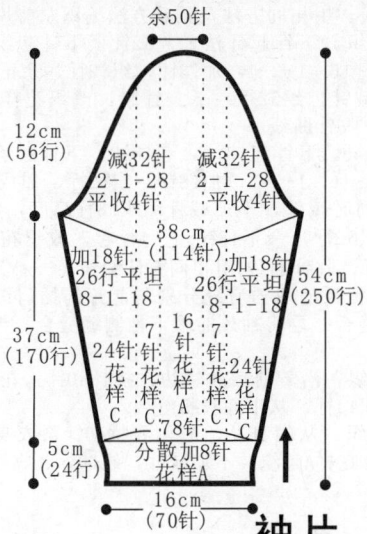

余50针

12cm
(56行)

减32针　　减32针
2-1-28　　2-1-28
平收4针　　平收4针

38cm（114针）

加18针　　加18针
26行平坦　　26行平坦
8-1-18　　8-1-18

54cm
(250行)

37cm
(170行)

7　16　7
针　针　针
24针　花　花　花　24针
花　样　样　样　花
样　C　A　C　样
C　　　　　　　C
78针

5cm
(24行)

分散加8针
花样A

16cm
(70针)

袖片
（12号棒针）

符号说明：

□　　上针
□=□　　下针
2-1-3　行-针-次

↑　编织方向

☒　右并针
☒　左并针
回　镂空针

▨▨▨▨　左上2针与右下2针交叉

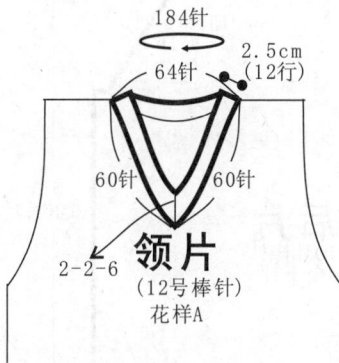

184针

64针

2.5cm
(12行)

60针　60针

2-2-6

领片
（12号棒针）
花样A

花样A（单罗纹）

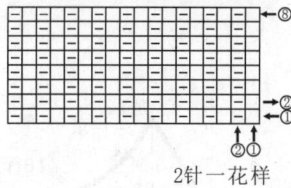

←⑧

←②
←①

↑↑
②①
2针一花样

花样C

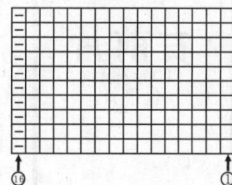

↑⑩　　↑①

花样B

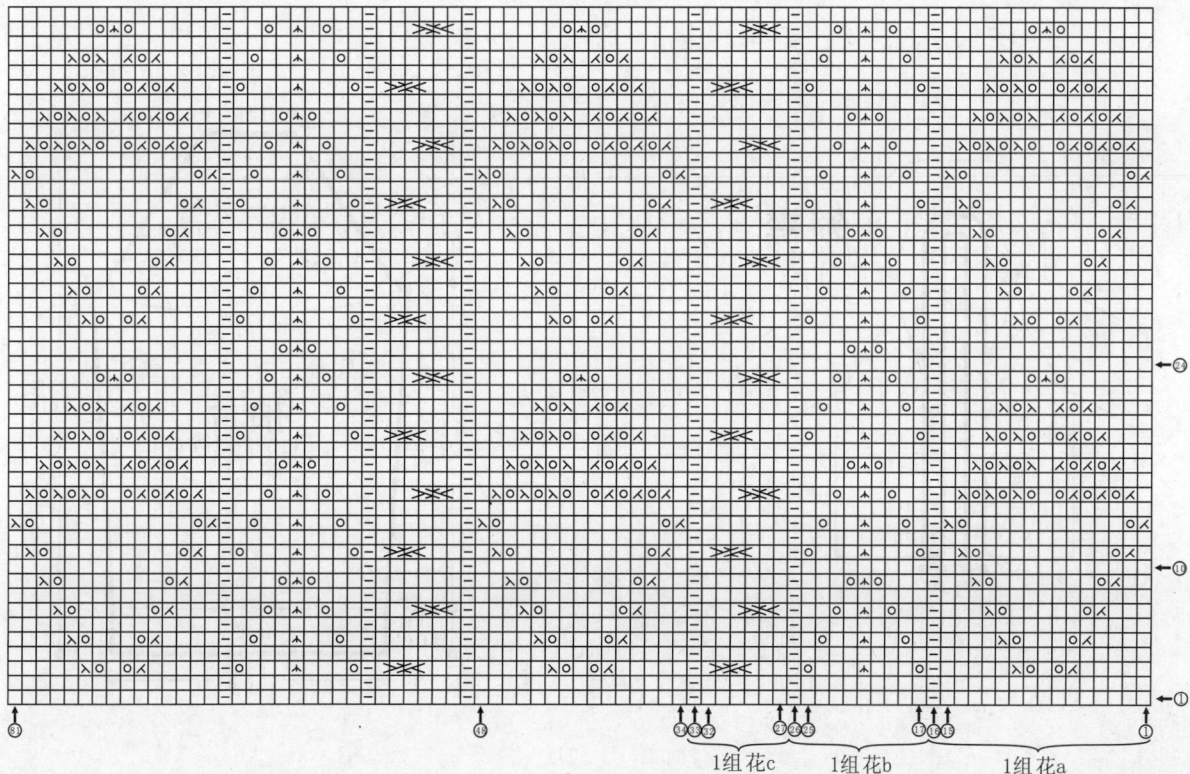

1组花c　　1组花b　　1组花a

大红喜庆连帽衫

【成品规格】衣长35cm，胸宽32cm，袖长35cm，袖宽12cm

【工　具】10号棒针

【编织密度】10cm²=21.4针×30.3行

【材　料】红色毛线500g，扣子5个

前片/后片/袖片/帽片/衣襟制作说明

1.棒针编织法，从上往下织，再单独编织帽片。

2.前片的编织。分为左前片和右前片，左前片与右前片编织方法一样，但方向相反。以右前片为例，1针起织，下针起织，左侧插肩缝加针，2-1-16，1-2-1，加18针，织32行；右侧衣领加针，2-1-8，1-4-1，加12针，不加减织16行，加针织成30针；下一行起，不加减针，织62行；下一行起，改织花样A，不加减针，织12

行，收针断线。用相同方法及相反方法编织左前片。

3.后片的编织。下针起针法，起32针，下针起织，两边同时加针，2-1-16，1-2-1，加18针，织32行，余下68针下行起，不加减针，织62行；下一行起，改织花样A，不加减针，织12针，收针断线。

4.袖片的编织。下针起针法，起16针，下针起织，两边同时加针，2-1-16，1-2-1，加18针，织32行，加成52针下行起，两边同时减针，不加减针编织28行高度，然后织20-2，减2针，织62行，余下48针；下一行起，改织花样A，不减针，织10针，收针断线；用相同方法编织另一袖片。

5.拼接。将袖片的两插肩缝分别与前片的插肩缝和后片的插肩缝进行缝合。再将袖片的腋下袖侧缝缝合，再将前后的侧缝缝合。

6.帽片的编织。沿着前后衣领边，挑针80针，花样B起织，不加减针，织44行，从中间对折缝合。

7.领襟的编织。从帽身左、右侧各挑40针，衣身左、右片各挑72针，花样A起织，不加减针，织10行，收针断线，服完成。

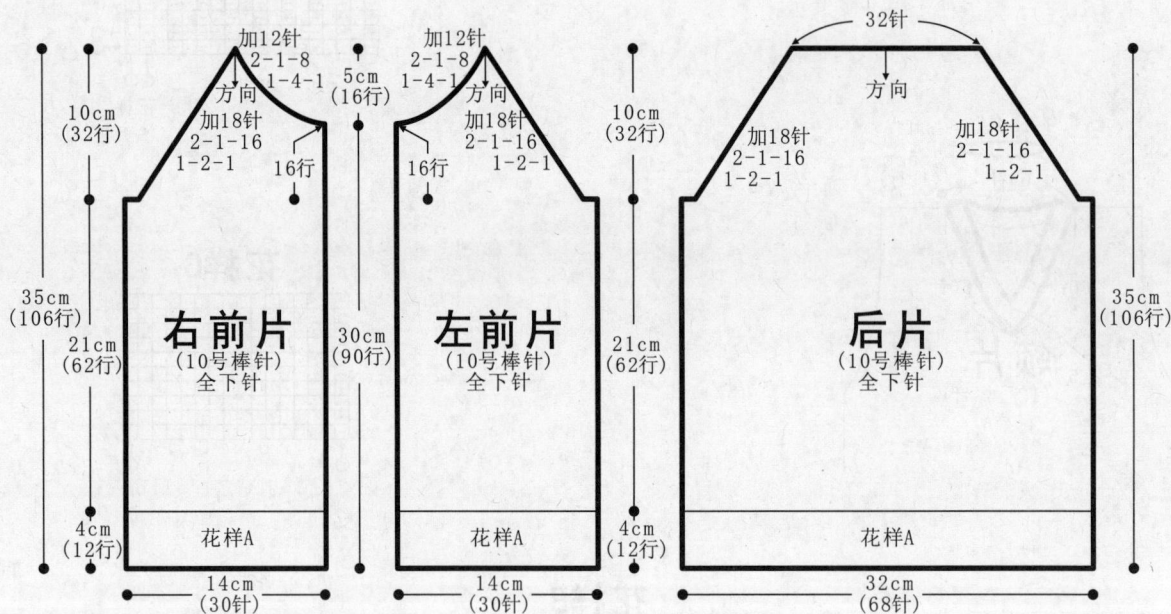

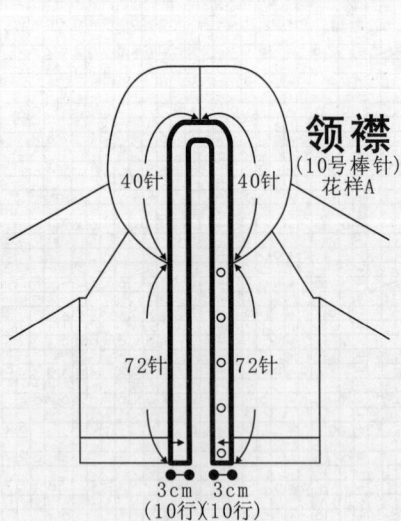

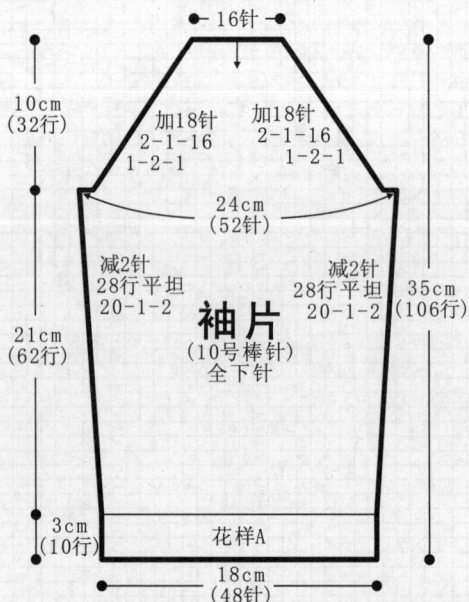

右前片
（10号棒针）
全下针

加12针
2-1-8
1-4-1
方向
加18针
2-1-16
1-2-1
16行
16行
10cm（32行）
35cm（106行）
21cm（62行）
4cm（12行）
花样A
14cm（30针）

左前片
（10号棒针）
全下针

加12针
2-1-8
1-4-1
方向
加18针
2-1-16
1-2-1
16行
5cm（16行）
30cm（90行）
10cm（32行）
21cm（62行）
4cm（12行）
花样A
14cm（30针）

后片
（10号棒针）
全下针

32针
方向
加18针
2-1-16
1-2-1
加18针
2-1-16
1-2-1
35cm（106行）
花样A
32cm（68针）

领襟
（10号棒针）
花样A

40针　40针
72针　72针
3cm　3cm
（10行）（10行）

袖片
（10号棒针）
全下针

16针
方向
加18针
2-1-16
1-2-1
加18针
2-1-16
1-2-1
24cm（52针）
减2针
28行平坦
20-1-2
减2针
28行平坦
20-1-2
10cm（32行）
21cm（62行）
35cm（106行）
3cm（10行）
花样A
18cm（48针）

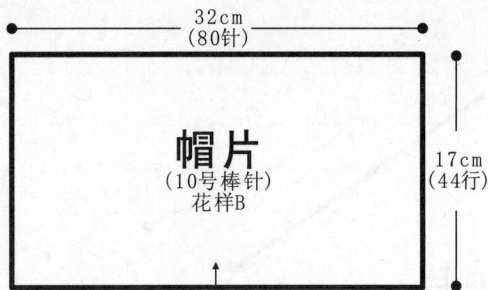

32cm
(80针)

帽片
(10号棒针)
花样B

17cm
(44行)

符号说明：

□　　　上针

□=Ⅱ　　下针

2-1-6　　行-针-次

↑　　　编织方向

花样B

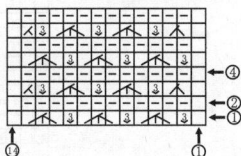

←④

←②
←①

花样A（双罗纹）

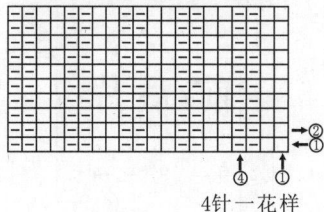

←②
←①

④　①

4针一花样

活力粉色女孩装

【成品规格】衣长36cm，胸宽34cm，肩宽26cm，
袖长37cm
【工　　具】12号棒针
【编织密度】10cm²=34针×50行
【材　　料】粉红色圆棉线600g

前片/后片制作说明

1. 棒针编织法，分为领片单独编织，再往下编织衣身。
环织。
2. 领片的编织。下针起针法，起210针，起织花样A，分
成10组花样A编织，并根据花样A图解进行减针，织成
50行，余下170针，收针断线。
3. 衣身的编织。沿着领片起针行挑针，并分片进行加
针，前片与后片各63针，两侧袖片各42针，在前片与后

片两侧的1针上进行加针，在袖片两侧的1针上进行加针，加
针方法是编织空针。图解见花样B，前后片加针图解为花a，
袖片加针图解是花b，2-1-20，各加20针，当织成10行时，
依照结构图所示的位置，在前片加织花样C，织成40行的高
度，完成加针。下一行分成前后片和袖片。先织前后片，先
织前片103针，然后起针12针，接上后片的103针，再起针
12针，接上起织针。一圈共230针，继续往下编织，当织成
16行后，依照结构图所示，前片加织花样C，其他部分全织
下针。当袖隆往下织成116行的高度时，下一行改织花样D，
不加减针，编织24行的高度后，收针断线。
4. 袖片的编织。完成加针后，加成82针，将前后片加针加出
的12针挑出，同样为12针，一圈共94针，往下继续织下针，
并在腋下2针上进行减针，16-1-10，织成160行后，在最后
一行里，分散减针34针，余下40针，改织花样D，不加减针，
编织24行的高度后，收针断线。同样的方法去编织另一袖
片。衣服完成。

花样D

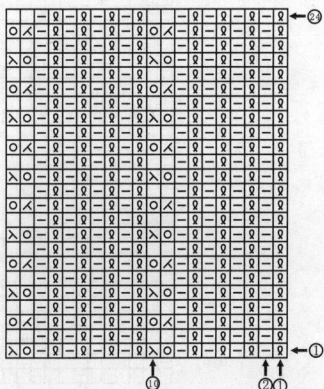

←②

←①

⑩　②①

符号说明：

□　　上针　　　　⊠　右并针

□=Ⅱ　下针　　　　⊠　左并针

2-1-8　行-针-次　　◎　镂空针

↑　　编织方向　　　⊠　左上3针并1针

⬚⬚⬚⬚⬚　左上4针与右下4针交叉

⓪　扭针

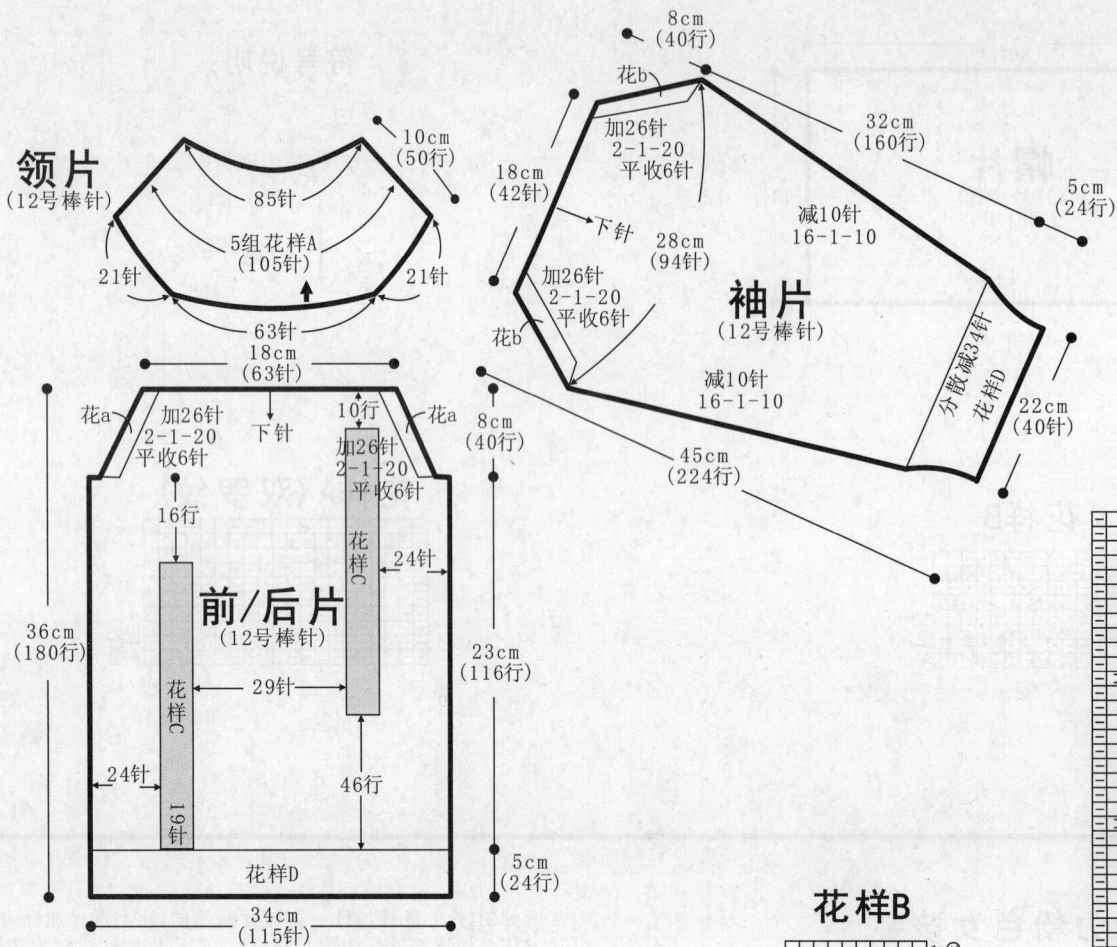

领片
（12号棒针）

85针
5组花样A
（105针）
21针　21针
63针
18cm
（63针）

10cm
（50行）

袖片
（12号棒针）

8cm
（40行）
花b
加26针
2-1-20
平收6针
18cm
（42行）
下针
28cm
（94针）
花b
加26针
2-1-20
平收6针
32cm
（160行）
减10针
16-1-10
减10针
16-1-10
分散减34针
花样D
5cm
（24行）
22cm
（40行）
45cm
（224行）

前/后片
（12号棒针）

花a
加26针
2-1-20
平收6针
下针
花a
加26针
2-1-20
平收6针
10行
8cm
（40行）
16行
花样C
24针
29针
花样C
46行
24针
19针
花样D
36cm
（180行）
23cm
（116行）
5cm
（24行）
34cm
（115针）

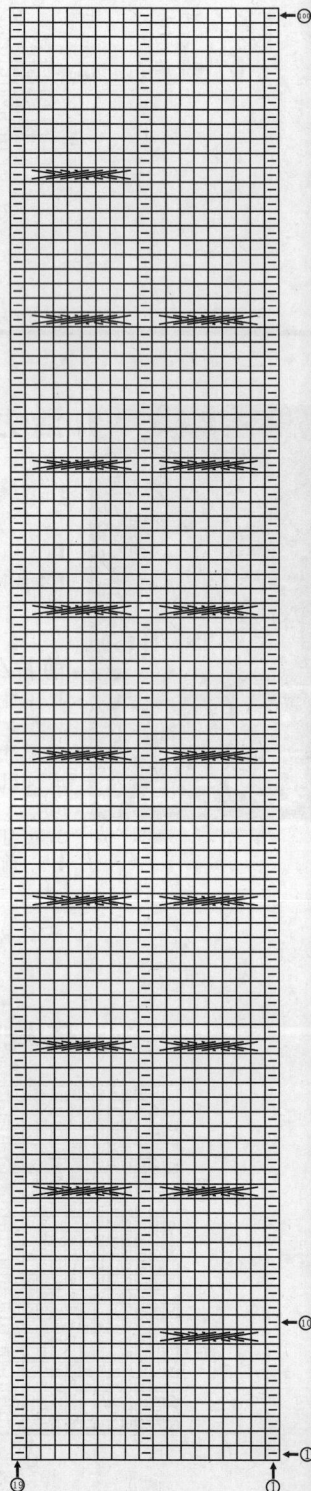

花样C

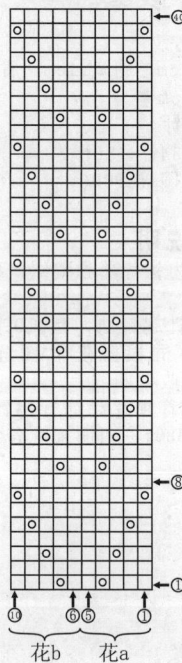

花样B

花b　花a

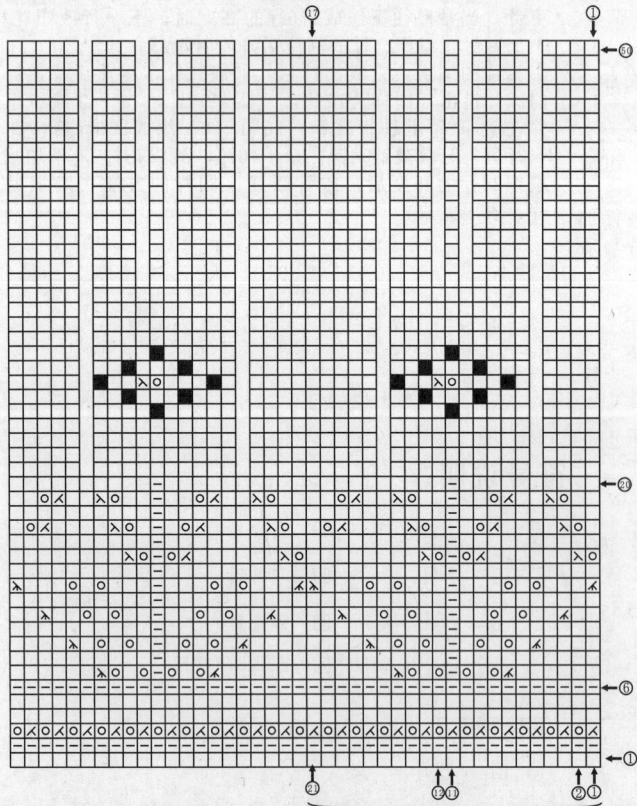

花样A

1组花a

■ = 中长编3针的玉编结

个性流苏短袖衫

【成品规格】衣长54cm，半胸围26cm
【工　　具】12号棒针，1.75mm钩针
【编织密度】10cm² =24.5针×35行
【材　　料】玫红色棉线共300g

制作说明

1.棒针编织法，裙子分为前片和后片分别编织，前片分为前身片和前摆片，后片分为后身片和后摆片。
2.起织，钩织裙身小花，按花样A所示钩织。
3.沿小花边沿棒针挑针编织花样B，挑起54针，每9针一个单元花，共6个单元花，织54行后，改织花样C，织

10行后，将织片一侧共153针留起编织裙摆，其余收针。
4.编织裙摆，织花样D，每9针一组单元花，共17组单元花，织52行后，收针，改为钩针钩织花样E，钩3层后断线。
5.起织前片，织片中心小花钩法与后片相同。前身片织花样B，挑起54针，共织6个单元花，织16行后，其中一个单元花的加针部分不再加针，将织片改为往返编织，留起领口，织至54行后，改织花样C，织10行后，将织片领口对应的另一侧留起153针编织裙摆，其余收针。裙摆的编织方法与后片相同。
6.钩织肩带。沿前片领侧起12针钩织花样F，钩14cm长后，与后片对应缝合。

花样B

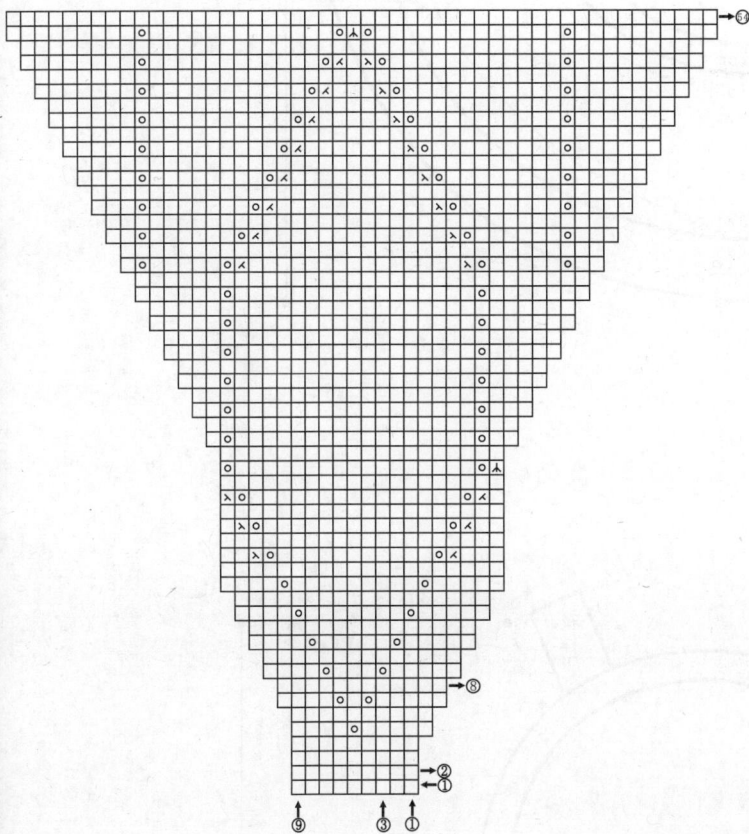

花样F

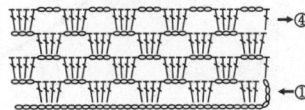

花样D

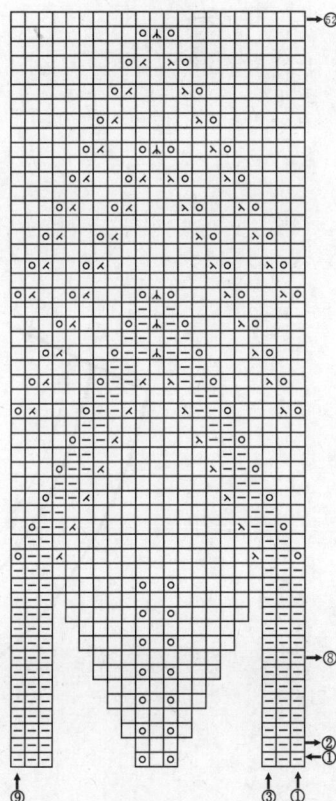

花样C

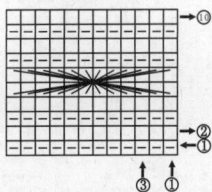

花样E

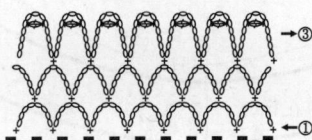

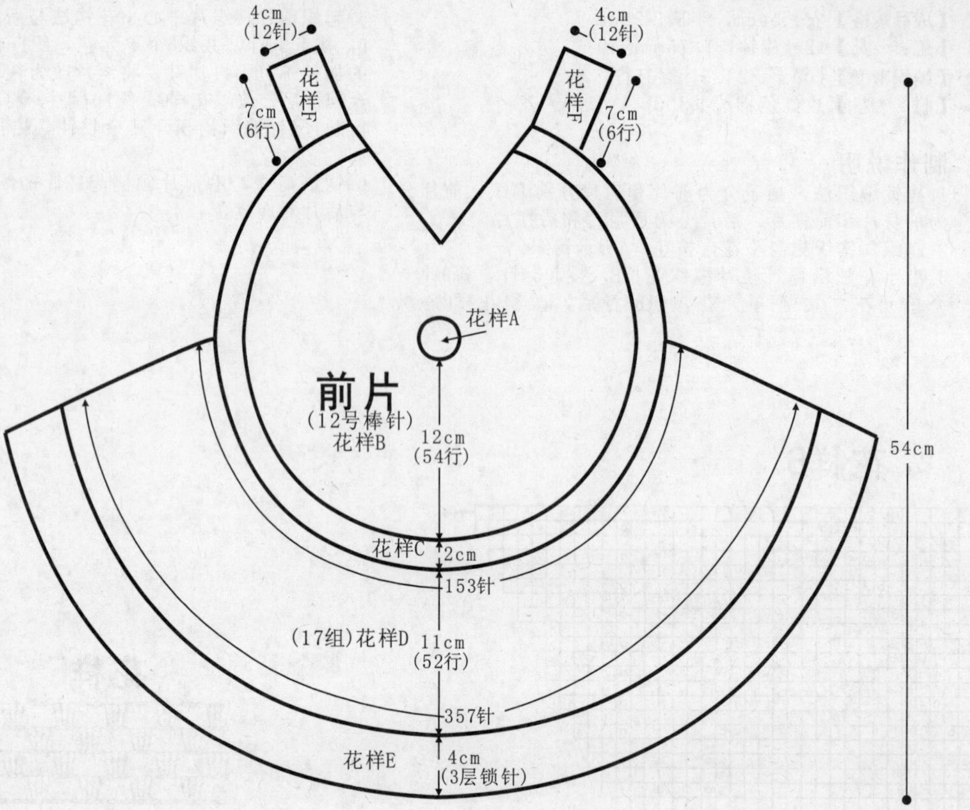
4cm
(12针)
4cm
(12针)
花样F
7cm
(6行)
花样F
7cm
(6行)
花样A
前片
(12号棒针)
花样B
12cm
(54行)
54cm
花样C
2cm
153针
(17组)花样D
11cm
(52行)
357针
花样E
4cm
(3层锁针)

符号说明：

⊟	上针
□=⊡	下针
	左上2针并1针
	右上2针并1针
	中上3针并1针
⊙	镂空针
2-1-3	行-针-次
	锁针
	短针
	长针
	枣形针

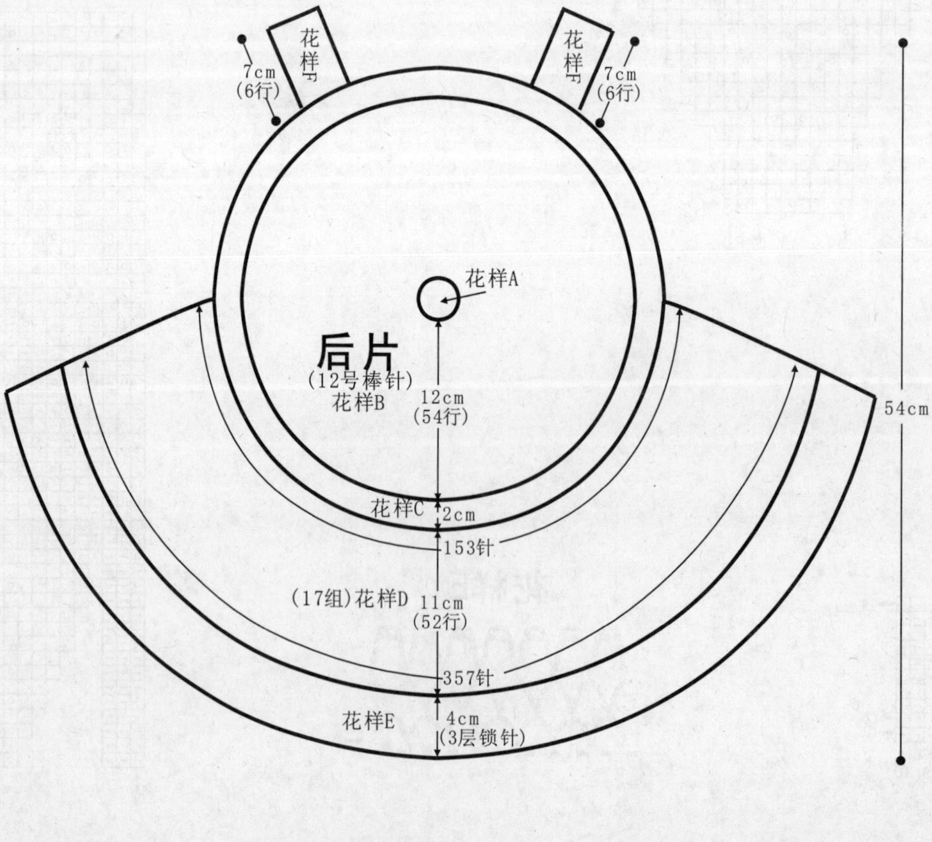
花样F
7cm
(6行)
花样F
7cm
(6行)
花样A
后片
(12号棒针)
花样B
12cm
(54行)
54cm
花样C
2cm
153针
(17组)花样D
11cm
(52行)
357针
花样E
4cm
(3层锁针)

两穿粉色披肩（裙子）

【成品规格】裙长23cm，裙摆宽53cm
【工　　具】8号棒针
【编织密度】10cm²=22.6针×34行
【材　　料】粉色棉线300g

制作说明

1.棒针编织法，8号棒针，从下往上织起。环织。
2.起织，下针起针法，起240针，起织花样A，不加减

针，编织24行的高度，下一行起，全织下针，不加减针，织4行下针，第5行里，每隔23针减1针，一圈减少10针，然后不加减针，再织19行下针，在下一行里，每隔22针减1针，一圈再减少10针，不加减针再织19行下针，在下一行里，每隔21针减1针，一圈减少10针，此时针数共减少30针，余下210针，不加减针，再织5行下针后，在最后一行里，分散减针减少74针，余下136针，不加减针，再织16行后，对折折回裙内侧进行缝合。
3.蝴蝶结编织。起织下针24针不加减针往上织24行。收针断线。将中间收缩，缝于裙侧。

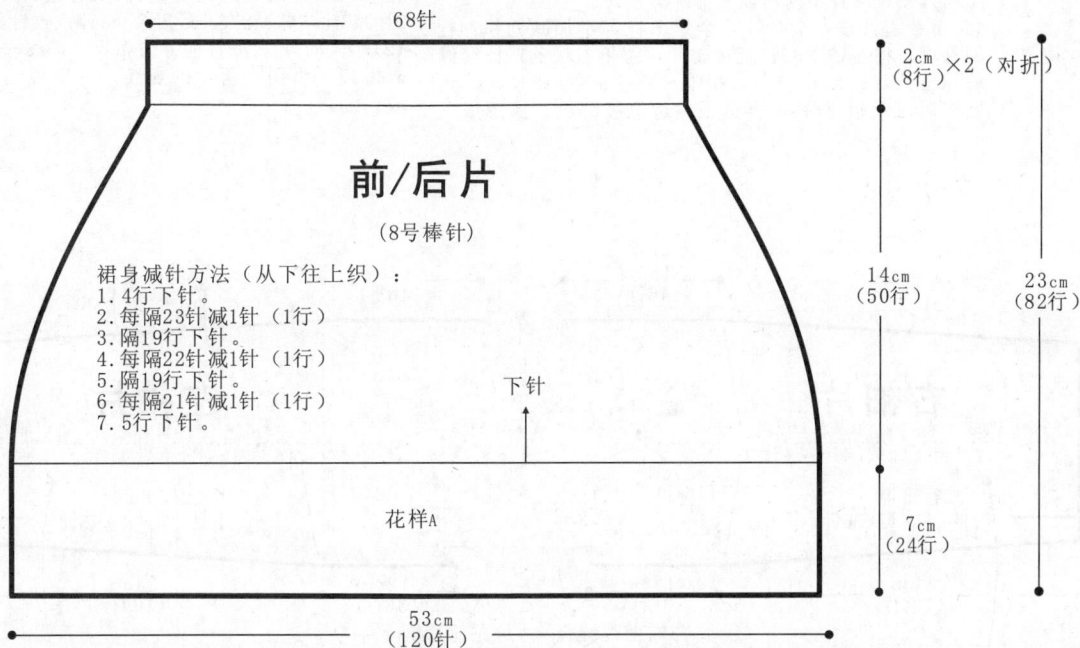

前/后片

（8号棒针）

裙身减针方法（从下往上织）：
1.4行下针。
2.每隔23针减1针（1行）
3.隔19行下针。
4.每隔22针减1针（1行）
5.隔19行下针。
6.每隔21针减1针（1行）
7.5行下针。

68针

2cm（8行）×2（对折）

14cm（50行）

23cm（82行）

下针

花样A

7cm（24行）

53cm（120针）

花样A

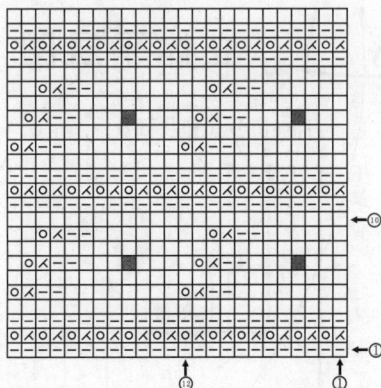

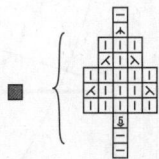

符号说明：

□　　上针
□=回　下针
2-1-3　行-针-次
↑　编织方向
⊠　右并针
⊠　左并针
回　镂空针

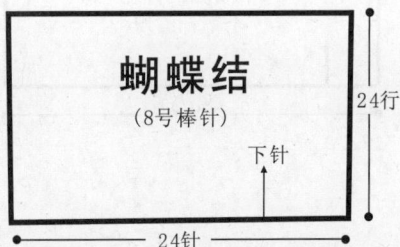

蝴蝶结

（8号棒针）

下针

24行

24针

韩版绿色外套

【成品规格】衣长40cm，胸宽31cm，肩宽31cm，袖
　　　　　长34cm，下摆宽39cm
【工　　具】9号棒针
【编织密度】10cm²=20针×30.8行
【材　　料】绿色腈纶线250g，大扣子1颗

前片/后片/袖片制作说明

1.棒针编织法，这款衣服织法特别，但分解开来，不外乎是由前片、后片、袖片组成。如结构图所示，共由5片组成，分别是右前片、左前片、后片、右袖片、左袖片，各自编织成后，再将图中所示的边对应缝合。衣服全由下针编织而成，无花样变化。下面不再重复讲解。

2.前片的编织。前片由右前片和左前片组成，两者织法相同，领片位置不同，以右前片为例。

（1）下针起针法，起42针，全织下针，不加减针织74行的高度，将左边的32针直接收针，留下右边的10针继续编织下针。先制作一个大扣眼，将中间的4针收针，返回织时，重起这4针，再接上左边继续编织，就形成一

个扣眼了。然后不加减往上编织，织68行的高度后，将10收针，断线。

（2）相同的方法，不同的方向去编织另一边的左前片。左片不用制作扣眼，但在右前片的扣眼位置，缝上一个大子。

3.后片的编织。后片的织法简单，起78针，不加减针，织下针，织74行后，收针断线，将中间部分打褶皱，将后片上边缘宽度收缩成31cm的宽度。

4.袖片的编织。由右袖片和左袖片各自编织而成。以右袖为例。

（1）起针，下针起针法，起36针，全织下针，两边同时针，先是每织10行加1针，共加4次，织成40行，然后每16行加1针，共加2次，此时织片共织成72行，然后不加减织32行，织至袖山。如图中所示，袖山以上两边不减针，16行后，以袖中轴线为中心，将织片分成两半，从中心向边各自减针，挖出一个与衣领相似的轮廓，向左减针是每2行减1针，减2次，余下22针，不再加针，往上织26行的度后，收针断线。向右是先织2行减4针，减2次，然后每2行减2针，共减8次，最后余下1针，收针断线。

（2）相同的方法，减针的方向相反，编织左袖片。

5.拼接。将图中所示的虚线，依照说明进行缝合。衣服成。

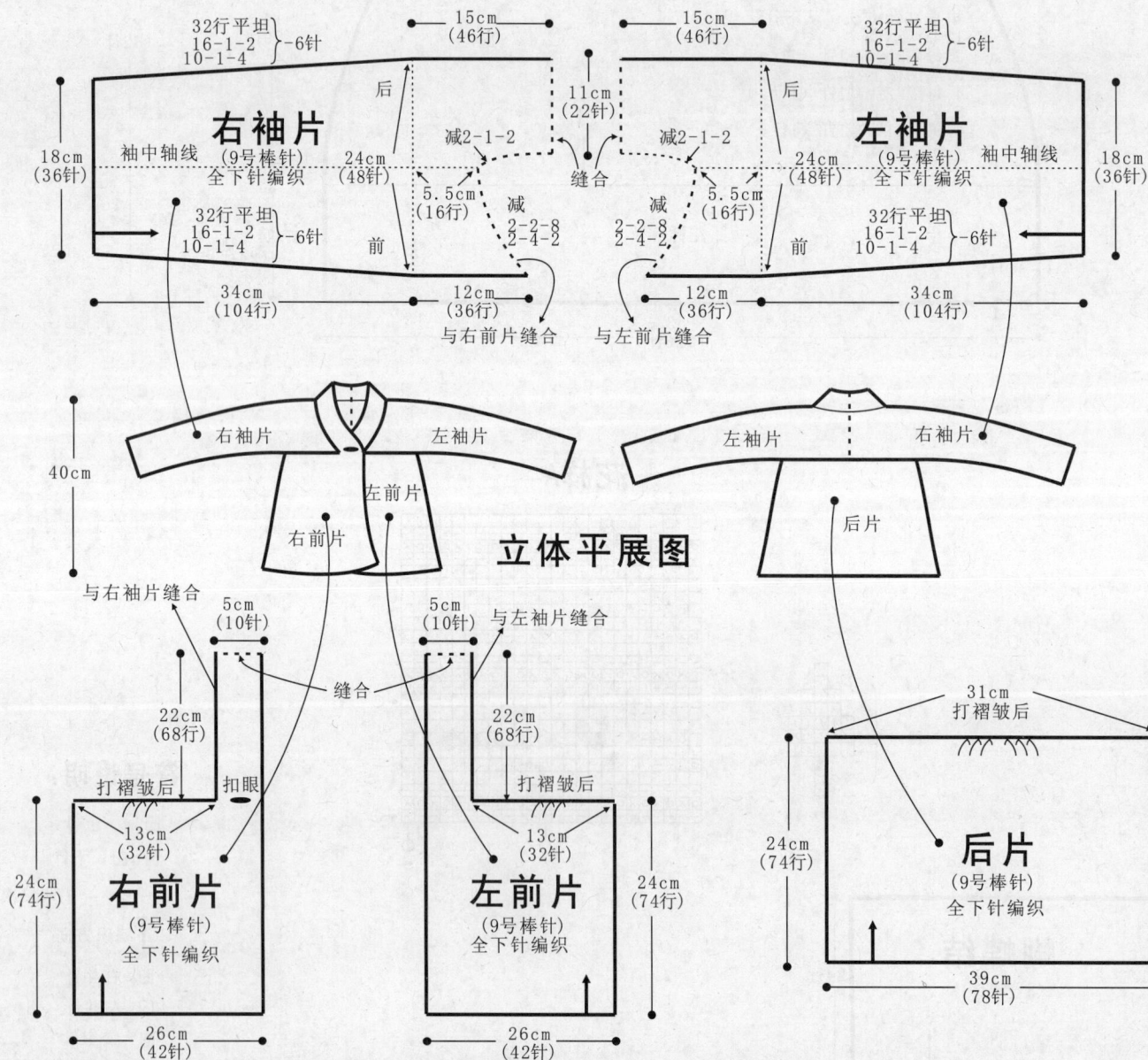

立体平展图

□　　上针

□=☑　下针

2-1-3　　行-针-次

↑编织方向

牛角扣连帽外套

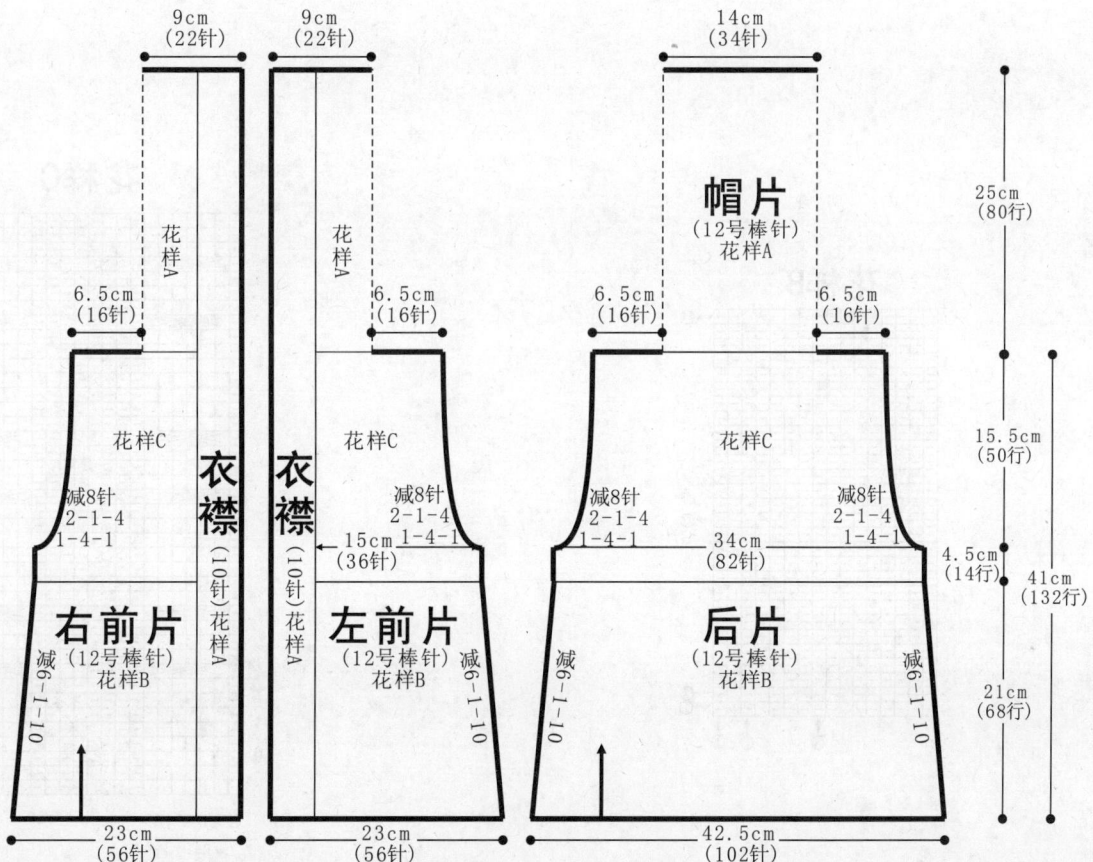

【成品规格】衣长41cm，半胸围34cm，肩宽
27cm，袖长34cm

【工　　具】12号棒针

【编织密度】10cm²＝24针×32行

【材　　料】灰色羊毛线450g，黑色牛角扣3颗

前片/后片制作说明

1.棒针编织法，衣身分为左前片、右前片和后片分别编织而成。

2.起织后片，下针起针法，起102针，织花样B，一边织一边两侧减针，方法为6-1-10，织至68行的高度，织片变成82针，不再加减针，改织花样C，织至82行的高度，两侧减针织成袖窿，方法为1-4-1，2-1-4，织至132行，两侧各收16针，中间34针留起待织帽子。

3.起织左前片，下针起针法，起56针，衣身46针织花样B，右侧织10针花样A作为衣襟，一边织一边左侧减针，

方法为6-1-10，织至68行的高度，织片变成46针，不再加减针，衣身改织花样C，织至82行的高度，左侧减针织成袖窿，方法为1-4-1，2-1-4，织至132行，左侧收16针，右侧22针留起待织帽子。

4.同样的方法相反方向编织右前片，完成后将左、右前片与后片的两侧缝对应缝合，两肩部对应缝合。

5.起织帽子。将前后片领口留起的78针连起来编织花样A，不加减针织80行后，收针，将帽顶缝合。

袖片制作说明

1.棒针编织法，编织两片袖片。从袖口起织。

2.起52针，织花样A，织10行后，改为花样B与花样D组合编织，中间织8针花样D，两侧织花样B，两侧一边织一边加针，方法为8-1-7，两侧的针数各增加7针，织至70行。接着减针编织袖山，两侧同时减针，方法为1-4-1，2-1-19，两侧各减少23针，织至108行，织片余下20针，收针断线。

3.同样的方法再编织另一袖片。

4.缝合方法：将袖山对应前片与后片的袖窿线，用线缝合，再将两袖侧缝对应缝合。

9cm
(22针)　　9cm
(22针)

14cm
(34针)

帽片
(12号棒针)
花样A

花样
样
A

花样
样
A

6.5cm
(16针)　　6.5cm
(16针)

6.5cm
(16针)　　6.5cm
(16针)

25cm
(80行)

花样C　　花样C　　花样C

减8针
2-1-4
1-4-1

减8针
2-1-4
1-4-1

减8针
2-1-4
1-4-1

减8针
2-1-4
1-4-1

15cm
(36针)

34cm
(82针)

15.5cm
(50行)

4.5cm
(14行)

41cm
(132行)

衣襟
(10针)
花样A

衣襟
(10针)
花样A

右前片
(12号棒针)
花样B

左前片
(12号棒针)
花样B

后片
(12号棒针)
花样B

减6-1-10　减6-1-10　减6-1-10　减6-1-10

21cm
(68行)

23cm
(56针)　　23cm
(56针)　　42.5cm
(102针)

8.5cm
(20针)

减23针
2-1-19
1-4-1

减23针
2-1-19
1-4-1

12cm
(38行)

27.5cm
(66针)

袖片
(12号棒针)

加8-1-7

花样B

花样B

加8-1-7

(8针)
花样D

34cm
(108行)

19cm
(60行)

(10行)花样A

3cm

22cm
(52针)

符号说明：

□　　上针

□=□　下针

▨　右上3针与左下3针交叉

▨　左上2针与右下1针交叉

▨　右上2针与左下1针交叉

▮　1针挑出3针，织4行后，
　　中上3针并1针

2-1-3　行-针-次

花样A

⑧

②
①

③ ①

花样D

⑧

②
①

③ ①

花样C

⑧

②
①

③ ①

花样B

㉖

④

②
①

③ ①

92

扭花高领毛衣

【成品规格】衣长62cm，胸宽26cm，肩宽24cm
【工　　具】10号棒针
【编织密度】10cm²=28.5针×32行
【材　　料】浅蓝色绒毛线400g

前片/后片/衣摆/袖片制作说明

1.棒针编织法，从领口起织，织至袖窿，再分片各自编织前后片、袖片。
2.领口起织。起针，双罗纹起针法，起112针，首尾连接，来回编织。不加减针，编织50行的高度后，改织花样B，加针后织20行，然后加针改织花样C，编织10行的高度。至袖窿。
3.袖窿以下分片编织。沿着衣身，编织60针，然后用单起针法，起12针，再跳过衣身的48针，接上下一针编织，织60针，再用单起针法，起12针，接上起织处那一针。两端跳针的针数，作袖口。
(1)前后片的编织。起织针数共144针，先编织花样D，织12行，依次往下织。花样E18行，花样F18行，花样G12行，花样H18行，花样K48行。完成后，收针断线。
(2)两袖片的编织。先编织一侧袖片。余下的针数48针，再将前后片腋下的12针挑出12针，一圈共60针，起织花样D，不加减针，编织66行的高度后，改织花样C，编织22行的高度后，收针断线。相同的方法去编织另一侧袖片。衣服完成。

符号说明：

□　　上针

□=回　下针

2-1-3　　行-针-次

↑　编织方向

囝囝　右上2针与
　　　左下1针交叉

花样K（48行）

加针↑

花样H（18行）

加针

花样G（12行）

加针↑

花样F（18行）

加针↑

花样E（18行）

加针↑

花样D（12行）
（2层）

不加针↑

花样C（10行）

加针↑

花样B（20行）

加针↑

花样A（50行）

18cm
（56针）

花样A（50行）

28cm
（80行）

花样B（20行）

18cm
（66针）

9cm
（24针）

花样C（10行）

9cm
（24针）

18cm
（66针）

62cm
206行）

8cm
（22行）

加6针

花样C

加6针

花样D

加6针

8cm
（22行）

7cm
（24行）

花样C

加6针

26cm
（60针）

加6针

花样C

7cm
（24行）

前/后片

（10号棒针）

花样D（12行）

花样E（18行）

34cm
（126行）

花样F（18行）

花样G（12行）

花样H（18行）

花样K（48行）

66cm
（110针）

93

收腰款翻领大衣

【成品规格】衣长50cm，胸宽41cm，袖长46cm
【工　　具】10号棒针
【编织密度】10cm²=18针×25.2行
【材　　料】红色羊毛线350g，扣子6个

前片/后片/领片/袖片制作说明

1.棒针编织法，从下往上编织，分成左前片、右前片、后片各自编织，再编织袖片。

2.前片的编织，分成左前片和右前片。以左前片为例。

(1)单罗纹起针法，起36针，起织花样A单罗纹针，不加减针，编织12行的高度。

(2)下一行起，全织下针，不加减针，编织42行的高度后，下一行改织花样B双罗纹针，不加减针，编织10行的高度后，再改织下针，再织12行至袖隆。

(3)袖隆以上的编织。继续编织下针，右侧袖隆减针，先收针2针，每织2行减2针，减织3次。织成6行，不加减针，再织24行的高度时，进入前衣领减针，先平收针4针，每织2行减1针，减10次，织成20行，再织10行后，至肩部，余下14针，收针断线。

(4)口袋的编织。起12针，编织花样D，不加减针，编织16行的高度后，收针断线。再沿着其中三边，挑针起织上针，不加减针，织成4行的高度后，收针断线。将之

斜缝合于前片的42行下针之间的适当位置。

(5)相同的方法，相反的减针方向去编织右前片。

3.后片的编织。单罗纹起针法，起75针，起织花样A，不减针，编织12行的高度后，下一行起，全编织下针，不加针，编织42行的高度后，改织花样B，编织10行，再改织12行的下针，至袖隆，两边减针，先收针2针，然后每织2行减针，减3次，余下59针，不加减针，编织袖隆算起46行的高度后，进入后衣领减针，中间将27针收针，两边相反方向，每织2行减1针，减2次，两边肩部各余下14针，收针线。

4.袖片的编织。从袖口起织，单罗纹起针法，起50针，起织花样A，不加减针，编织10行的高度。下一行起，全织下针，两袖侧缝进行加针，每织10行加1针，加5次，织成行，不加减再织10行后，至袖山，下一行袖山减针，先平2针，每织2行减2针，减3次，然后每织2行减1针，减20次，成46行，余下4针，收针断线。相同的方法去编织另一片。

5.缝合。将前后片的侧缝对应缝合，将前后片的肩部对合。将两袖片的袖山线与衣身袖隆线对应缝合。再将袖侧进行缝合。

6.衣襟和领片的编织。编织领片，沿着前后衣领边，挑80针，起织花样C搓板针，不加减针，编织32行的高度后收针断线。再分别沿着衣襟边，挑出122针，编织花样A，加减针，编织10行的高度后，收针断线。左衣襟需要制6个扣眼。对侧缝上6个扣子。衣服完成。

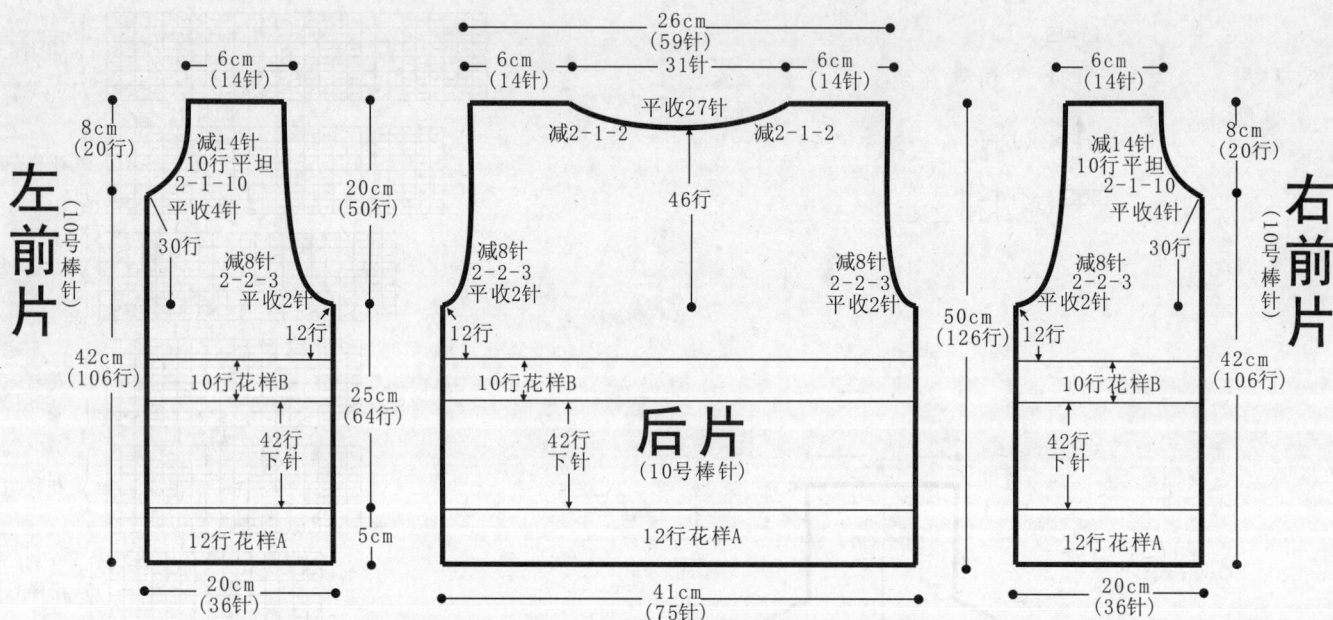

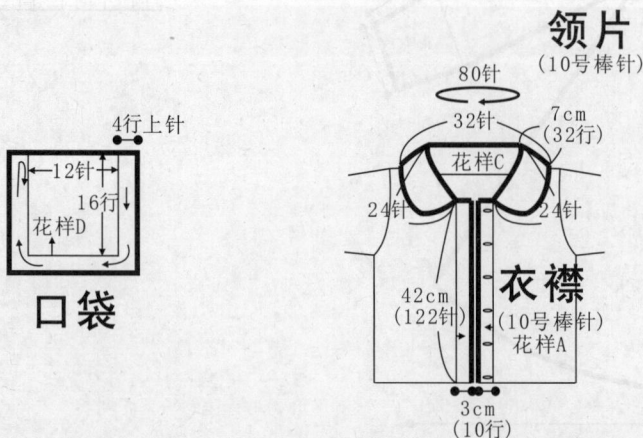

左前片 (10号棒针)
6cm(14针)
8cm(20行)
减14针 10行平坦 2-1-10 平收4针 30行
减8针 2-2-3 平收2针 12行
20cm(50行)
42cm(106行)
10行花样B
42行 下针
25cm(64行)
12行花样A
5cm
20cm(36针)

后片 (10号棒针)
26cm(59针)
6cm(14针) 31针 6cm(14针)
平收27针
减2-1-2　减2-1-2
46行
减8针 2-2-3 平收2针 12行
10行花样B
42行 下针
12行花样A
50cm(126行)
41cm(75针)

右前片 (10号棒针)
6cm(14针)
8cm(20行)
减14针 10行平坦 2-1-10 平收4针 30行
减8针 2-2-3 平收2针 12行
42cm(106行)
10行花样B
42行 下针
12行花样A
20cm(36针)

领片 (10号棒针)
80针
32针　7cm(32行)
花样C
24针　24针

衣襟 (10号棒针) 花样A
42cm(122针)
3cm(10行)

口袋
4行上针
12针
16行
花样D

符号说明：
□ 上针
□=□ 下针
2-1-3 行-针-次
↑ 编织方向

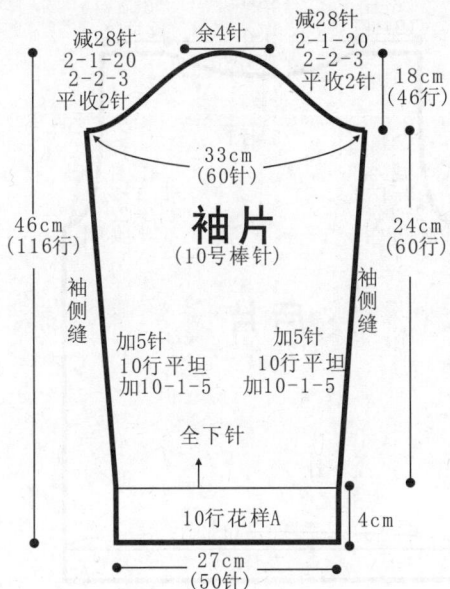

减28针
2-1-20
2-2-3
平收2针

余4针

减28针
2-1-20
2-2-3
平收2针

18cm
(46行)

33cm
(60针)

46cm
(116行)

袖侧缝

袖片
(10号棒针)

24cm
(60行)

袖侧缝

加5针
10行平坦
加10-1-5

加5针
10行平坦
加10-1-5

全下针

10行花样A

4cm

27cm
(50针)

花样A（单罗纹）

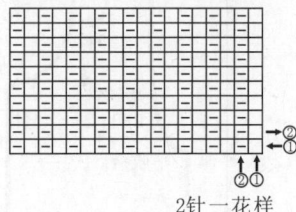

2针一花样

花样C（搓板针）

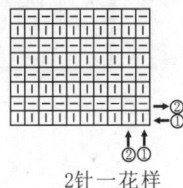

2针一花样

花样B（双罗纹）

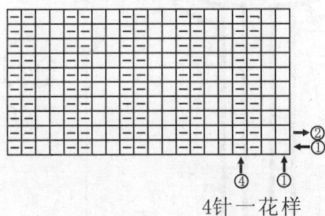

4针一花样

花样D

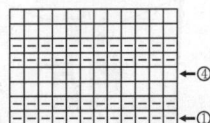

俏丽花瓣领女孩装

【成品规格】衣长39cm，胸宽31cm，肩宽28cm
【工　　具】12号棒针，5号钩针
【编织密度】10cm²=33针×40行
【材　　料】粉色细羊毛线420g

前片/后片/袖片制作说明

1.棒针编织法，身片、袖片分别编织而成。
2.前身片分为两片编织，左前片和右前片各一片，从衣摆起针编织，往上编织至肩部。起织右前片，单罗纹起针法，起56针，起织花样A，不加减针，编织8行的高度。下一行起全下针编织，不加减针共织92行到袖窿减针。
3.袖窿减针，先收针8针，然后减针，2-2-1,2-1-2，当织成袖窿算起28行的高度时，进入前衣领减针，下一行收针8针，再减针，1-1-8,2-1-7，不加减针，再织6行

后，至肩部，余下21针，收针断线。
4.同样方法完成左前片，减针方向相反。
5.后片的编织。后片袖窿以下的编织与前片完全相同，全下针编织，袖窿减针与前片相同，当织成袖窿算起54行的高度时，进行后衣领减针，中间留42针不织，两边相反方向减针，减2-2-1，两边各余下21针，收针断线。
6.袖片的编织。从袖口起织，单罗纹起针法，起58针，织花样A，织8行，下一行起，编织下针，并在两袖侧缝上进行加针，10-1-11，织成112行，至袖山减针，两侧同时收针，收6针，然后2-2-4，1-1-20，两边各减少28针，余下24针，收针断线，相同的方法再编织另一边袖片。
7.拼接。将前后片及袖片对应缝合。
8.衣领的编织。沿着前后衣领边，挑出102针，编织花样A，织8行后，收针断线。衣襟的编织，沿着两边衣襟边、领边，各挑90针，起织花样A，不加减针，织8行的高度后，收针断线，右衣襟制作5个扣眼。左衣襟缝上5个扣子。沿挑织衣领处钩针钩织外侧装饰领边，钩织花样B，共6行，收针断线。衣服完成。

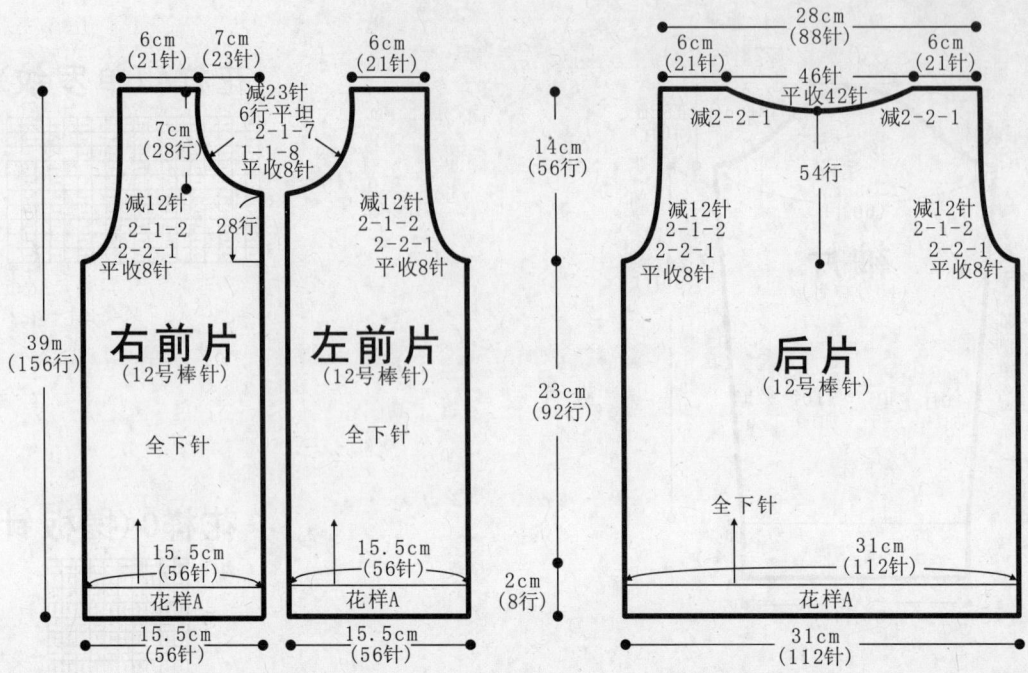

右前片
（12号棒针）

全下针

花样A

左前片
（12号棒针）

全下针

花样A

6cm
（21针）

7cm
（23针）

6cm
（21针）

7cm
（28行）

减23针
6行平坦
2-1-7
1-1-8
平收8针

减12针
2-1-2
2-2-1
平收8针

28行

减12针
2-1-2
2-2-1
平收8针

39m
（156行）

15.5cm
（56针）

15.5cm
（56针）

15.5cm
（56针）

后片
（12号棒针）

全下针

花样A

28cm
（88针）

6cm
（21针）

6cm
（21针）

46针
平收42针

减2-2-1

减2-2-1

54行

减12针
2-1-2
2-2-1
平收8针

减12针
2-1-2
2-2-1
平收8针

14cm
（56行）

23cm
（92行）

2cm
（8行）

31cm
（112针）

31cm
（112针）

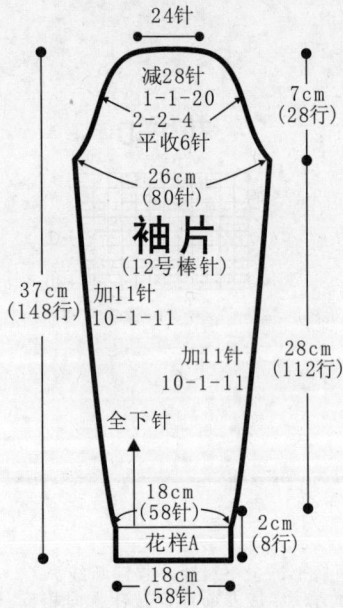

袖片
（12号棒针）

全下针

花样A

24针

减28针
1-1-20
2-2-4
平收6针

26cm
（80针）

7cm
（28行）

37cm
（148行）

加11针
10-1-11

加11针
10-1-11

28cm
（112行）

18cm
（58针）

花样A

2cm
（8行）

18cm
（58针）

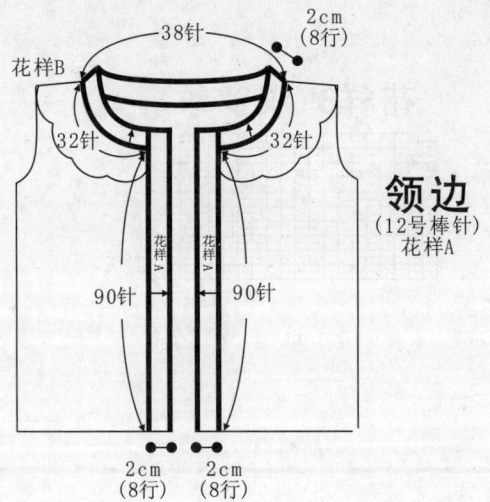

领边
（12号棒针）
花样A

花样B

38针

2cm
（8行）

32针

32针

花样A

花样A

90针

90针

2cm
（8行）

2cm
（8行）

花样A

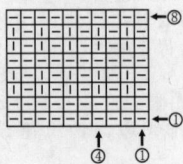

⑧

①

④

①

花样B

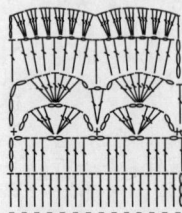

符号说明：

□　上针

□=□　下针

2-1-3　行-针-次

↑　编织方向

＋　短针

⌶　长针

○　锁针

96

温暖高领毛衣

【成品规格】 衣长46cm，半胸围32cm，肩26cm，
　　　　　　袖长33cm

【工　　具】 12号棒针

【编织密度】 10cm² =28针×40行

【材　　料】 灰色棉线共450g，枣红色棉线少量

前片/后片制作说明

1. 棒针编织法，衣服分为前片、后片单独编织完成。
2. 先织后片，下针起针法，起98针起织，起织花样A搓板针，共织8行后，改织花样B，D组合编织，织片中间织2针下针，下针的两侧各织1个花样D，共44针，余下两侧针数织花样B下针，一边织一边两侧减针，方法为20-1-4，织至108行，织片余下90针，两侧同时减针织成袖隆，各减8针，方法为1-4-1，2-1-4，织至第118行，两侧不再加减针往上编织，织至第181行时，中间留取36针不织，用防解别针扣住，两端相反方向减针编织，各减少2针，方法为2-1-2，最后两肩部余下17针，收针断线。

3. 前片的编织。编织方法与后片相同，织至第161行，开始编织衣领，方法是中间留取12针不织，用防解别针扣住，两端相反方向减针编织，各减少14针，方法为2-2-4，2-1-6，最后两肩部余下17针，收针断线。
4. 前片与后片的两侧缝对应缝合，两肩部对应缝合。
5. 用线以十字绣方式缝制花样。每2针2行绣一个十字单元。

领片制作说明

1. 棒针编织法，圈织。
2. 沿着前后衣领边挑针编织，织花样C，共织52行的高度，收针断线。

袖片制作说明

1. 棒针编织法，编织两片袖片。从袖口起织。
2. 起50针，起织花样A，织8行后，改织花样B，两侧同时加针，加6-1-15，织至100行，开始编织袖山，袖山减针编织，两侧同时减针，方法为1-4-1，2-2-10，两侧各减24针，最后织片余下32针，收针断线。
3. 同样的方法再编织另一袖片。
4. 缝合方法:将袖山对应前片与后片的袖隆线，用线缝合，再将两袖侧缝对应缝合。

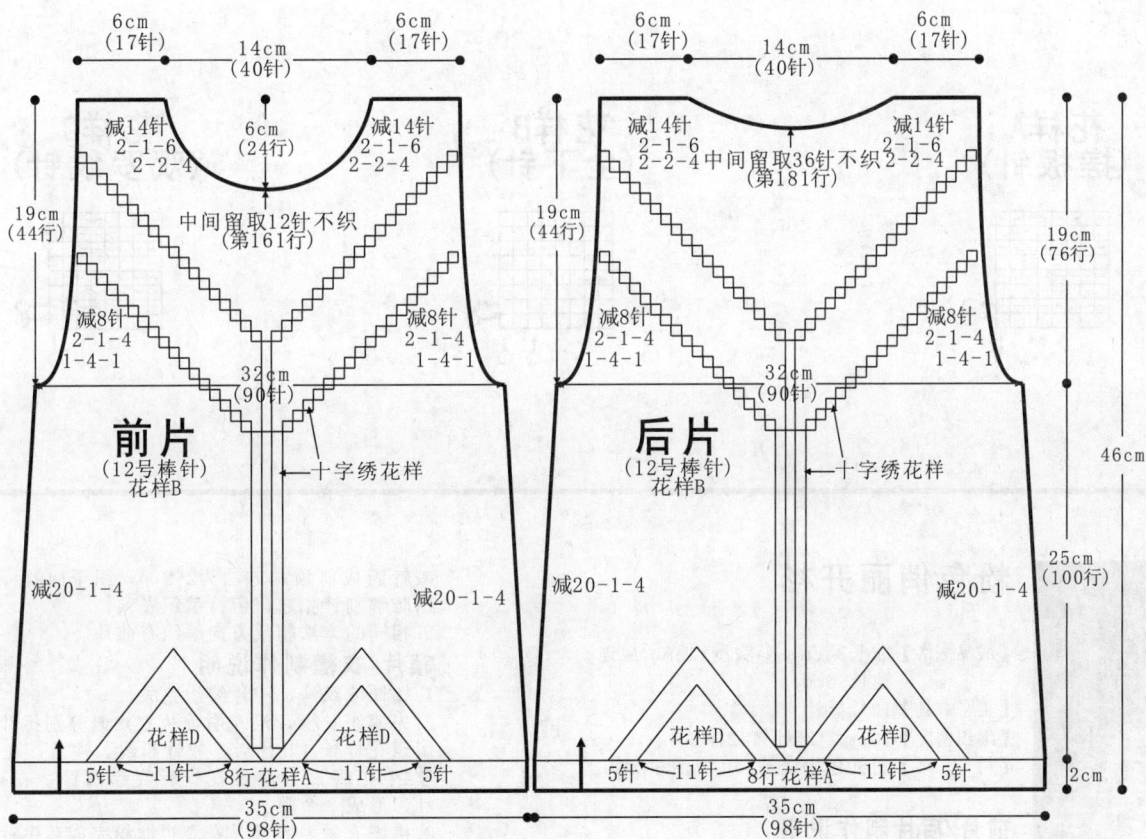

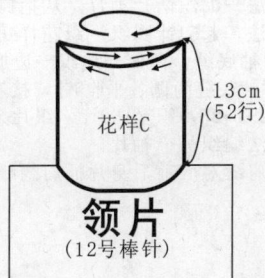

前片
(12号棒针)
花样B

后片
(12号棒针)
花样B

6cm (17针)　14cm (40针)　6cm (17针)
减14针 2-1-6 2-2-4
6cm (24行)
中间留取12针不织 (第161行)
减8针 2-1-4 1-4-1
32cm (90针)
十字绣花样
19cm (44行)
减20-1-4
花样D　花样D
5针 11针 8行花样A 11针 5针
35cm (98针)

中间留取36针不织 (第181行)
减14针 2-1-6 2-2-4
减8针 2-1-4 1-4-1
19cm (76行)
46cm
25cm (100行)
2cm

领片
(12号棒针)
花样C
13cm (52行)

符号说明：

□	上针
□=□	下针
⋏	中上3针并1针
⋌	左上2针并1针
⋋	右上2针并1针
⊢	左加针
⊣	右加针
2-1-3	行-针-次

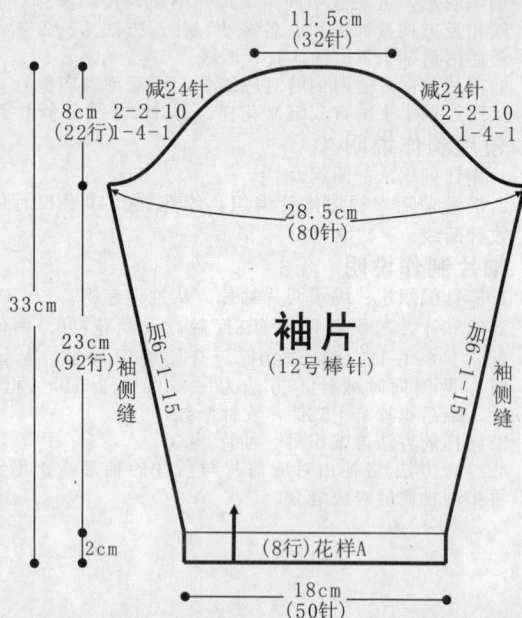

11.5cm
(32针)

减24针
2-2-10
(22行)1-4-1

8cm
(22行)

减24针
2-2-10
1-4-1

28.5cm
(80针)

33cm

23cm
(92行)

加6-1-15 袖侧缝

加6-1-15 袖侧缝

袖片
(12号棒针)

2cm

(8行)花样A

18cm
(50针)

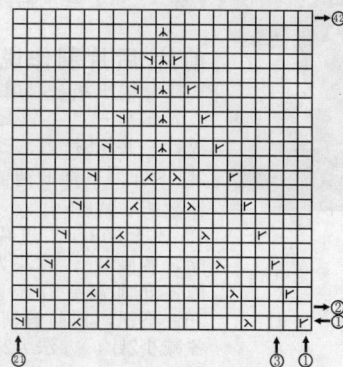

花样D

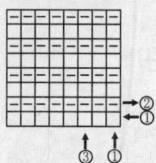

花样A
（搓板针）

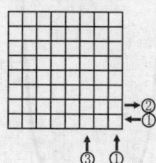

花样B
（全下针）

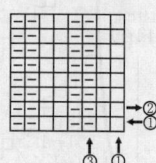

花样C
（双罗纹针）

粉色俏丽开衫

【成品规格】衣长34cm，半胸围34cm，肩连
袖长36cm
【工　　具】12号棒针
【编织密度】10cm² =25针×42行
【材　　料】粉红色棉线共350g，纽扣5颗

前片/后片制作说明

1.棒针编织法，袖窿以下一片编织，袖窿以上分为左前
片、右前片和后片，分别编织，完成后与袖片缝合而
成。
2.起织，下针起针法起161针织花样A，织8行后改织花样
B，织至92行，第93行起将织片分片，左、右前片各取
39针，后片取85针，先织后片。
3.分配后片85针到棒针上，起织时两侧各平收5针，然
后插肩减针，方法为2-1-25，织至142行，织片余下
25针，用防解别针扣起，留待编织衣领。
4.分配左前片39针到棒针上，起织时左侧平收5针，然
后插肩减针，方法为2-1-25，织至134行，第135行右侧

减针织成前领，方法为2-2-4，织至142行，织片余下1针
用防解别针扣起，留待编织衣领。
5.相同的方法相反方向编织右前片。

领片/衣襟制作说明

1.棒针编织法，一片编织完成。
2.先编织衣襟，沿左右前片衣襟侧分别挑针起织，挑起8□
编织花样A，织8行后，收针断线。注意，在左侧衣襟均匀
作4个扣眼，方法是在一行收起两针，在下一行重起这□
针，形成一个眼。
3.挑织衣领。衣领是在衣襟编织完成后挑针起织，挑起79
编织花样A，织8行后，收针断线。

袖片制作说明

1.棒针编织法，编织两片袖片。从袖口起织。
2.下针起针法，起51针圈织，织花样A，织8行后改织花样
选取1针作为袖底缝，两侧一边织一边加针，方法为8-1-1□
织至102行，袖底缝两侧各平收5针，接着两侧减针编织插肩
山。方法为2-1-25，织至152行，织片余下13针，收针断线
3.同样的方法编织另一只袖片。
4.将两袖插肩缝对应前后身片插肩缝缝合。

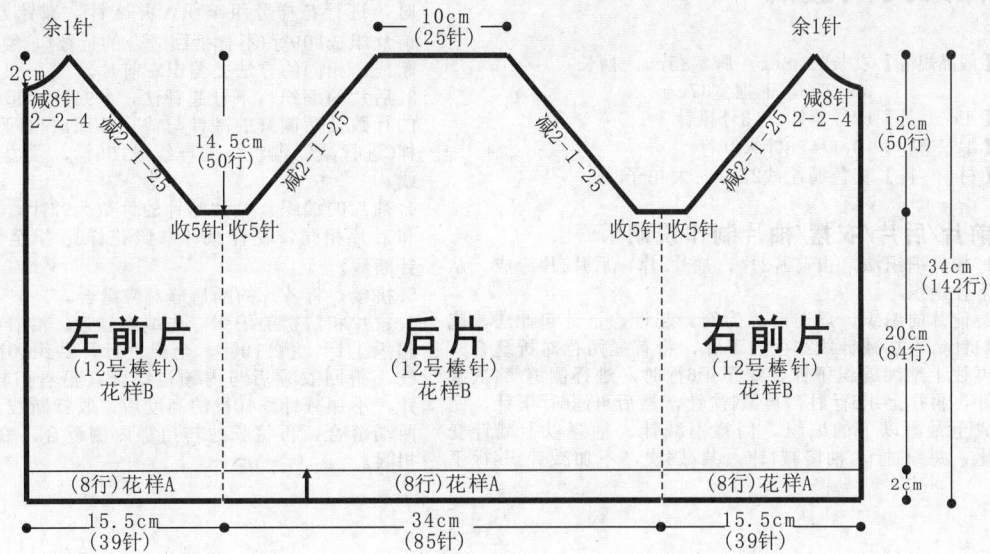

余1针　　　　　10cm　　　　　余1针
2cm　　　　　（25针）

减8针　　　　　　　　　　　　　　　减8针
2-2-4　　　　　　　　　　　　　　　2-2-4

减2-1-25　　14.5cm　减2-1-25　减2-1-25　　　12cm
　　　　　　（50行）　　　　　　　　　　　（50行）

收5针收5针　　　　　　　　收5针收5针　　　34cm
　　　　　　　　　　　　　　　　　　　　　（142行）

左前片　　　　**后片**　　　　**右前片**
（12号棒针）　　（12号棒针）　　（12号棒针）
花样B　　　　　花样B　　　　　花样B　　　20cm
　　　　　　　　　　　　　　　　　　　　　（84行）

（8行）花样A　　（8行）花样A　　（8行）花样A　　2cm

15.5cm　　　　　34cm　　　　　15.5cm
（39针）　　　　（85针）　　　　（39针）

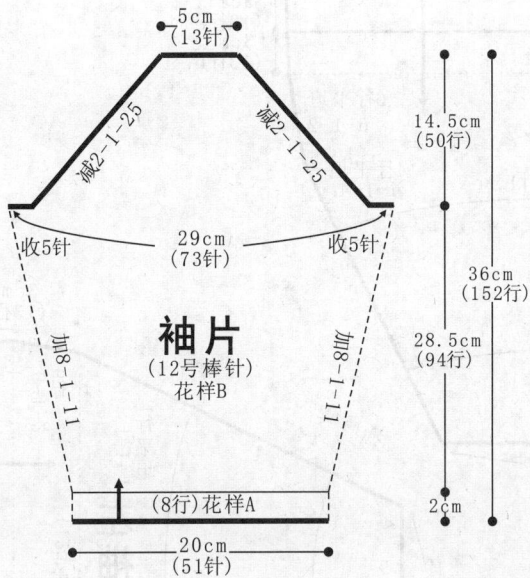

5cm
（13针）

减2-1-25　　减2-1-25　　14.5cm
　　　　　　　　　　　　（50行）

收5针　　29cm　　收5针
　　　（73针）　　　　　　36cm
　　　　　　　　　　　　（152行）

加8-1-11　**袖片**　加8-1-11
　　　（12号棒针）
　　　花样B　　　　　　　28.5cm
　　　　　　　　　　　　（94行）

（8行）花样A

20cm　　　　　　　　　2cm
（51针）

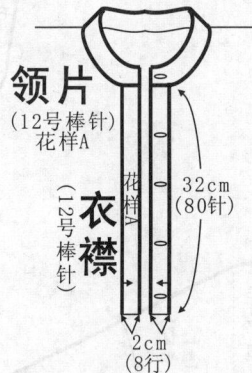

领片
（12号棒针）
花样A

花　　32cm
样　　（80针）
A
　衣
　襟
（12号棒针）

2cm
（8行）

花样A

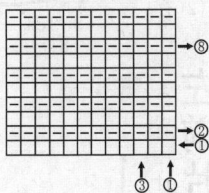

符号说明：

□　　　上针
□=1　　下针

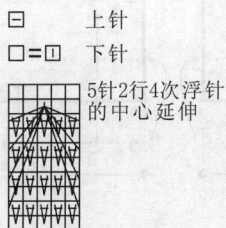

5针2行4次浮针
的中心延伸

2-1-3　行-针-次

花样B

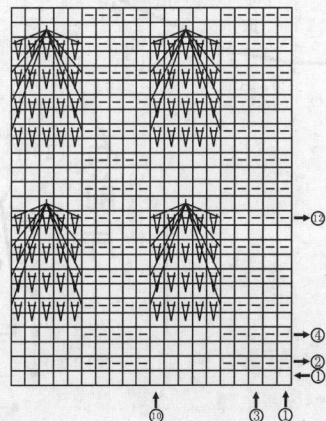

韩式大气披肩

【成品规格】衣长29.8cm，胸宽35cm，袖长
　　　　　　35.3cm，下摆宽37cm
【工　　具】12号棒针，13号棒针
【编织密度】10cm²=23针×36行
【材　　料】灰色腈纶线250g，大扣子3颗

前片/后片/衣摆/袖片制作说明

1.棒针编织法，由前片2片、袖片2片、后片1片组成。从下往上织。
2.前片的编织。以左前片为例。起针，下针起针法，起41针，不加减针织26行的下针，将首尾两行对折缝合，再往上继续编织下针，织至第6行时，进行侧缝第1次减针，再往上织6行时，再减1次针，然后再织6行下针，完成至袖窿以下的编织。门襟不减针。袖窿以上减针变化，每织4行，袖窿减1针，共减4次，不加减针织4行下

针，完成下针的花样编织。袖窿以上织成20行。从第2
时，进行花样分组编织，并减针，减针方法参照花样A，
前片织成109行(不含折回缝合的行数)，领边余下21针，收
断线。相同的方法去编织右前片。
3.后片的编织。下针起针法，起91针，起织下针，往上织
的行数及两侧缝的减针与前片的织法相同，花样减针依照花
样C进行减针编织。同样织成109行，领边余下55针，收针
线。
4.袖片的编织。袖片起针的针数为92针，往上的织法与前
和后片相同，花样减针参照花样B，织至领边余下48针，
针断线。
5.拼接，将各片的插肩缝对应缝合。
6.领片和门襟的编织。先编织领片，沿着缝合后的领边挑
起织上针，挑110针，全织上针，共织40行的高度，收针
线，折回衣领后与内领边缝合。沿着门襟挑针，共挑
针，不加减针织40行的高度后，收针断线，先将门襟的上
两端缝合，再将长边与门襟内侧缝合。右门襟要制作3个
扣眼。

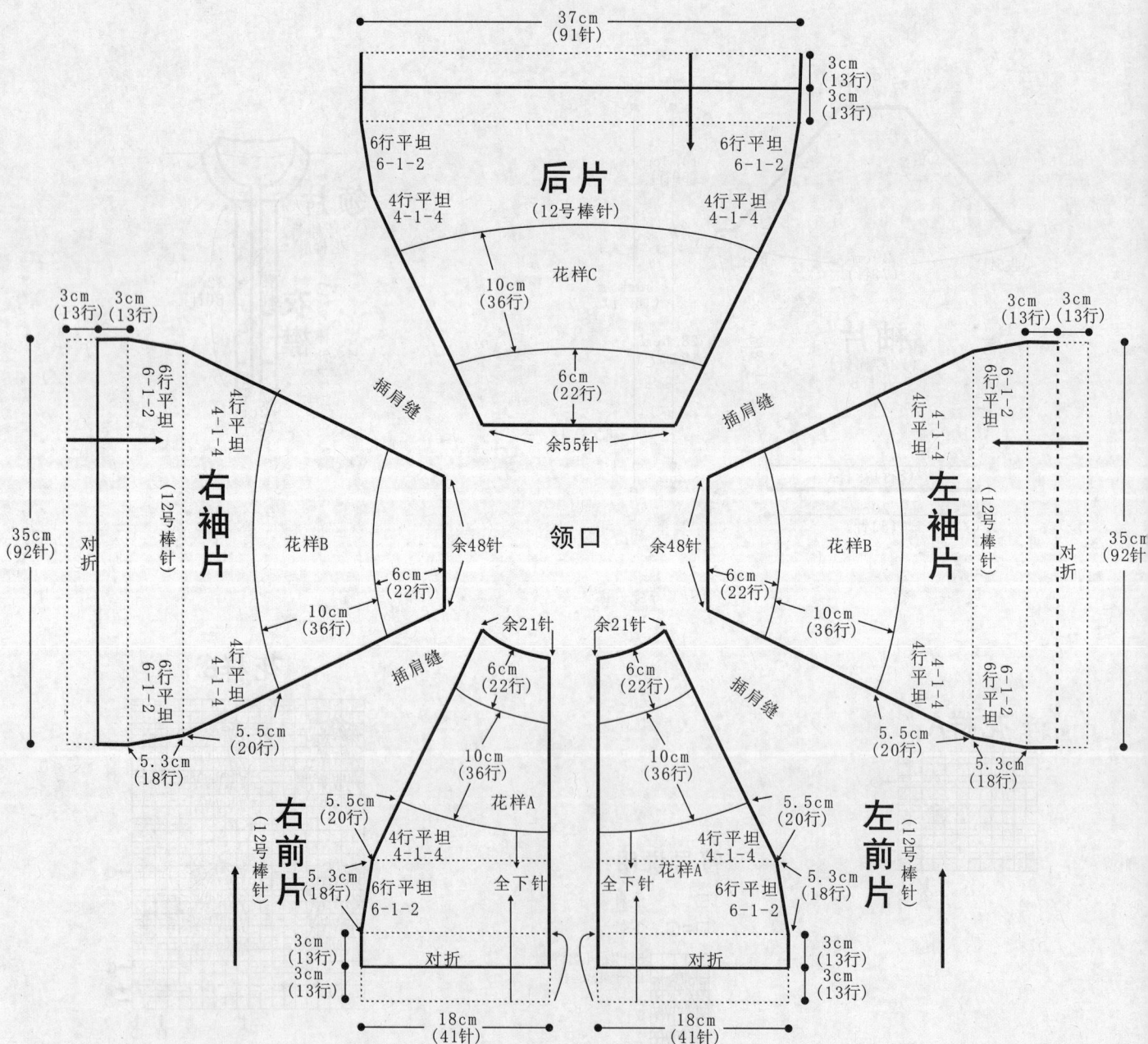

花样A
(左前片图解)

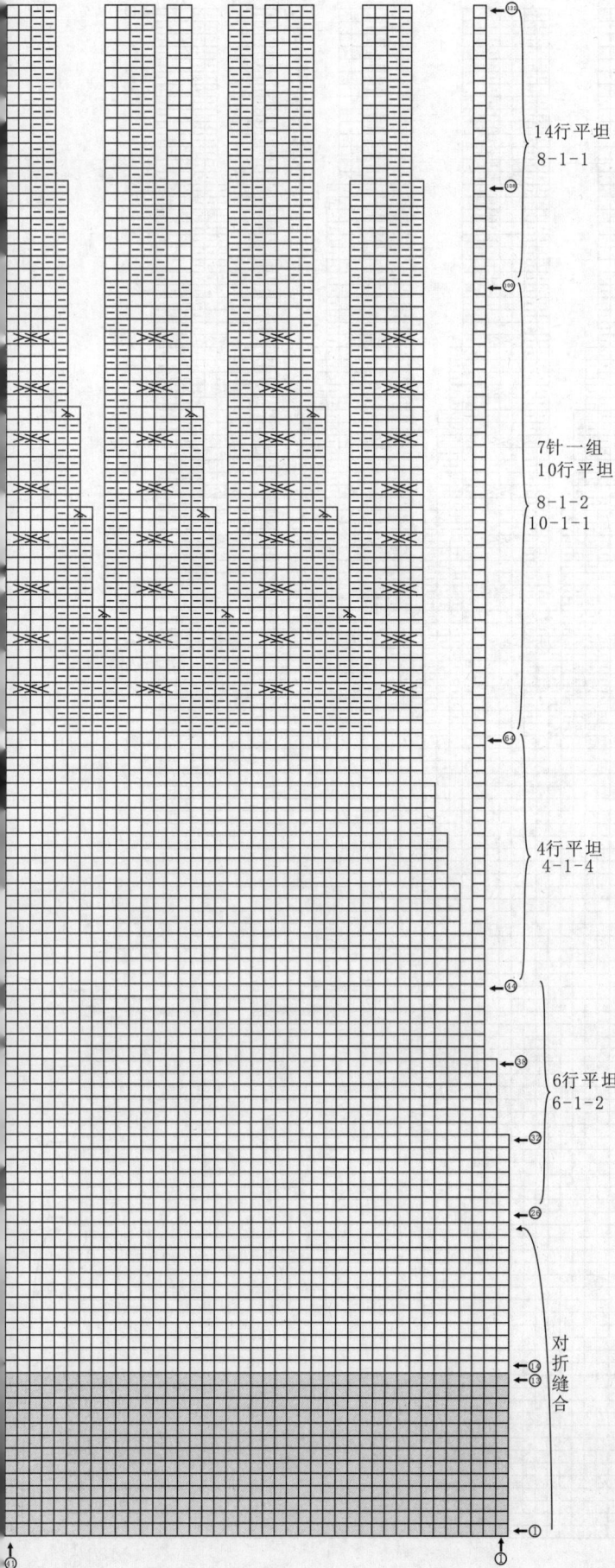

领片 (13号棒针)

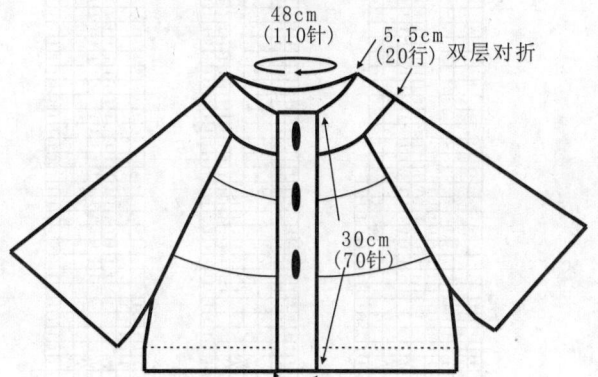

48cm
(110针)

5.5cm
(20行) 双层对折

30cm
(70针)

衣襟
(13号棒针)

5.5cm
(20行) 双层对折

14行平坦
8-1-1

7针一组
10行平坦

8-1-2
10-1-1

4行平坦
4-1-4

6行平坦
6-1-2

对折缝合

符号说明：

□　上针

□=回　下针

2-1-3　行-针-次

↑　编织方向

⊠　右上2针并1针

右上2针与左下2针交叉

花样B

(袖片图解)

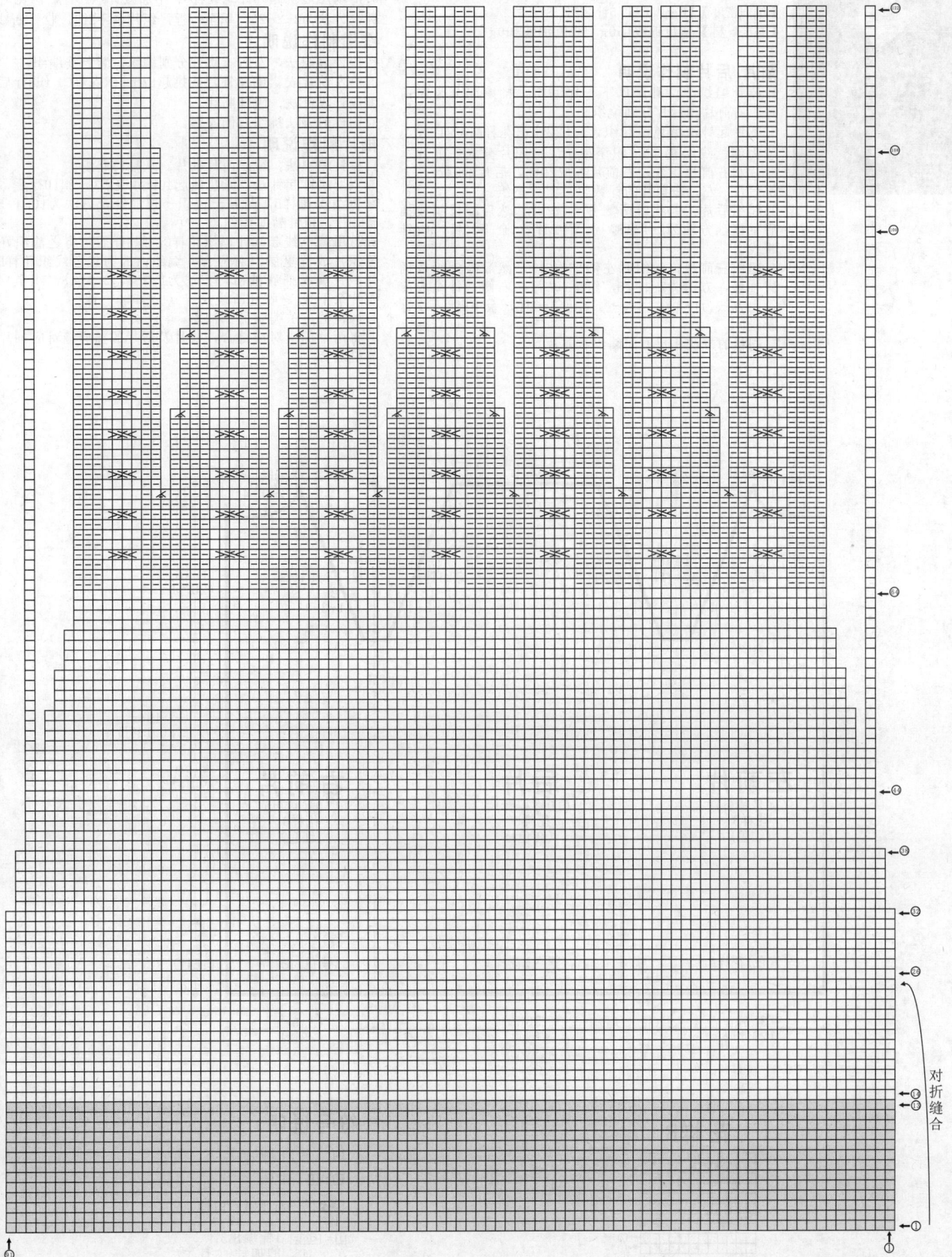

花样C

（后片图解）

中性风连帽外套

【成品规格】衣长49cm，半胸围30cm，袖长42cm
【工　　具】10号棒针
【编织密度】10cm² =21.5针×22.8行
【材　　料】紫色锦线150g，红色锦线300g

前片/后片制作说明

1.棒针编织法，袖窿以下一片编织，袖窿起分为左前片、右前片和后片分别编织。
2.下针起针法紫色线起织，起122针织花样A，织16行，改为红色线织花样B，织至78行，将织片分成左前片、后片和右前片，左、右前片各取29针，后片取64针，先织后片，左、右前片的针数暂时留起不织。
3.起织后片，起织时两侧各平收3针，然后减针织成插肩袖窿，方法为2-1-18，织至114行，余下22针，收针断线。
4.起织左前片，起织时左侧平收3针，然后减针织成插肩袖窿，方法为2-1-18，织至106行，右侧减针织成前领，方法为1-3-1，2-1-4，织至114行，余下1针，收针断线。
5.同样的方法相反方向编织右前片。

领片制作说明

1.棒针编织法，紫色线沿领口挑针往返编织。
2.沿前后领口挑起94针，织花样B下针，织4行后，织1行针，再织4行下针，第10行与起针合并成双层。
3.沿双层边挑起94针织花样D，不加减针织16行，两侧对称针，方法为2-2-23，织至62行，织片余下2针，收针断线。

衣襟制作说明

1.棒针编织法，左右衣襟片分别编织。紫色线编织。
2.沿左前片衣襟侧及领片共挑起176针织花样C，织8行后，罗纹针收针法，收针断线。
3.同样的方法挑织右侧衣襟。

袖片制作说明

1.棒针编织法，编织两片袖片。从袖口起织。
2.双罗纹针起针法，紫色线起40针织花样C，织10行后，改红色线织花样B，两侧一边织一边加针，方法为10-1-5，至62行，留针暂时不织。
3.另用紫色线起50针，织花样C，织8行后，将之前织好的色织片放置里层，对应合并编织，改为红色线织花样B，侧减针编织插肩袖山，方法为1-3-1，2-1-18，织至44行织片余下8针，收针断线。
4.同样的方法编织另一袖片。
5.将两袖侧缝对应缝合，前片及后片的插肩缝对应袖片的肩缝缝合。

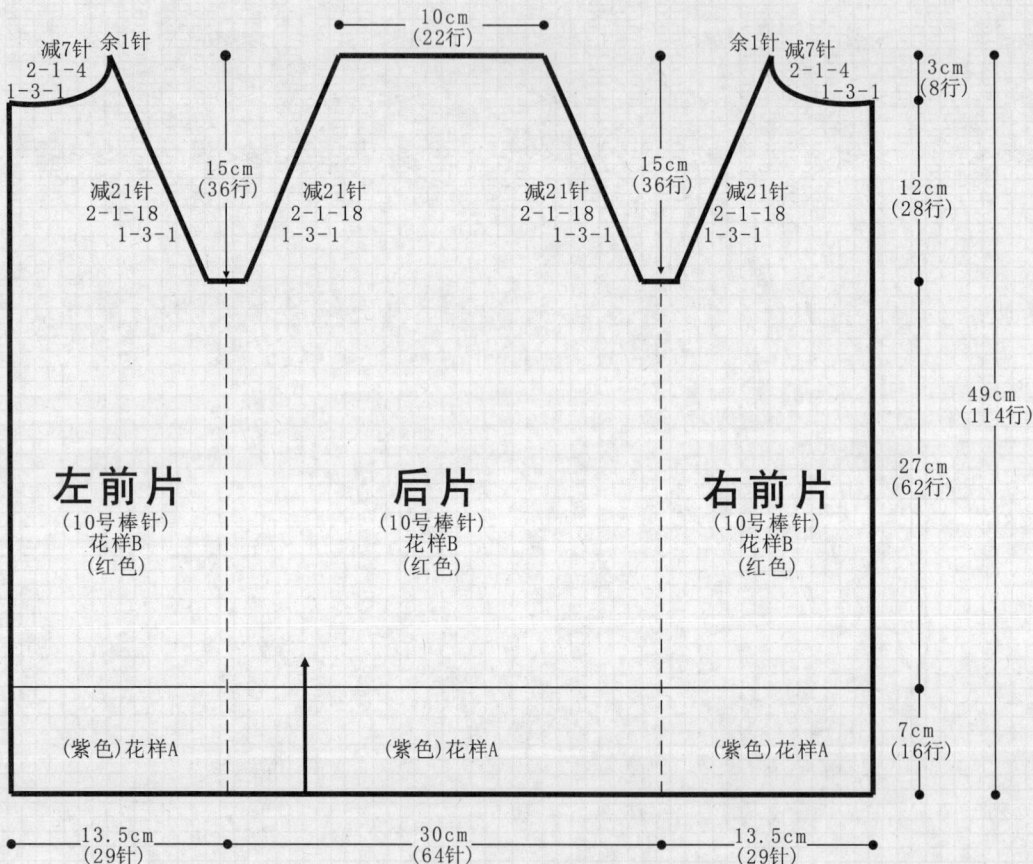

减7针 余1针
2-1-4
1-3-1

10cm
(22行)

余1针 减7针
2-1-4
1-3-1

3cm
(8行)

15cm
(36行)

15cm
(36行)

12cm
(28行)

减21针
2-1-18
1-3-1

减21针
2-1-18
1-3-1

减21针
2-1-18
1-3-1

减21针
2-1-18
1-3-1

49cm
(114行)

左前片
(10号棒针)
花样B
(红色)

后片
(10号棒针)
花样B
(红色)

右前片
(10号棒针)
花样B
(红色)

27cm
(62行)

(紫色)花样A

(紫色)花样A

(紫色)花样A

7cm
(16行)

13.5cm
(29针)

30cm
(64针)

13.5cm
(29针)

花样B

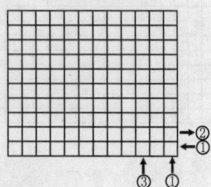

符号说明：

□ 　　上针

□=1 　下针

左上3针并1针

1针编织3针
的加针(上挂上)

2-1-3 行-针-次

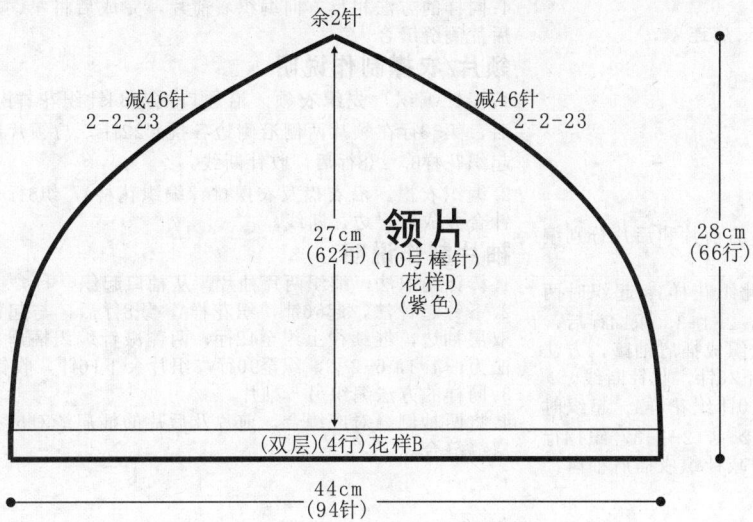

余2针

减46针
2-2-23

减46针
2-2-23

领片
27cm
(62行)
(10号棒针)
花样D
(紫色)

28cm
(66行)

(双层)(4行)花样B

44cm
(94针)

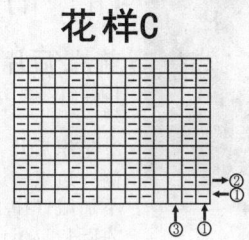

花样C

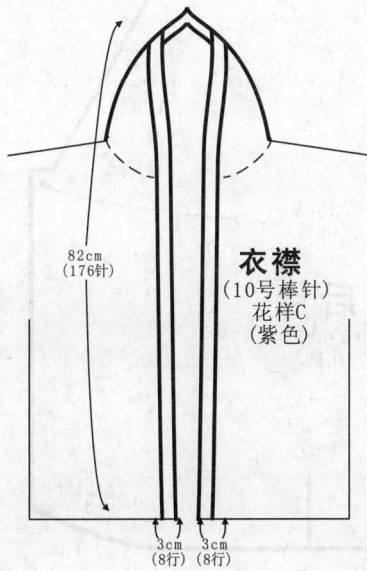

衣襟
(10号棒针)
花样C
(紫色)

82cm
(176针)

3cm
(8行)

3cm
(8行)

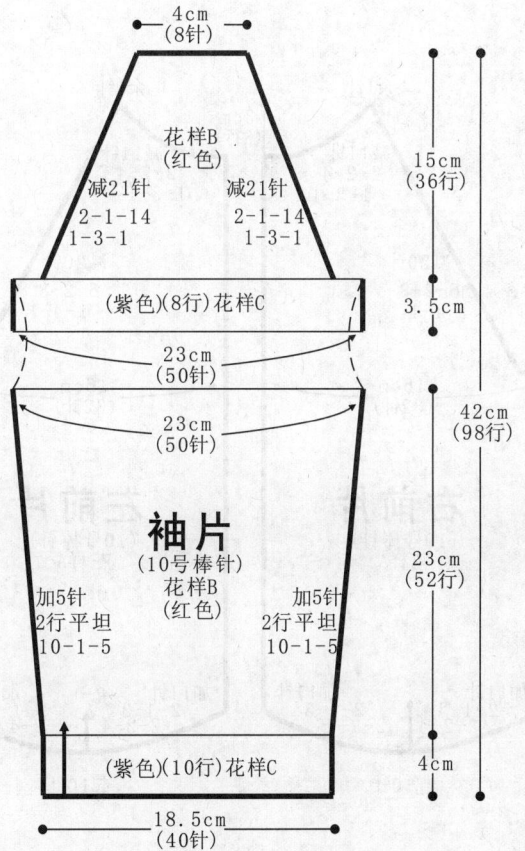

4cm
(8针)

花样B
(红色)

减21针
2-1-14
1-3-1

减21针
2-1-14
1-3-1

15cm
(36行)

(紫色)(8行)花样C

3.5cm

23cm
(50针)

23cm
(50针)

袖片
(10号棒针)
花样B
(红色)

加5针
2行平坦
10-1-5

加5针
2行平坦
10-1-5

42cm
(98行)

23cm
(52行)

(紫色)(10行)花样C

4cm

18.5cm
(40针)

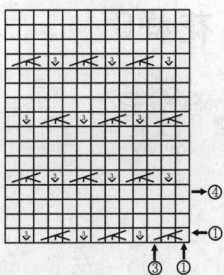

花样D

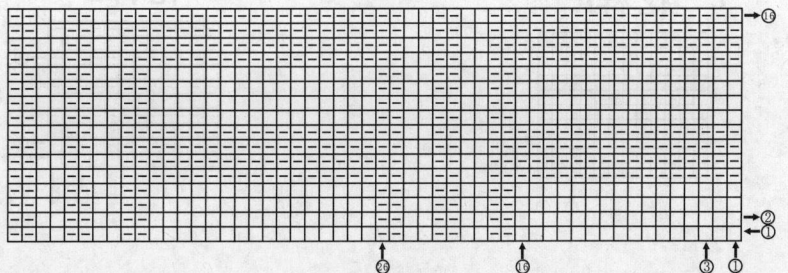

花样A

105

火红花朵披肩

【成品规格】衣长36cm,半胸围33cm,肩连
　　　　　　袖长30cm
【工　　具】10号棒针
【编织密度】10cm²=20针×30行
【材　　料】红色锦线400g

前片/后片制作说明
1.棒针编织法,衣身分为左前片、右前片和后片分别编织。
2.起织后片,下针起针法,起44针织花样A,起织时两侧一边织一边加针,方法为2-2-4,2-1-3,织14行后,不加减针往上织至60行,两侧减针织成插肩袖窿,方法为1-4-1,6-2-8,织至108行,余下26针,收针断线。
3.起织左前片,下针起针法,起10针织花样A,起织时两侧一边织一边加针,方法为2-2-4,2-1-3,织14行后,不加减针往上织至60行,左侧减针织成插肩袖窿,

方法为1-4-1,6-2-8,织至100行,右侧减针织成前领,法为1-3-1,2-2-4,织至108行,余下1针,收针断线。
4.同样的方法相反方向编织右前片,完成后将左、右前片后片侧缝缝合。

领片/衣襟制作说明
1.棒针编织,先织衣领,沿领口挑起84针织花样B,织32后,第33行在领片两侧沿侧边各挑起22针,与领片的针数起织花样B,织8行后,收针断线。
2.编织衣襟。沿衣襟及衣摆挑针编织花样A,织8行后,与针合并成双层边,断线。

袖片制作说明
1.棒针编织法,编织两片袖片。从袖口起织。
2.下针起针法,起56针,织花样A,织8行后,与起针合并双层袖边,继续往上织至42行,两侧减针编织插肩袖山。法为1-4-1,6-2-8,织至90行,织片余下16针,收针断线
3.同样的方法编织另一片袖片。
4.将两袖侧缝对应缝合,前片及后片的插肩缝对应袖片的肩缝缝合。

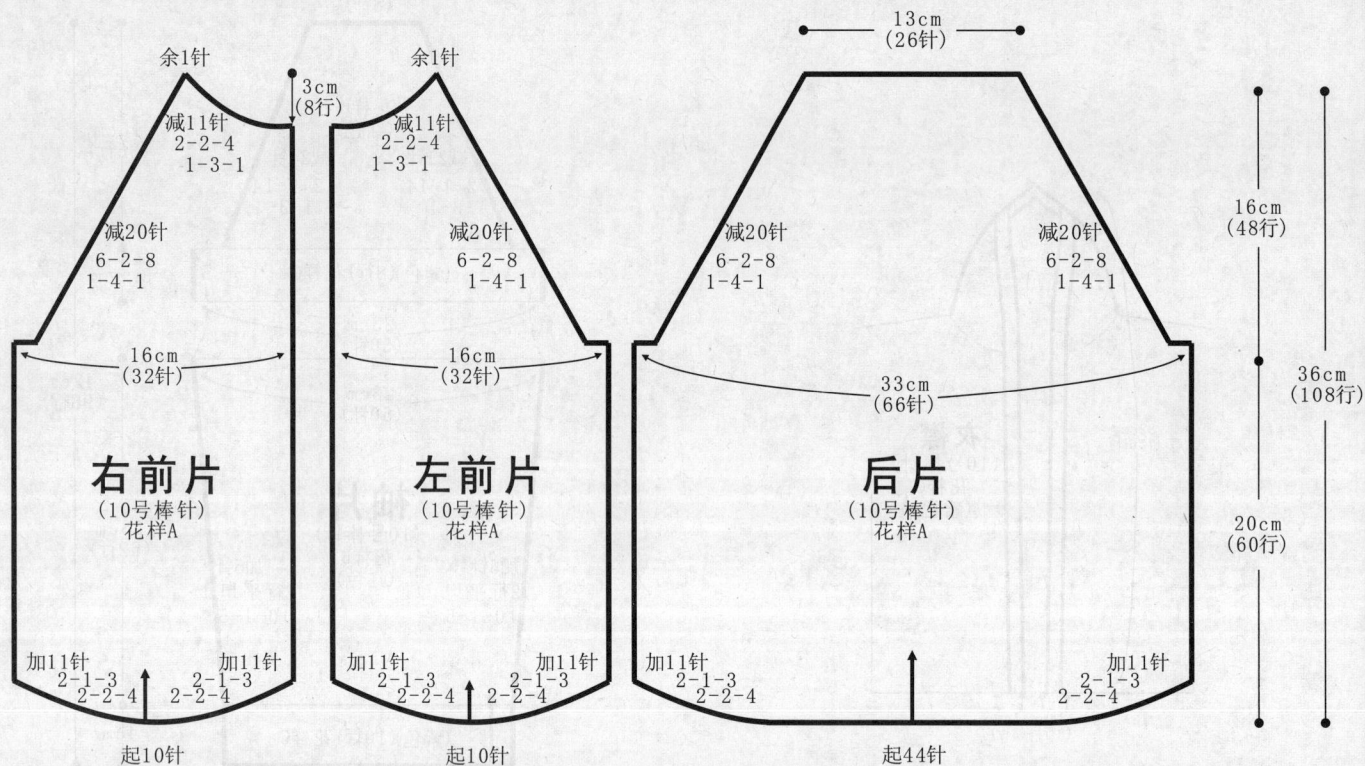

右前片
(10号棒针)
花样A

左前片
(10号棒针)
花样A

后片
(10号棒针)
花样A

余1针　　减11针 2-2-4 1-3-1　　减20针 6-2-8 1-4-1　　16cm(32针)　　加11针 2-1-3 2-2-4　　起10针

3cm(8行)

13cm(26针)　　16cm(48行)　　36cm(108行)　　20cm(60行)

33cm(66针)　　起44针

花样A

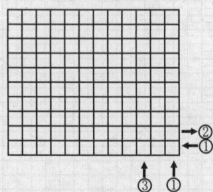

花样B

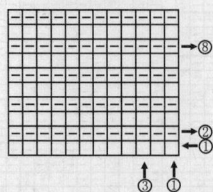

花样C

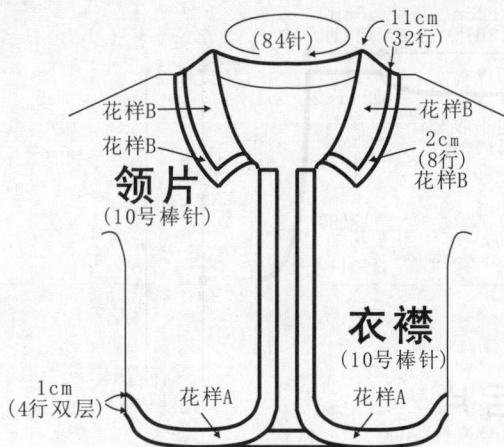

(84针)

11cm
(32行)

花样B

花样B

领片
(10号棒针)

花样B

2cm
(8行)
花样B

衣襟
(10号棒针)

1cm
(4行双层)

花样A

花样A

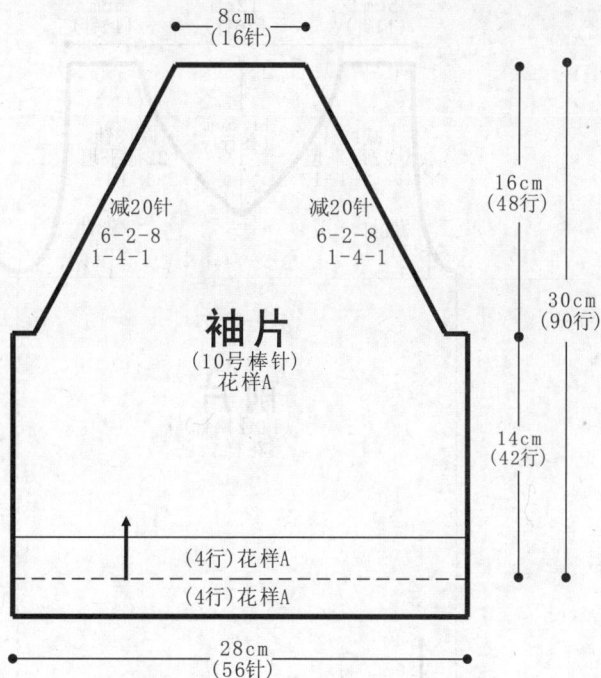

8cm
(16针)

减20针
6-2-8
1-4-1

减20针
6-2-8
1-4-1

16cm
(48行)

30cm
(90行)

袖片
(10号棒针)
花样A

14cm
(42行)

(4行)花样A

(4行)花样A

28cm
(56针)

符号说明：

□　　上针

□＝□　下针

2-1-3　行-针-次

蓝色休闲套头衫

【成品规格】衣长42cm，半胸围30cm，肩宽
　　　　　　22cm，袖长30cm
【工　　具】11号棒针
【编织密度】10cm²＝21.3针×42行
【材　　料】蓝色棉线400g

前片/后片制作说明

1.棒针编织法，袖窿以下一片环形编织，袖窿以上分为
前片和后片分别编织。
2.起织，单罗纹针起针法，起128针织花样A，织至
106行，将织片分成前片和后片分别编织，各取64针，
先织后片，前片的针数暂时留起不织。
3.分配后片64针到棒针上，织花样A，起织时两侧减针
织成袖窿，方法为1-4-1，2-1-4，织至173行，中间平
收22针，两侧减针织成后领，方法为2-1-2，织至176
行，两侧肩部各余下11针，收针断线。

4.分配前片64针到棒针上，织花样A，起织时两侧减针织成
袖窿，方法为1-4-1，2-1-4，织至128行，将织片从中间分
成左、右两片分别编织，中间按2-1-13的方法减针织成前
领，织至176行，两侧肩部各余下11针，收针断线。
5.将前片与后片的两肩部对应缝合。

领片制作说明

1.棒针编织法，起8针织花样B，织142行的长度，收针。
2.将织片一侧与前后领口对应缝合，再将领尖重叠缝合。

袖片制作说明

1.棒针编织法，编织两只袖片。从袖口往上环形编织。
2.单罗纹针起针法，起48针环形编织，织花样A，织94行后，
第95行将织片平收8针，余下针数往返编织，两侧减针编织
袖山，方法为1-4-1，2-1-16，织至126行，织片余下8针，
收针断线。
3.同样的方法再编织另一袖片。
4.缝合方法：将袖山对应前片与后片的袖窿线，用线缝合，
再将两袖侧缝对应缝合。

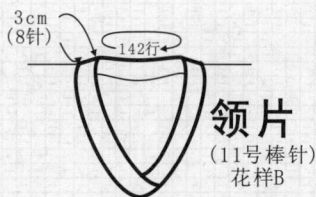

3cm
(8针)

142行

领片
(11号棒针)
花样B

花样B（单罗纹）

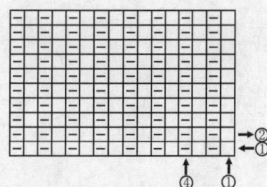

②
①

④　　①

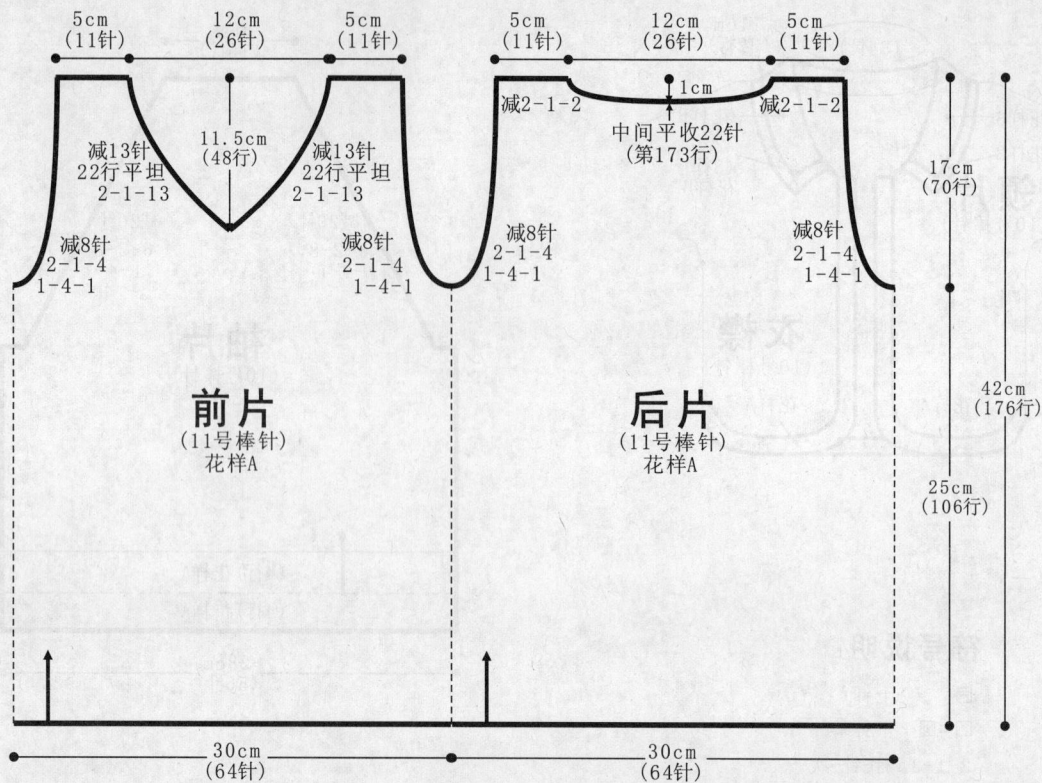

5cm
(11针)
12cm
(26针)
5cm
(11针)
5cm
(11针)
12cm
(26针)
5cm
(11针)

11.5cm
(48行)

减13针
22行平坦
2-1-13
减13针
22行平坦
2-1-13

减8针
2-1-4
1-4-1
减8针
2-1-4
1-4-1
减8针
2-1-4
1-4-1
减8针
2-1-4
1-4-1

1cm
减2-1-2
减2-1-2
中间平收22针
(第173行)

17cm
(70行)

42cm
(176行)

前片
(11号棒针)
花样A

后片
(11号棒针)
花样A

25cm
(106行)

30cm
(64针)
30cm
(64针)

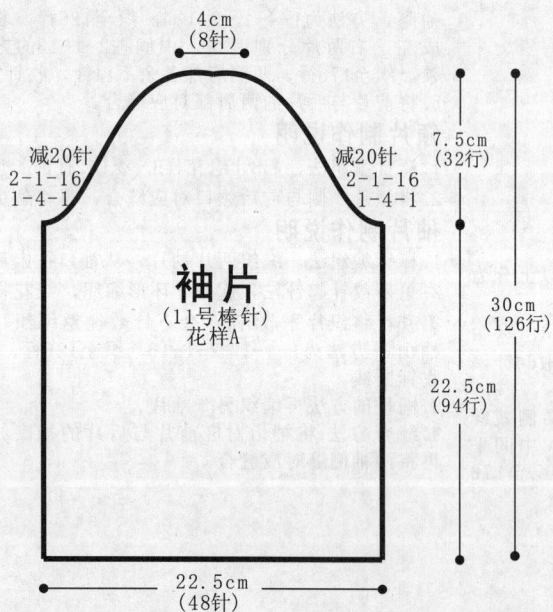

4cm
(8针)

减20针
2-1-16
1-4-1
减20针
2-1-16
1-4-1

7.5cm
(32行)

30cm
(126行)

袖片
(11号棒针)
花样A

22.5cm
(94行)

22.5cm
(48针)

符号说明：

⊟	上针	
▢=Ⅰ	下针	
☑	左上2针并1针	
☒	右上2针并1针	
☑	左加针	
☑	右加针	
2-1-3	行-针-一次	

花样A

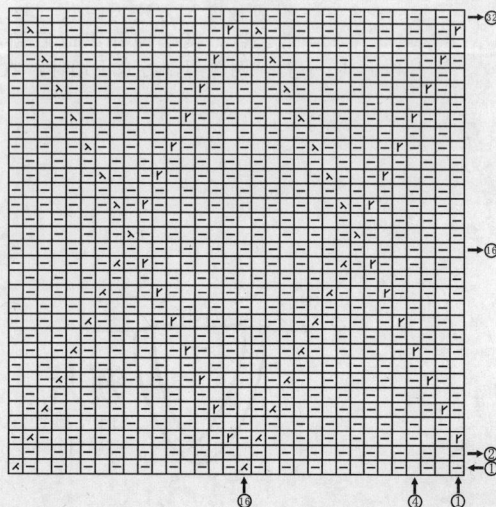

浪漫紫色背心裙

【成品规格】衣长48cm，胸宽28cm，肩宽19cm
【工　　具】12号棒针
【编织密度】10cm²=29针×34行
【材　　料】紫色细毛线420g

前片/后片制作说明

1.棒针编织法，由前片1片、后片1片组成，从下往上织起。

2.前片的编织。一片织成。起针，下针起针法，起100针，起织花样A，织30行。下一行起，全织下针，两侧加减针，10-1-10，织84行至袖窿，袖窿起减针，两

边同时减6针，然后2-1-1，两边各减少7针，余下76针，继续编织下针，织成袖窿算起12行的高度时，下一行改织花样B，中间20针合并编织减掉10针，两边沿花样均减4针，再织至12行，中间留14针不织，两边相反方向减针，2-1-5，两边各余下12针，不加减针，织18行的高度后，收针断线。

3.后片的编织。后片袖窿以下的编织与前片完全相同，袖窿减针与前片相同，当织成袖窿算起24行的高度时，进行后衣领减针，中间留4针编织花样D，不加减针织22行，再两边相反方向减针，平收6针，减2-2-2，织成6行，两边各余下12针，收针断线。

4.拼接。将前片的侧缝与后片的侧缝和肩部对应缝合。

5.最后沿着前后衣领边挑出88针，编织花样B，织3行，同样，袖口也挑出70针，编织花样B，织3行后，收针断线。衣服完成。

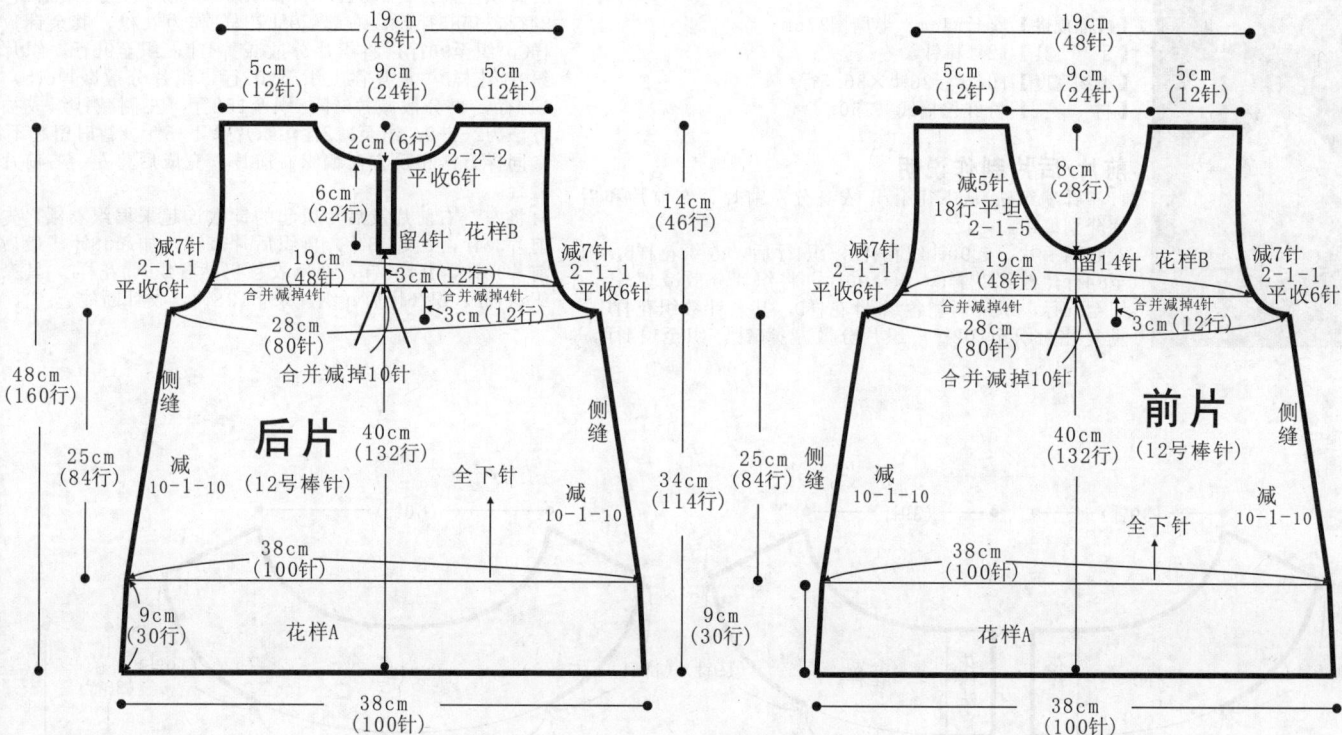

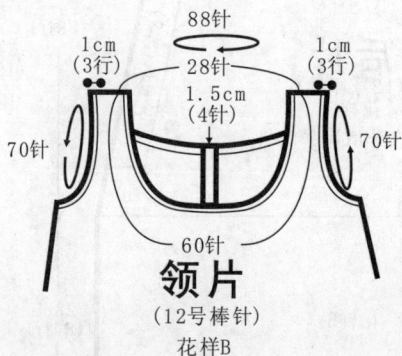

后片

19cm（48针）
5cm（12针）　9cm（24针）　5cm（12针）
2cm（6行）　2-2-2　平收6针
6cm（22行）
留4针　花样B
减7针 2-1-1 平收6针　　减7针 2-1-1 平收6针
19cm（48针）
合并减掉4针　3cm（12行）　合并减掉4针　3cm（12行）
28cm（80针）
合并减掉10针
14cm（46行）
48cm（160行）
侧缝
40cm（132行）（12号棒针）
全下针
25cm（84行）　减10-1-10　　减10-1-10
38cm（100针）
34cm（114行）
侧缝
9cm（30行）　花样A
9cm（30行）
38cm（100针）

前片

19cm（48针）
5cm（12针）　9cm（24针）　5cm（12针）
减5针 18行平坦 2-1-5
8cm（28行）
留14针　花样B
减7针 2-1-1 平收6针　　减7针 2-1-1 平收6针
19cm（48针）
合并减掉4针　3cm（12行）　合并减掉4针　3cm（12行）
28cm（80针）
合并减掉10针
前片
40cm（132行）（12号棒针）
全下针
减10-1-10　　减10-1-10
侧缝
38cm（100针）
花样A
38cm（100针）

领片

88针
1cm（3行）　28针　1cm（3行）
1.5cm（4针）
70针　　70针
60针
领片
（12号棒针）
花样B

符号说明：

⊡　上针
□=⊡　下针
2-1-3　行-针-次
↑　编织方向

⊠　右并针
⊠　左并针
⊡　镂空针
⊠　上针左并针

花样D

←④
←①
④　①

109

花样A

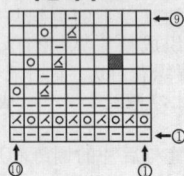

花样B

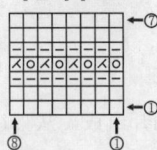

花样C

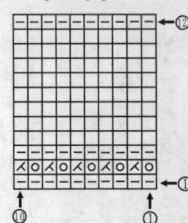

粉色圆领开衫

【成品规格】衣长54cm，半胸围27cm
【工　具】12号棒针
【编织密度】10cm² =26针×36.5行
【材　料】粉红色棉线共350g

前片/后片制作说明

1. 棒针编织法，从下往上织，衣身分左前片、右前片和后片分别编织。

2. 起织后片，起90针织花样A，织4行后，改织花样B，织至84行，改织花样C，织至90行，将织片分散减掉8针，织至96行，织片两侧各织8针花样D，其余针数织花样C，重复往上织至102行，织片分散减掉6针，织至114行，

再分散减掉6针，织至152行，两侧减针织成袖窿，方法为1-9，织至172行，织片余下52针，暂时留起不织。

3. 起织左前片，起54针织花样A，织4行后，改织花样B，织84行，第85行起，右织9针花样F作为衣襟，其余针数织花样C，织至90行，将织片分散减掉4针，织至96行，织片左织8针花样D，重复往上织至102行，织片分散减掉6针，织114行，再分散减掉6针，织至152行，左侧减针织成袖窿方法为2-1-9，织至172行，织片余下35针，暂时留起不织。

4. 同样方法相反方向编织右前片，完成后将左、右前片侧缝合。

5. 将左、右前片及后片留起的针数连起来编织衣领。先织前片35针，加起38针，再织后片52针，加起38针，最后织前片35针，共198针，两侧衣领仍然各织9针花样F，其余织花样E，织26行后，织片余下138针，收针断线。

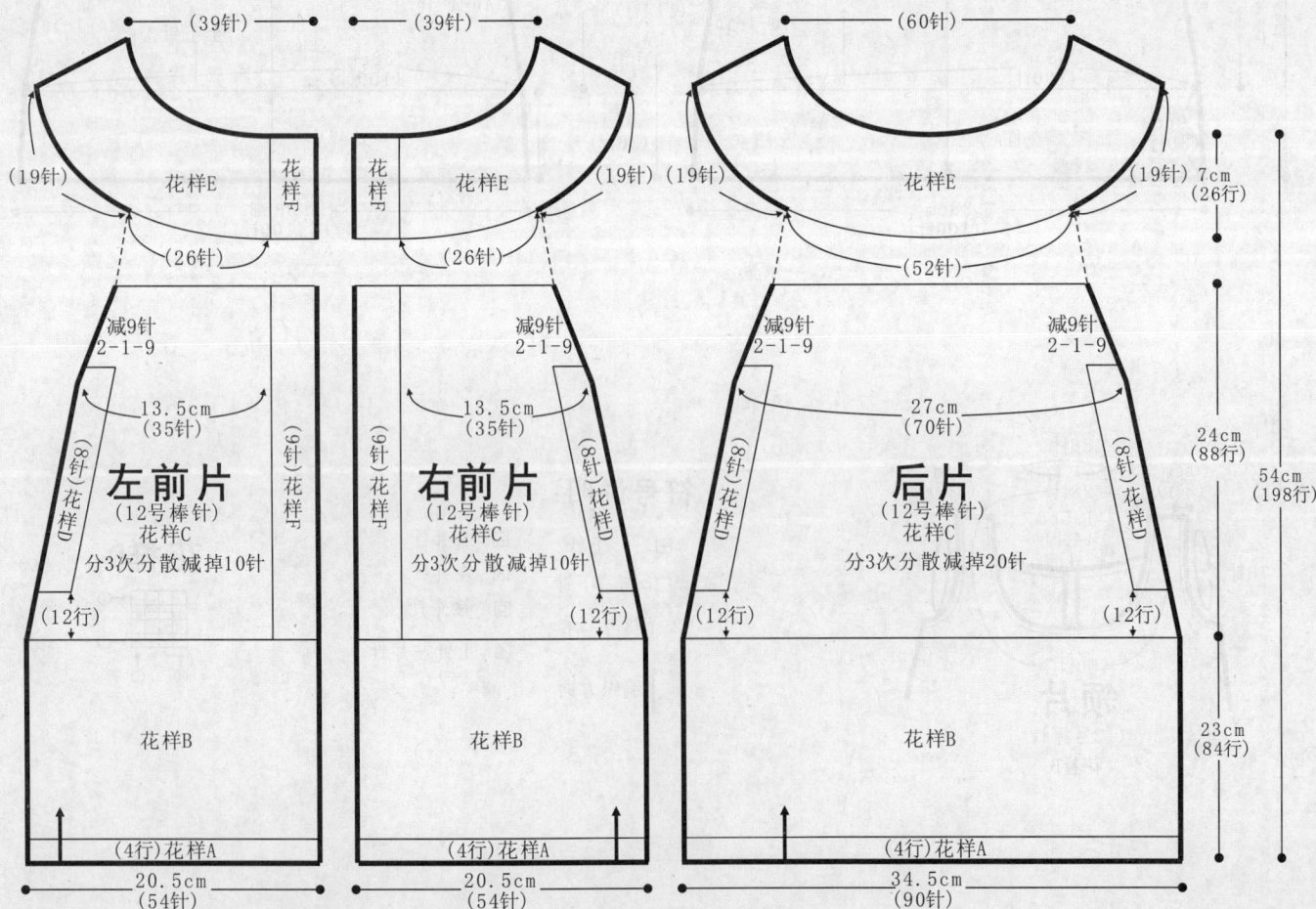

左前片
（12号棒针）
花样C
分3次分散减掉10针

右前片
（12号棒针）
花样C
分3次分散减掉10针

后片
（12号棒针）
花样C
分3次分散减掉20针

花样A

花样B

花样C

花样D

花样E

花样F

符号说明：

符号	说明
□	上针
□=①	下针
⊡	镂空针
⊠	左上2针并1针
⊠	右上2针并1针
⊼	中上3针并1针

2-1-3 行-针-次

连帽短装外套

【成品规格】衣长40cm，胸宽32cm，肩宽28cm
【工　　具】9号棒针
【编织密度】10cm²=24针×30行
【材　　料】玫红色丝光棉线400g

前片/后片/袖片制作说明

1.棒针编织法，由前片2片、后片1片、袖片2片、领片2片组成。从下往上织起。

2.前片的编织。由右前片和左前片组成，以右前片为例。

(1)起针，单罗纹起针法，起38针，其中左侧32针编织花样A，右侧6针编织花样C作为门襟，不加减针，织4行的高度，下一行起，右侧门襟6针继续编织花样C，左侧32针编织花样B，不加减针编织64行，至袖窿。

(2)袖窿以上的编织。左侧减针，先平收2针，2-1-4，当织成34行的高度时，右侧进行衣领减针，平收6针，2-1-9，刚好到肩部，余下17针，收针断线。

(3)相同的方法，相反的方向去编织左前片。

3.后片的编织。单罗纹起针法，起76针，编织花样A，不加减针，织4行的高度。下一行起全织下针，不加减针68行后，至袖窿，然后袖窿两侧起减针，方法与前片相同。当织成袖窿起48行时，下一行中间收针26针，两边相反向减针，2-1-2，两肩部各余下17针，收针断线。

4.袖片的编织。袖片从袖口起织，单罗纹起针法，起32针，编织花样A，不加减针，往上织10行的高度，在第10行分散加8针至40针，下一行分配花样，中间留6针编织花样C，左、右两侧各余17针全织下针，两边侧缝加针，10-1-5，2-1-3，织56行至袖窿。并进行袖山减针，两边各收针2针，然后2-1-20，织成40行，余下12针，收针断线。相同的方法去编织另一袖片。

5.拼接，将前片的侧缝与后片的侧缝对应缝合，将前后片肩部对应缝合;再将两袖片的袖山边线与衣身的袖窿边对缝合。

6.帽片的编织。沿着前后衣领边，挑出62针，各分31针编织左、右帽片，以右帽片为例。左侧6针编织花样C，25针编织花样B，左帽片花样与右帽片对称，以两帽片中的2针进行减针，20-1-2，下一行不加减针织12行至帽顶，两侧各余29针，收针断线。对折缝合。

7.扣带的编织:起针6针，编织下针20行。留出扣眼。收针断线，共编织3条扣带依次缝在右前片门襟上，左前片相应上纽扣，衣服完成。

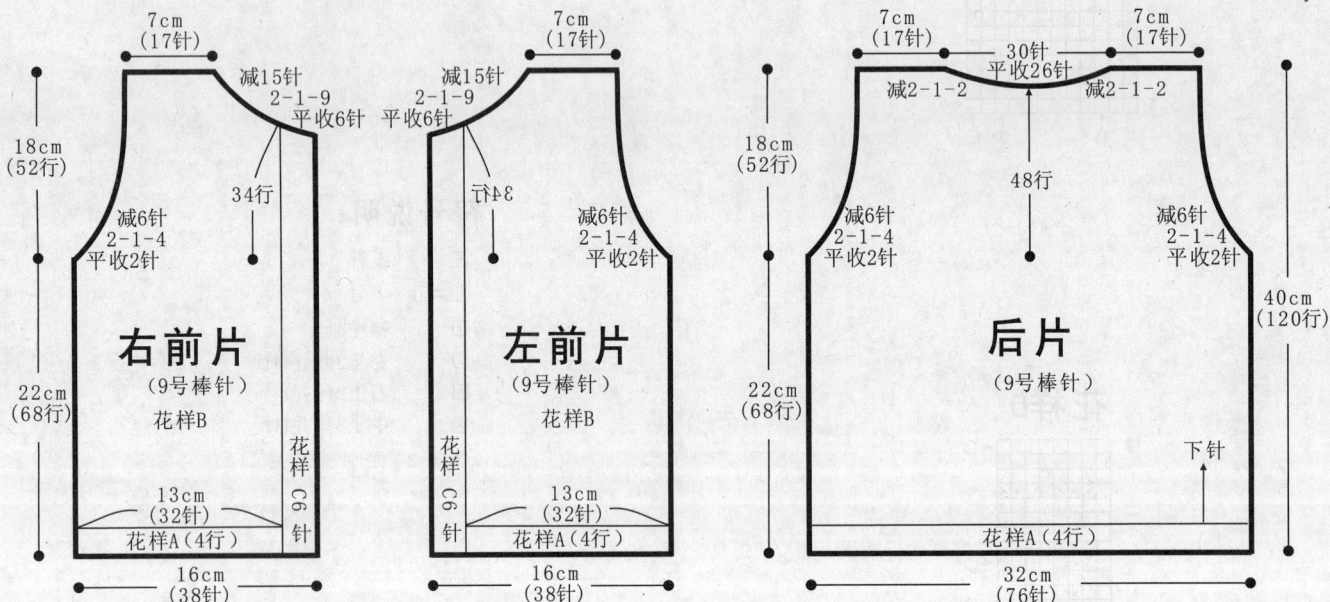

右前片（9号棒针）花样B
左前片（9号棒针）花样B
后片（9号棒针）

袖片（9号棒针）

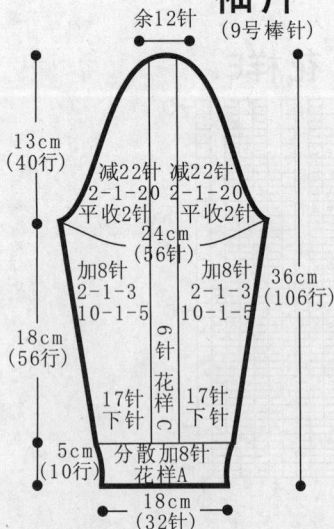

帽片（9号针）

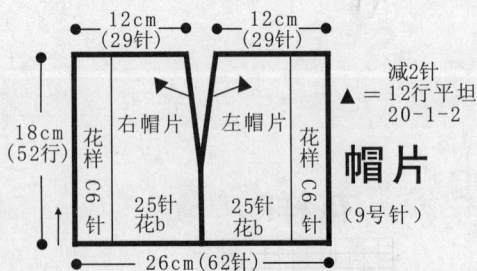

扣带

花样A（单罗纹）

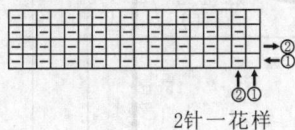

2针一花样

花样C（搓板针）

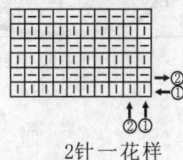

2针一花样

符号说明：

□　　上针

□=Ⅰ　下针

2-1-3　行-针-次

↑　编织方向

⊏⊐　左上3针与右下3针交叉

⊠⊏　右上2针与
　　　左下1针交叉

⊏⊠　左上2针与右下2针交叉

花样B

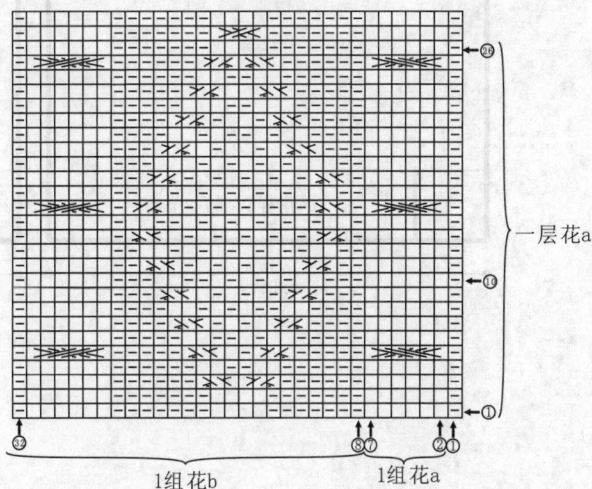

一层花a

1组花b　　　　　1组花a

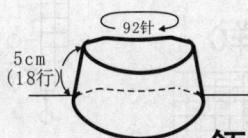

帅气树叶长袖衫

【成品规格】衣长42cm，半胸围33cm，肩宽
　　　　　　33cm，袖长37cm

【工　　具】11号棒针

【编织密度】10cm² =24针×34行

【材　　料】乳白色棉线400g

前片/后片制作说明

1.棒针编织法，衣身分为前片和后片分别编织。从中心往四周环形编织。

2.起织后片，下针起针法8针，分成4组编织花样A，织56行后，织片成正方形，将左、右两侧收针，上侧继续编织花样B，织至68行，第69行将中间平收38针，两侧减针织成后领，方法为2-1-2，织至72行，两侧肩部各余下19针，收针断线。织片下侧挑起编织花样C，织18行

后，单罗纹针收针法，收针断线。

3.前片的编织方法与后片相同，织至60行，第61行将中间平收18针，两侧减针织成前领，方法为2-2-6，织至72行，两侧肩部各余下19针，收针断线。下摆编织方法与后片相同。

4.将前片与后片的两肩部缝合，两侧缝缝合后留起15cm高的袖窿。

领片制作说明

棒针编织法，沿前后领口挑起92针织花样C，织18行后，单罗纹针收针法，收针断线。

袖片制作说明

1.棒针编织法，编织两片袖片。从袖口往上编织。

2.单罗纹针起针法，起48针织花样C，织18行后改织花样D，两侧按8-1-12的方法加针，织至116行，织片变成72针收针断线。

3.同样的方法再编织另一袖片。

4.缝合方法：将袖山对应前片与后片的袖窿线，用线缝合，再将两袖侧缝对应缝合。

符号说明：

□　　上针

□=Ⅰ　下针

⋏　　中上3针并1针

⋌　　左上2针并1针

⋋　　右上2针并1针

○　　镂空针

⊏⊐　左上1针与右上1针交叉

⊐⊏　右上1针与左下1针交叉

ⅢⅢ　右拉针（3针时）

2-1-3　行-针-次

92针

5cm
(18行)

领片
（11号棒针）
花样C

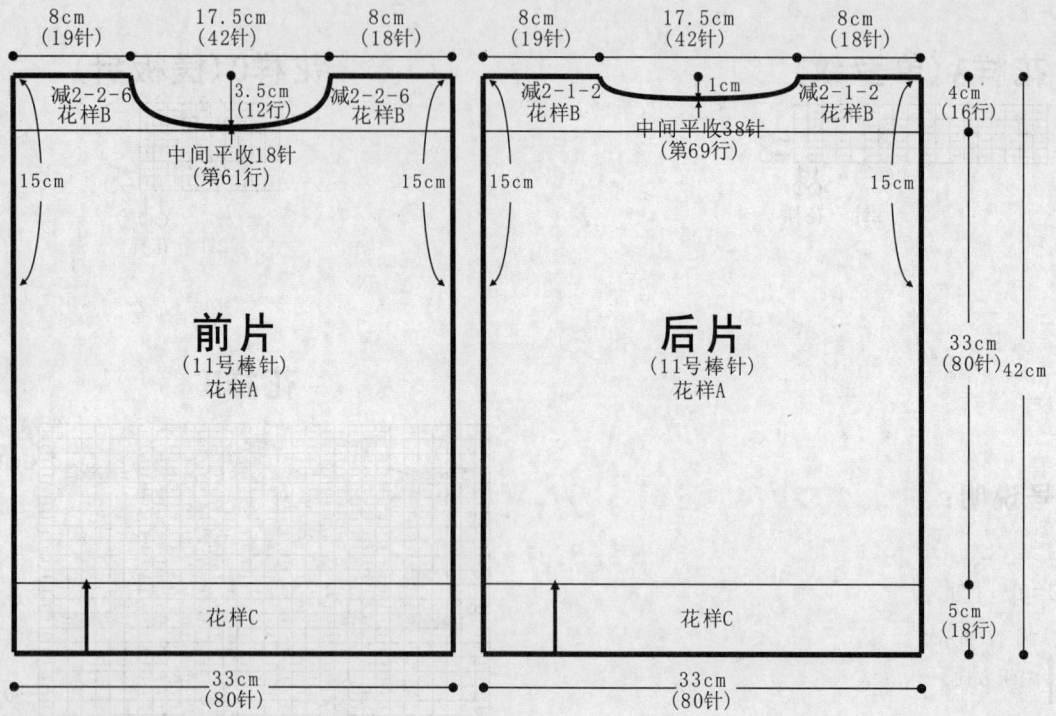

前片
(11号棒针)
花样A

8cm (19针)　17.5cm (42针)　8cm (18针)

减2-2-6 花样B　3.5cm (12行)　减2-2-6 花样B

中间平收18针 (第61行)

15cm　15cm

花样C

33cm (80针)

后片
(11号棒针)
花样A

8cm (19针)　17.5cm (42针)　8cm (18针)

减2-1-2 花样B　1cm　减2-1-2 花样B

中间平收38针 (第69行)

15cm　15cm

花样C

33cm (80针)

4cm (16行)

33cm (80针) 42cm

5cm (18行)

花样A

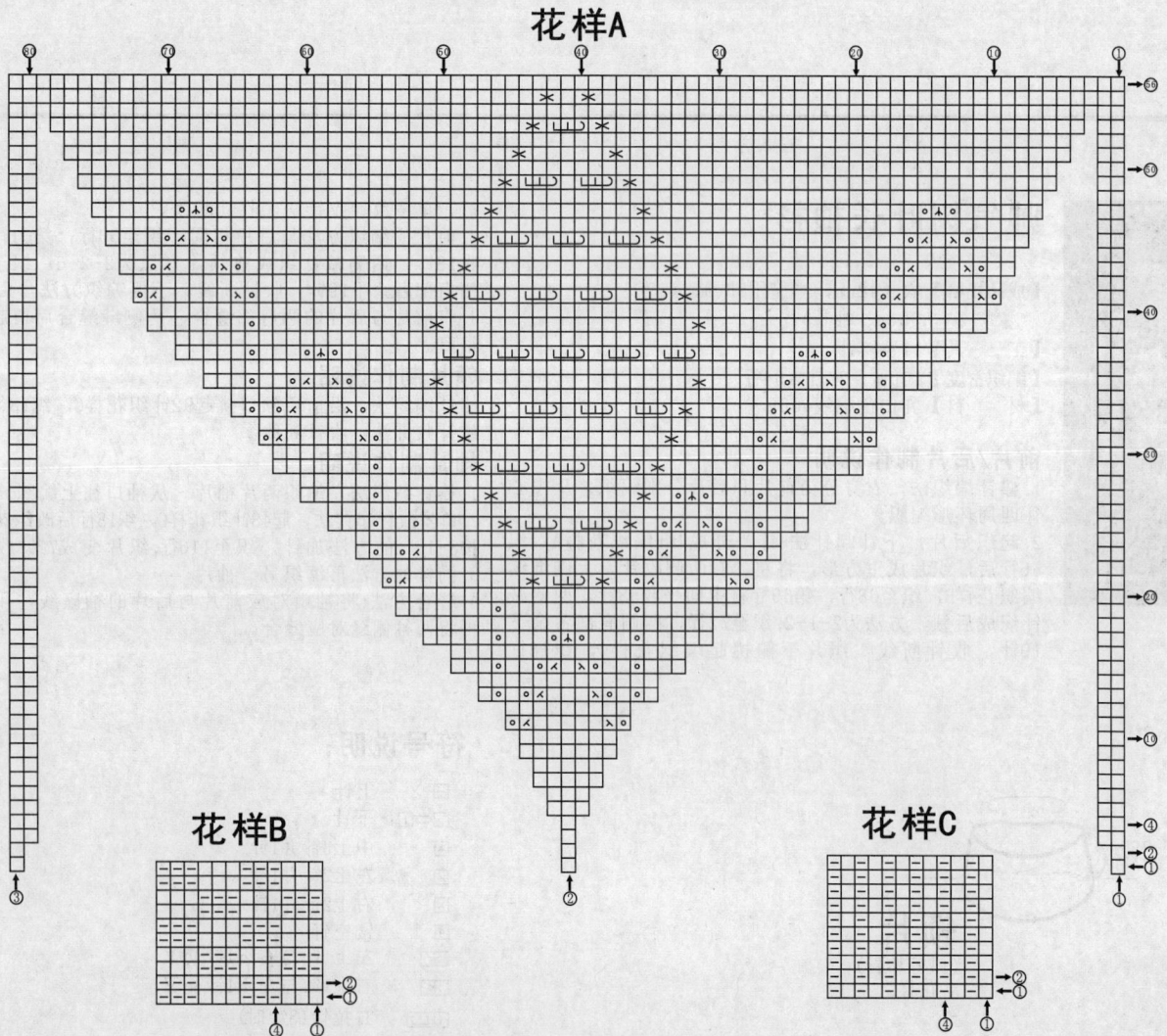

花样B

花样C

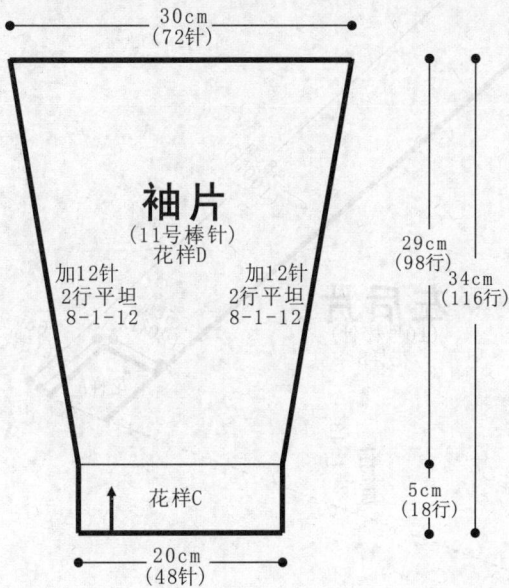

30cm
(72针)

袖片
(11号棒针)
花样D

加12针
2行平坦
8-1-12

加12针
2行平坦
8-1-12

花样C

20cm
(48针)

29cm
(98行)

34cm
(116行)

5cm
(18行)

花样D

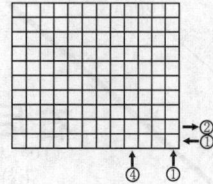

休闲斗篷衣

【成品规格】衣长40cm，袖长44cm
【工　　具】10号棒针，环形针
【编织密度】10cm²=26针×27行
【材　　料】红色羊毛线640g

前片/后片/袖片制作说明

1.棒针编织法，前身片、后身片、袖片连片编织而成。
2.前片、袖片的编织。一片织成。起针，双罗纹针起

76针，织10行，第11行起两端各收10针，然后将剩余针数分片，前左、右片和后左、右片各14针，在分针处两侧同时加针，加2-1-43，编织花样B，每侧各加43针，织96行，至此整片总针数为400针，第97行收针，在身片两侧各留出袖口30针不收针，单独编织花样A袖口边，织20行，收针断线。
3.衣襟边的编织。沿着前衣领边，各挑出100针，编织花样A，织10行后，收针断线，左侧衣襟边制作扣眼。将衣襟边与领边收针处缝合。衣服完成。

领片
(10号棒针)
花样A

28针

2.5cm
(10行)

24针   24针

收10针   收10针

100针 花样A 花样A 100针

2.5cm   2.5cm
(10行)   (10行)

花样A

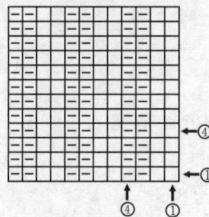

花样B

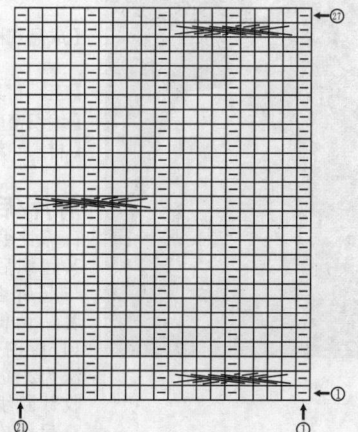

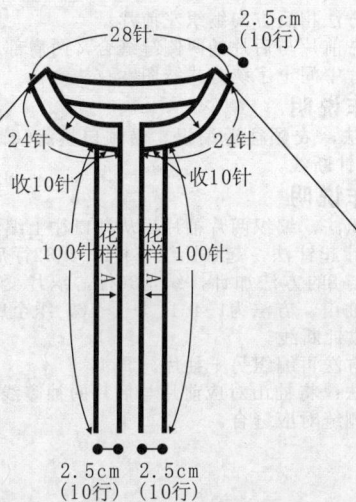

符号说明：

□　　上针

□=□　下针

2-1-3　行-针-次

↑　编织方向

右上4针与
左下4针交叉

115

38cm
(100针)

6cm
(15针)

5cm
(20行)

花样A

右后片
(10号棒针)
花样B

加43针
2-1-43

40cm
(96行)

加43针
2-1-43

左后片
(10号棒针)
花样B

5cm
(20行)

花样A

6cm
(15针)

38cm
(100针)

40cm
(96行)

6cm
(14针)

6cm
(14针)

领口
收10针

6cm
(14针)

加43针
2-1-43

40cm
(96行)

6cm
(14针)

花样A

6cm
(15针)

5cm
(20行)

加43针
2-1-43

右前片
(10号棒针)
花样B

40cm
(96行)

40cm
(100针)

加43针
2-1-43

40cm
(100针)

加43针
2-1-43

左前片
(10号棒针)
花样B

花样A

6cm
(15针)

5cm
(20行)

38cm
(100针)

38cm
(100针)

10行

10行

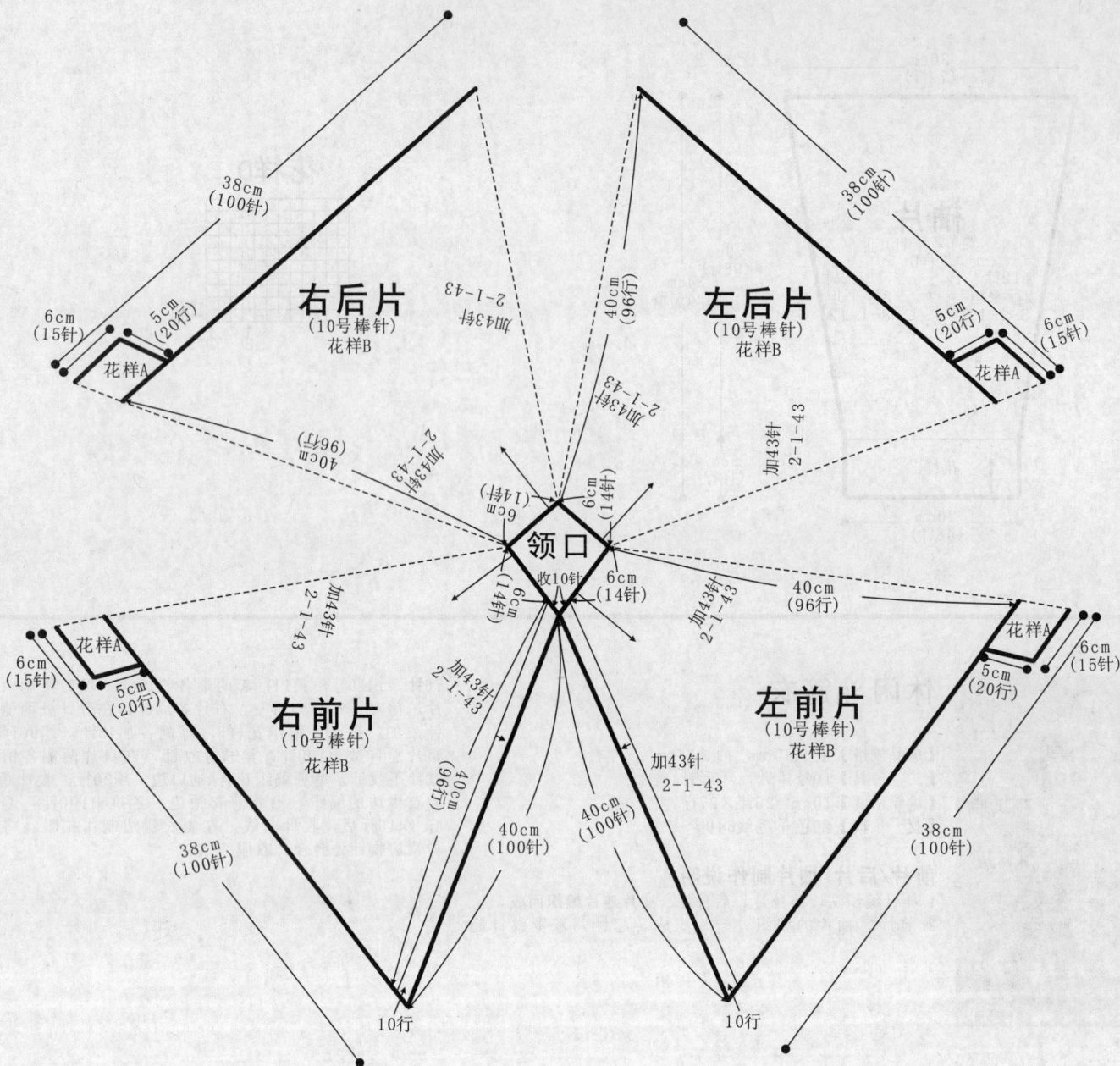

温馨木扣毛衣

【成品规格】 衣长37cm,半胸围30cm,肩宽
　　　　　　　23cm,袖长35cm
【工　　具】 11号棒针
【编织密度】 10cm² =22针×32行
【材　　料】 黄色棉线350g

前片/后片制作说明

1.棒针编织法,衣身分为前片和后片分别编织。

2.起织后片,下针起针法起66针,织花样A,织8行后,与起针合并成双层衣摆,改织花样B,织至76行的高度,两侧减针织成袖窿,织至115行的高度,中间平收22针,两侧减针织成后领,方法为2-1-2,织至118行的高度,两侧肩部各余下12针,收针断线。

3.起织右前片,下针起针法起36针,织花样A,织8行后,与起针合并成双层衣摆,改为花样B,C,D,E组合编

织,如结构图所示,织至76行的高度,右侧减针织成袖窿,方法为1-4-1,2-1-4,织至101行的高度,左侧减针织领,方法为1-7-1,2-1-9,织至118行的高度,肩部余下针,收针断线。

4.同样的方法相反方向编织左前片。

5.将左、右前片与后片的两侧缝缝合,两肩部对应缝合。

6.前片织片中间十字绣方式绣图案a。

领片制作说明

棒针编织法,衣领往返编织。沿领口挑起66针织花样F,6行后,收针断线。

袖片制作说明

1.棒针编织法,编织两片袖片。从袖口往上编织。

2.双罗纹针起针法,起46针织花样F,织32行后改织花样两侧按6-1-8的方法加针,织至80行,织片变成62针,减针编织袖山,方法为1-4-1,2-1-16,织至112行,织下22针,收针断线。

3.同样的方法再编织另一袖片。

4.缝合方法:将袖山对应前片与后片的袖窿线,用线缝合再将两袖侧缝对应缝合。

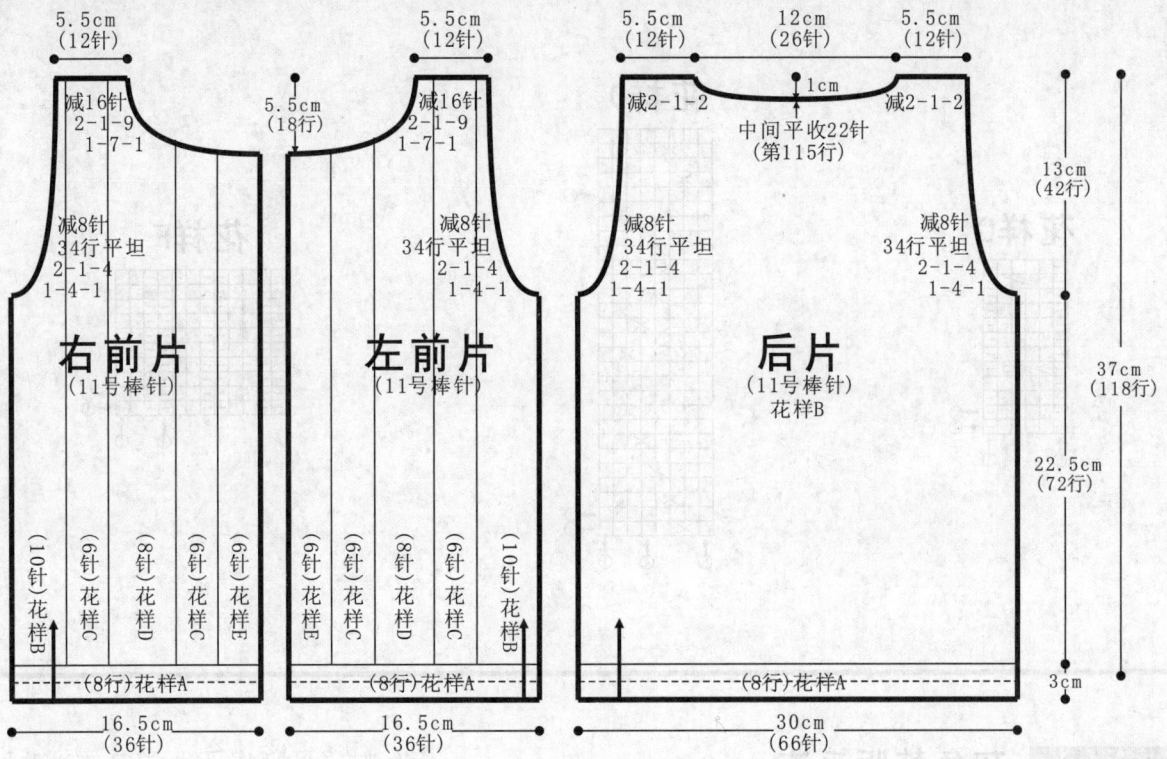

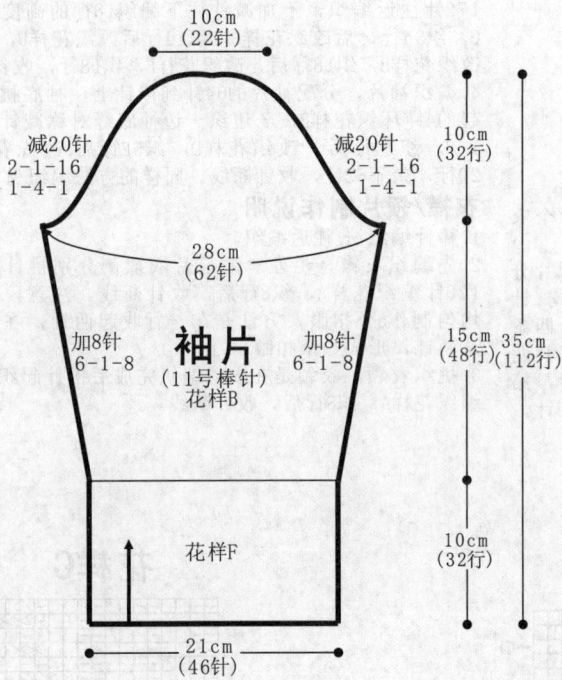

右前片

5.5cm
(12针)

减16针
2-1-9
1-7-1

减8针
34行平坦
2-1-4
1-4-1

右前片
(11号棒针)

(10针)花样B
(6针)花样C
(8针)花样D
(6针)花样C
(6针)花样E

(8行)花样A

16.5cm
(36针)

左前片

5.5cm
(12针)

5.5cm
(18行)

减16针
2-1-9
1-7-1

减8针
34行平坦
2-1-4
1-4-1

左前片
(11号棒针)

(6针)花样E
(6针)花样C
(8针)花样D
(6针)花样C
(10针)花样B

(8行)花样A

16.5cm
(36针)

后片

5.5cm
(12针)   12cm
(26针)   5.5cm
(12针)

减2-1-2   1cm   减2-1-2
中间平收22针
(第115行)

减8针
34行平坦
2-1-4
1-4-1

减8针
34行平坦
2-1-4
1-4-1

后片
(11号棒针)
花样B

(8行)花样A

30cm
(66针)

13cm
(42行)

37cm
(118行)

22.5cm
(72行)

3cm

袖片

10cm
(22针)

减20针
2-1-16
1-4-1

减20针
2-1-16
1-4-1

28cm
(62针)

加8针
6-1-8

加8针
6-1-8

袖片
(11号棒针)
花样B

花样F

21cm
(46针)

10cm
(32行)

15cm
(48行)   35cm
(112行)

10cm
(32行)

衣领

2cm
(6行)   (26针)

(20针)   (20针)

衣领
(11号棒针)
花样F

符号说明：

⊟	上针
□=⊡	下针
⊠	左上2针并1针
⊡	镂空针
⊠	左上1针与右下1针交叉
⊠	右上1针与左下1针交叉
⊠⊠	左上2针与右下2针交叉

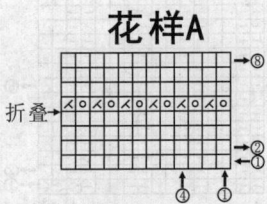

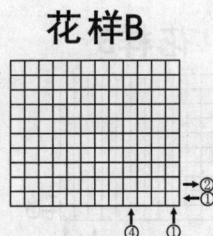

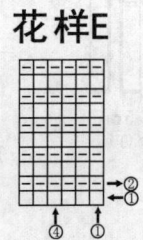

2-1-3 行-针-次

花样A

折叠

花样B

花样E

花样C
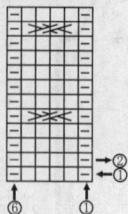

花样D
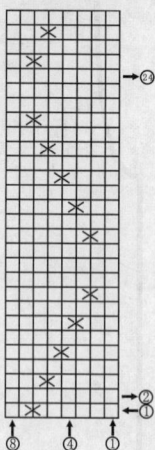

花样F
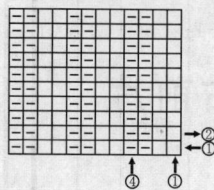

灰色韩版毛衣

【成品规格】衣长48cm，半胸围36cm，肩连袖长39cm
【工　具】12号棒针
【编织密度】10cm² =25针×35行
【材　料】灰色棉线400g，绿色、咖啡色棉线各10g

前片/后片/袖片制作说明

1.棒针编织法，从上往下织，织至袖窿以下，分出两个衣袖，前后身片连起来编织完成。

2.领口编织，下针起针法，起48针织花样B，起织将织片分为左前片、左袖片、后片、右袖片、右前片五部分，针数分别为1+8+30+1+8针，五部分接缝处取2针作为四条插肩缝，插肩缝两侧按2-1-28的方法加针，同时织片两侧前领一边织一边加针，方法为2-2-5，织至10行，第11行起，前领不再加针，织至56行，织片变成292针，

左右袖片各留起64针不织，将左、右前片和后片连起来编织衣身。

3.分配前、后片的针眼到棒针上，织花样B，先织左前39针，完成后加针4针，然后织后片86针，再加起4针，172针往返编织，不加减针往下编织18行的高度，改织花样C，织34行，后改织花样B，织14行后改织花样D，织10行后改织花样B，织18行后，改织花样E，织18行，收针断线。

4.编织袖片，分配袖片的64针到棒针上，袖底挑衣身侧缝起的4针环织花样B，一边织一边袖底缝对称减针，方法为1-8，织14行后，改织花样D，织52行后，改织花样A，再20行，余下52针，收针断线。同样的方法编织另一袖片。

衣襟/领片制作说明

1.棒针编织法，往返编织。

2.先编织衣襟，沿左、右前片衣襟侧分别挑针起织，挑120针编织花样A，织8行后，收针断线。注意，在左侧衣襟均匀制作5个扣眼，方法是在一行收起两针，在下一行重[这两针，形成一个扣眼。

3.挑织衣领，衣领是在衣襟编织完成后挑针起织，挑起80[编织花样A，织8行后，收针断线。

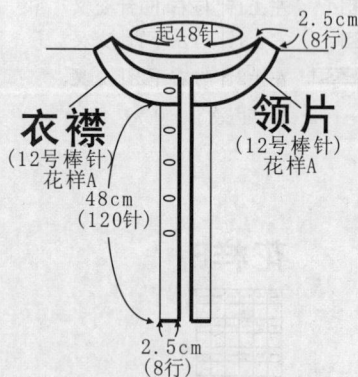

起48针
2.5cm
(8行)

衣襟
(12号棒针)
花样A

领片
(12号棒针)
花样A

48cm
(120针)

2.5cm
(8行)

花样A
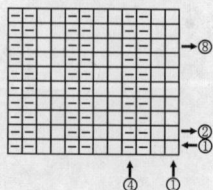

花样B
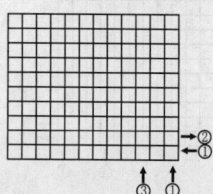

花样C
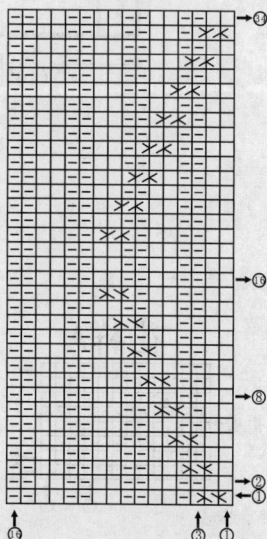

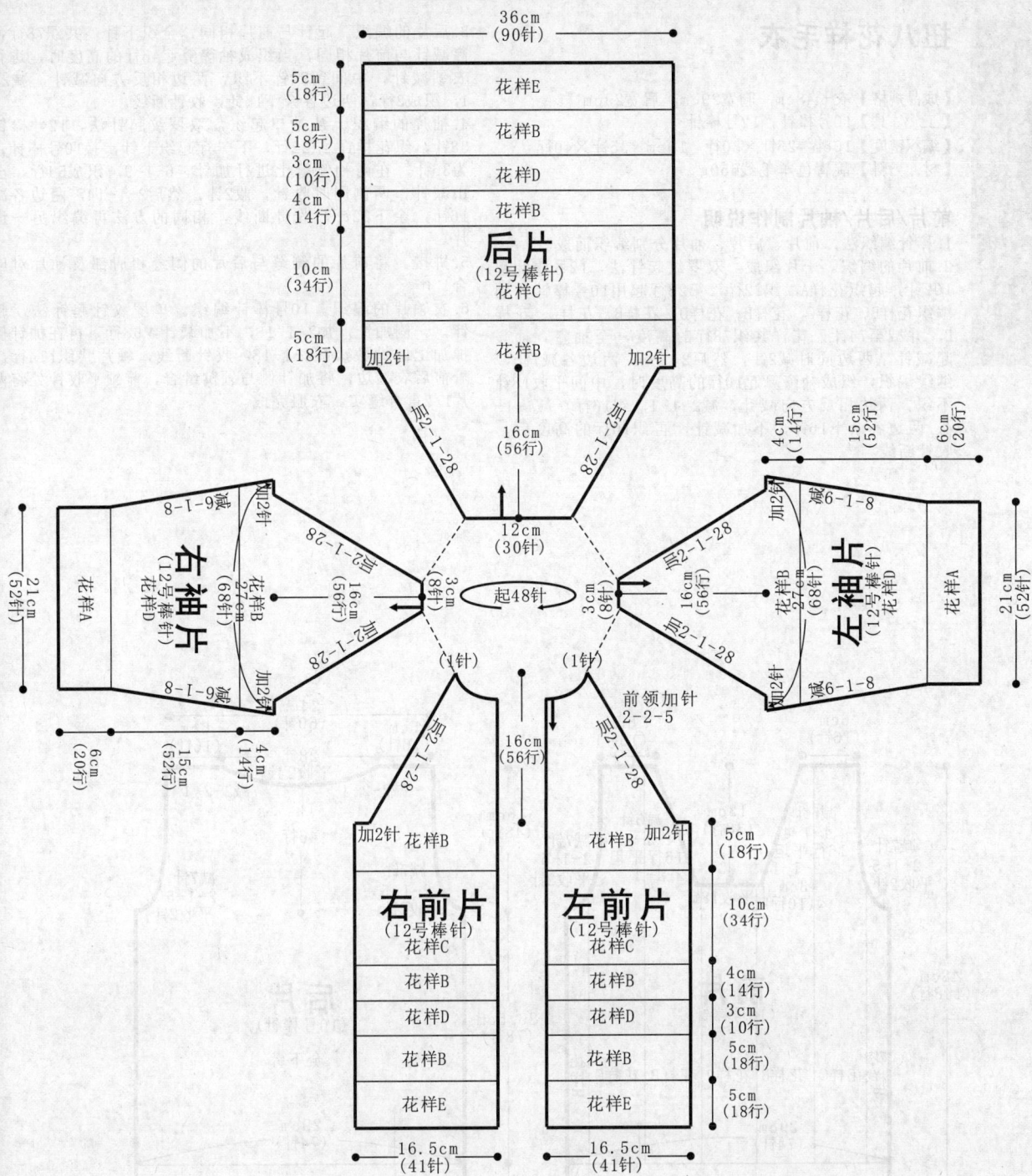

36cm（90针）

5cm（18行）　花样E
5cm（18行）　花样B
3cm（10行）　花样D
4cm（14行）　花样B
10cm（34行）

后片
（12号棒针）
花样C

5cm（18行）
加2针　花样B　加2针

后2-1-28　16cm（56行）　后2-1-28
12cm（30针）

右袖片
减8-1-9　加2针
右袖片（12号棒针）花样D　花样B 27cm（68针）　花样A
21cm（52针）
加2-1-28　16cm（56行）　后2-1-28
减8-1-9　加2针
6cm（20行）　15cm（52行）　4cm（14行）

左袖片
4cm（14行）　15cm（52行）　6cm（20行）
加2针　减6-1-8
花样B 27cm（68针）　花样D　左袖片（12号棒针）花样D　花样A
21cm（52针）
后2-1-28　16cm（56行）　加2-1-28
加2针　减6-1-8

3cm（8行）　起48针　3cm（8行）
（1针）　（1针）

加2针　花样B　花样B　加2针

右前片
（12号棒针）
花样C
花样B
花样D
花样B
花样E

左前片
（12号棒针）
花样C
花样B
花样D
花样B
花样E

后2-1-28　16cm（56行）　后2-1-28
前领加针2-2-5

16.5cm（41针）　16.5cm（41针）

5cm（18行）
10cm（34行）
4cm（14行）
3cm（10行）
5cm（18行）
5cm（18行）

花样D

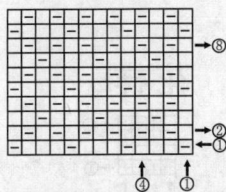

⑧
②①
④①

符号说明：

| □ | 上针 |
| □=囗 | 下针 |
| 左上2针与右下1针交叉 |
| 右上2针与左下1针交叉 |
| 1针加出3针 |
| 中上3针并1针 |

2-1-3　行-针-次

花样E

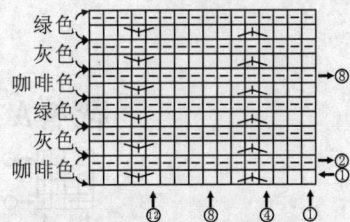

绿色
灰色
咖啡色
绿色
灰色
咖啡色

⑧
②①

⑫　⑧　④①

119

扭八花样毛衣

【成品规格】衣长48cm，胸宽29cm，肩宽23cm
【工　　具】10号棒针，12号棒针
【编织密度】10cm²＝25针×30行　10cm²＝35针×40行
【材　　料】靛青色羊毛线650g

前片/后片/袖片制作说明

1.棒针编织法，前片、后片、袖片分别编织而成。

2.前片的编织。一片织成。双罗纹起针法，12号棒针起102针，起织花样A，织22行，第23行起用10号棒针分别编织花样B、花样C、花样B、花样D、花样B、花样C、花样B，并减至74针，花样共织78行的高度，至袖窿。袖窿起减针，两边同时减2针，然后2-1-5，两边各减7针，继续编织，织成袖窿算起10行的高度时，中间平收18针不织，两边相反方向减针，减2-1-1，织16行，减4-1-4，两边各余下16针，不加减针，再织10行的高度后，收针断线。

3.后片的编织。起针与前片相同，全织下针，共织78行，窿减针与前片相同，当织成袖窿算起46行的高度时，进行衣领减针，中间留24针不织，两边相反方向减针，减2-1，织成2行，两边各余下16针，收针断线。

4.袖片的编织。从袖口起织，双罗纹起针法，12号棒针38针，织花样A，织22行，下一行起织下针，换10号棒针，为36针，在两袖侧缝上进行加针，6-1-9，织成54行，至山减针，两侧同时收针，收2针，然后2-1-14，两边各减16针，余下22针，收针断线，相同的方法再编织另一片。

5.拼接。将前片的侧缝与后片的侧缝和肩部及袖片对应合。

6.衣领片的编织。10号棒针编织。单罗纹针起针法，起针，一侧加针，加2-1-18，不加减针织68行，再在加针侧掉加上的针数，减2-1-18，收针断线，领片共织114行。着前后衣领边，将加针侧与领窝缝合，前领平收针处将两片1/2重合缝实。衣服完成。

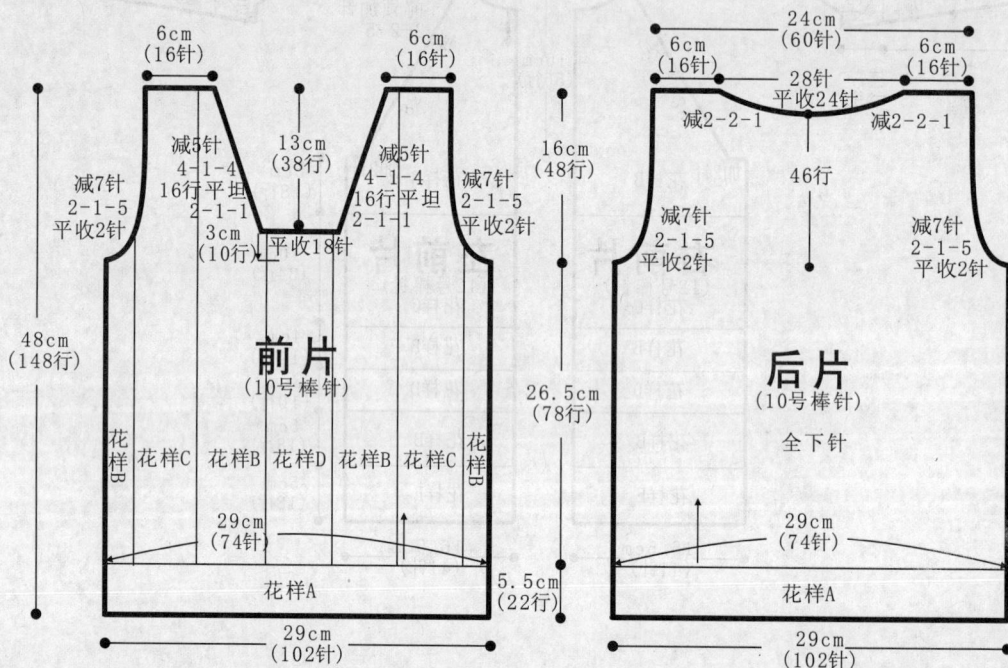

前片
（10号棒针）

6cm（16针）　6cm（16针）
13cm（38行）
减5针 4-1-4 16行平坦 2-1-1 3cm（10行）
平收18针
减7针 2-1-5 平收2针
48cm（148行）
26.5cm（78行）
5.5cm（22行）
花样B 花样C 花样B 花样D 花样B 花样C 花样B
29cm（74针）
花样A
29cm（102针）

后片
（10号棒针）

24cm（60针）
6cm（16针）　6cm（16针）
28针 平收24针
减2-2-1　减2-2-1
16cm（48行）
46行
减7针 2-1-5 平收2针
全下针
29cm（74针）
花样A
29cm（102针）

花样A

花样B

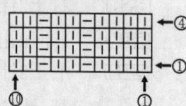

花样E

120

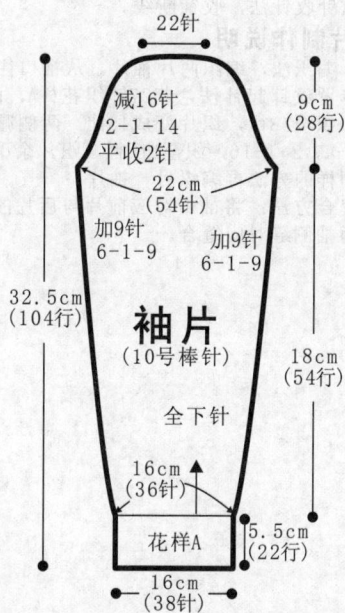

领片
(10号棒针)

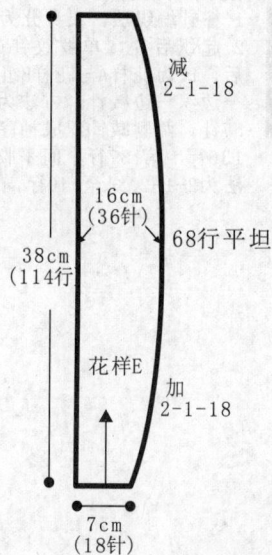

袖片
(10号棒针)

22针

减16针
2-1-14
平收2针

22cm
(54针)

加9针
6-1-9

加9针
6-1-9

9cm
(28行)

32.5cm
(104行)

18cm
(54行)

全下针

16cm
(36针)

花样A

5.5cm
(22行)

16cm
(38针)

减
2-1-18

16cm
(36针)

68行平坦

38cm
(114行)

花样E

加
2-1-18

7cm
(18针)

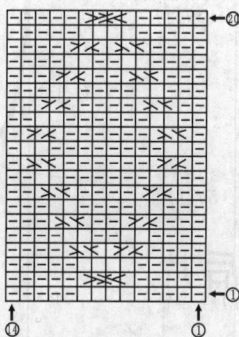

花样C

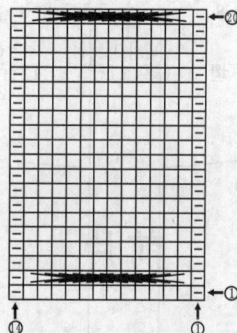

花样D

符号说明：

□　　上针

□=□　下针

2-1-3　行-针-次

↑　编织方向

右上2针和左下1针交叉

右上2针与左下2针交叉

右上6针与
左下6针交叉

121

白色高领毛衣

【成品规格】衣长43cm，半胸围30cm，肩宽
　　　　　　23cm，袖长34cm
【工　　具】11号棒针
【编织密度】10cm² =19针×32.5行
【材　　料】白色羊绒线400g

前片/后片制作说明

1.棒针编织法，衣身分为前片和后片分别编织。

2.起织后片，单罗纹针起针法，起65针织花样A，织4行后，改为花样A与花样B组合编织，如结构图所示，两侧一边织一边减针，方法为16-1-4，织至90行，织片变成57针，两侧减针织成袖窿，方法为1-3-1，2-1-4，织至136行，第137行中间平收17针，两侧减针织成后领，方法为2-1-2，织至140行，两侧肩部各余下11针，收针断

线。

3.前片的编织方法与后片相同，织至116行，第117行中间收5针，两侧减针织成前领，方法为2-1-8，织至140行，两肩部各余下11针，收针断线。

4.将前片与后片的两侧缝缝合，两肩部对应缝合。

领片制作说明

1.棒针编织法，沿前后领口挑起66针织花样C，织46行后，罗纹针收针法，收针断线。

袖片制作说明

1.棒针编织法，编织两片袖片。从袖口往上编织。

2.单罗纹针起针法，起27针织花样A，两侧按8-1-9的方法针，织至78行，织片变成45针，两侧减针编织袖山，方法1-3-1，2-1-16，织至110行，织片余下7针，收针断线。

3.同样的方法再编织另一袖片。

4.缝合方法：将袖山对应前片与后片的袖窿线用线缝合，将两袖侧缝对应缝合。

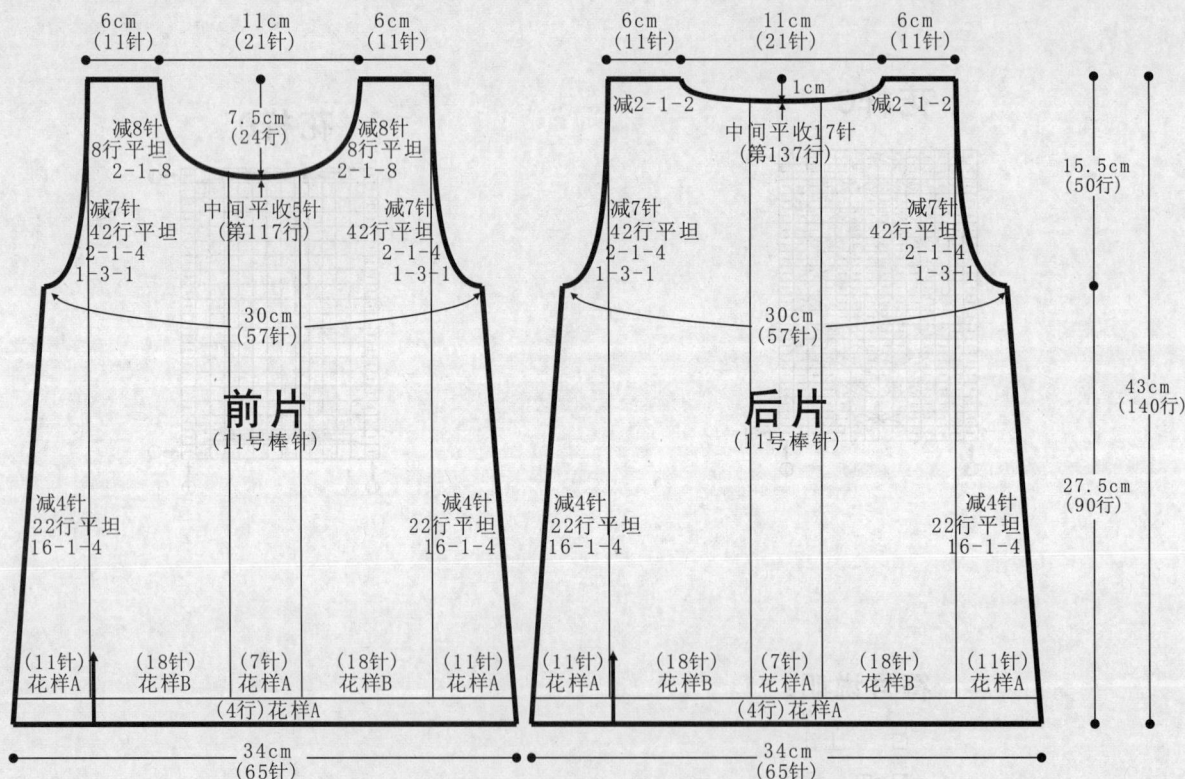

前片结构图：
6cm(11针)　11cm(21针)　6cm(11针)
减8针 8行平坦 2-1-8　7.5cm(24行)　减8针 8行平坦 2-1-8
减7针 42行平坦 2-1-4 1-3-1　中间平收5针(第117行)　减7针 42行平坦 2-1-4 1-3-1
30cm(57针)
前片(11号棒针)
减4针 22行平坦 16-1-4　减4针 22行平坦 16-1-4
(11针)花样A　(18针)花样B　(7针)花样A　(18针)花样B　(11针)花样A
(4行)花样A
34cm(65针)

后片结构图：
6cm(11针)　11cm(21针)　6cm(11针)
减2-1-2　1cm　减2-1-2
中间平收17针(第137行)
减7针 42行平坦 2-1-4 1-3-1　减7针 42行平坦 2-1-4 1-3-1
30cm(57针)
后片(11号棒针)
减4针 22行平坦 16-1-4　减4针 22行平坦 16-1-4
(11针)花样A　(18针)花样B　(7针)花样A　(18针)花样B　(11针)花样A
(4行)花样A
34cm(65针)
15.5cm(50行)　43cm(140行)　27.5cm(90行)

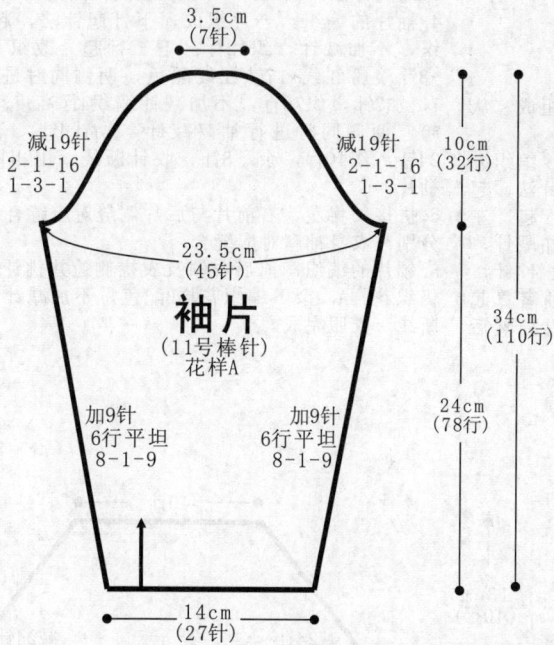

3.5cm
(7针)

减19针
2-1-16
1-3-1

减19针
2-1-16
1-3-1

10cm
(32行)

23.5cm
(45针)

袖片
(11号棒针)
花样A

34cm
(110行)

24cm
(78行)

加9针
6行平坦
8-1-9

加9针
6行平坦
8-1-9

14cm
(27针)

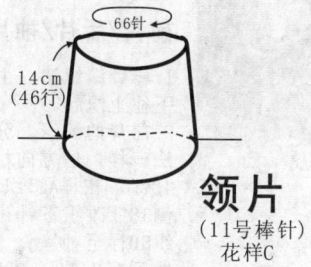

66针

14cm
(46行)

领片
(11号棒针)
花样C

花样B

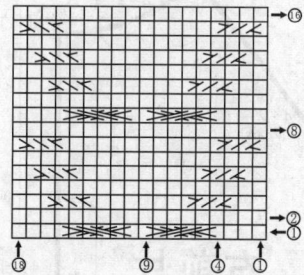

⑯

⑧

②
①

⑮ ⑨ ④ ①

花样A(单罗纹)

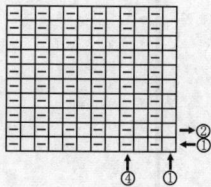

②
①

④ ①

花样C(双罗纹)

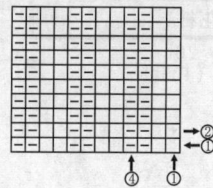

②
①

④ ①

符号说明:

□　　上针

□=□　下针

左上3针与右下3针交叉

右上3针与左下3针交叉

左上3针与右下1针交叉

右上3针与左下1针交叉

2-1-3　行-针-次

活力太阳花毛衣

【成品规格】衣长42cm，胸宽34cm，袖长40cm，
　　　　　　袖宽11cm
【工　　具】10号棒针
【编织密度】10cm²=26针×31行
【材　　料】腈纶线红色400g，橘黄色150g，
　　　　　　蓝色、绿色各50g

前片/后片/袖片制作说明

1.棒针编织法。由前片2片、后片1片、袖片2片组成。从下往上织起。

2.前片的编织。分为左前片和右前片分别编织，编织方法一样，但方向相反。以右前片为例，下针起针法，起43针，花样A起织，不加减针，织12行；下一行起，左侧38针改织下针，余下5针照织花样A不变；不加减针，织80行至袖窿；下一行左侧进行袖窿减针，收针4针，然后4-2-10，减24针，织40行；其中自织成袖窿算起32行高度，下一行右侧进行衣领减针，收针9针，然后

2-2-4，减17针，织8行，余下1针，收针断线。用相同方及相反方向编织左前片。最后制作两只口袋，起22针，起花样C，不加减针，编织30行的高度后，收针断线。将口的三边缝合于前片的近下摆位置。

3.后片的编织。一片织成，下针起针法，起88针，花样A织，不加减针，织12行；下一行起，改织下针，织80行至袖窿；下一行两侧同时进行袖窿减针，收针4针，然后4-2-10，减24针，织40行，余下40针，收针断线。用针绣的方法，在后片中间绣上花样D图案。

4.袖片的编织。一片织成，下针起针法，起42针，花样A织，不加减针，织12行；下一行起，改织下针，17针红+8针淡粉红线+17针红线配色，两侧同时进行加针，10-7，加7针，织70行，不加减针编织4行高度至袖窿；下一行起，两侧同时进行袖窿减针，收针4针，然后4-2-10，减24针，织40行，余下8针，收针断线。用相同方法编织另袖片。

5.拼接。将左、右前片与后片侧缝对应缝合，袖片袖山边分别与衣身袖窿对应缝合。

6.领片的编织。前后衣领及衣襟侧边共挑针98针，衣襟侧仍织花样A，余下编织花样B配色，不加减针，织16行，收断线，衣服完成。

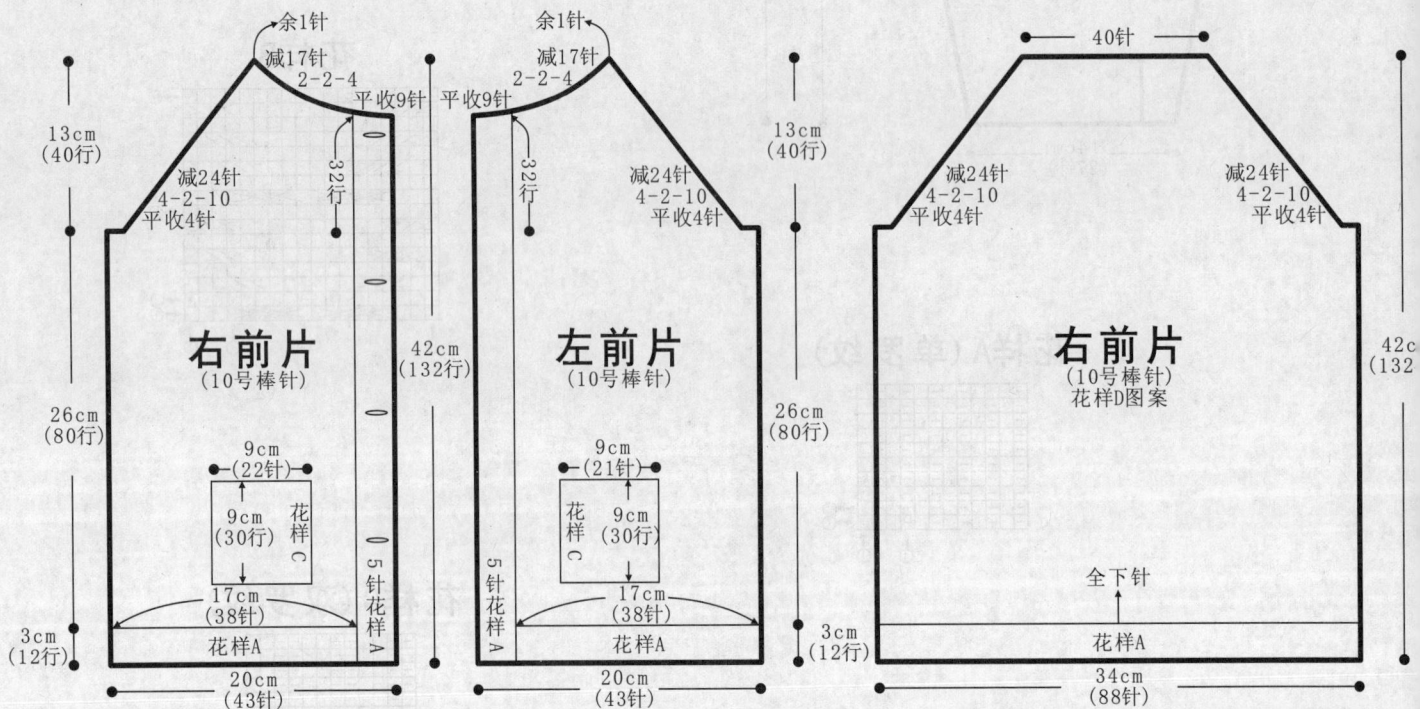

符号说明：

□　　　　上针
□=□　　 下针
4-1-2　 行-针-次
↑　　　　编织方向

花样A

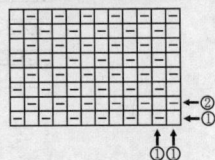

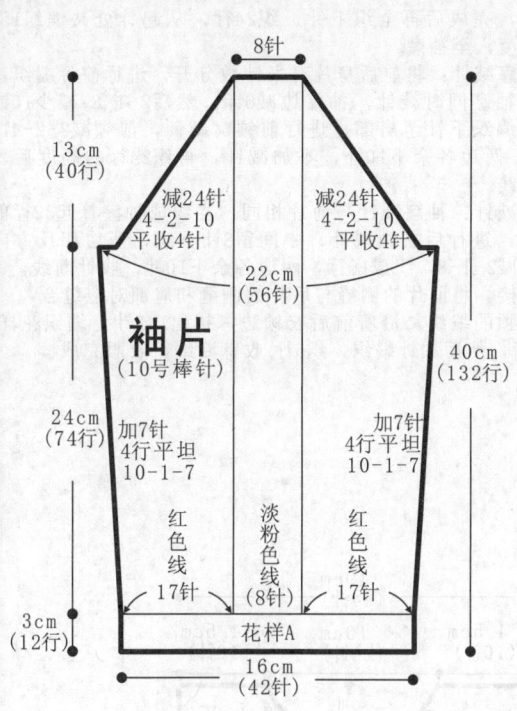

8针

13cm
(40行)

减24针
4-2-10
平收4针

减24针
4-2-10
平收4针

22cm
(56针)

40cm
(132行)

袖片
(10号棒针)

24cm
(74行)

加7针
4行平坦
10-1-7

加7针
4行平坦
10-1-7

红色线

淡粉色线

红色线

17针

(8针)

17针

3cm
(12行)

花样A

16cm
(42针)

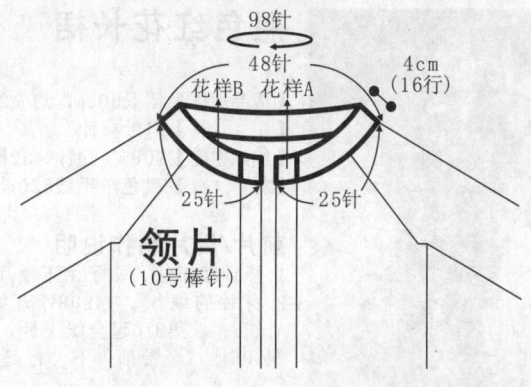

98针

48针

花样B 花样A

4cm
(16行)

25针

25针

领片
(10号棒针)

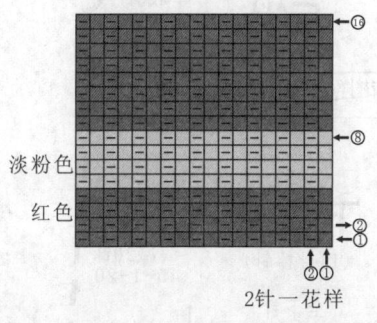

花样B（单罗纹）

⑩

⑧

淡粉色

红色

②
①

2针一花样

花样C

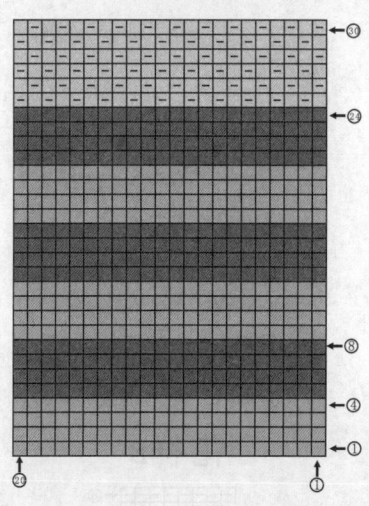

㉜

㉔

⑧

④

①

㉜   ①

花样D

125

黑色红花长裙

【成品规格】裙长60cm，肩宽25cm
【工　　具】11号棒针
【编织密度】10cm²=24针×32行
【材　　料】黑色羊毛线520g

前片/后片制作说明

1.棒针编织法，裙子由下摆片、前片与后片圈织而成。
2.身片的编织。起208针开始圈织下摆片，编织花样A，织8行，第9行起全织下针，两侧同时减针，5-1-20，织106行，至腰部，下一行起编织花样A，两侧不减针织

12行，完成后再全织下针，织24行，从起针处共编织150cm的高度，至袖隆。
3.袖隆减针：将前后身片对半针数分开，进行前片编织，窝同袖隆同时减针，袖隆边减6针，然后2-1-8，减少10针，继续编织下针至肩部，进行前领窝减针，前领减2-2-4，1-4，两边各余下10针，不加减针，再织24行的高度后，针断线。
后片减针：袖隆减针与前片相同，当织成袖隆算起32行的度时，进行后衣领减针，中间留8针不织，两边相反方向针，减2-1-8，织成16行，两边各余下10针，收针断线。
4.拼接。将前片的侧缝与后片的侧缝和肩部对应缝合。
5.衣领的编织。沿着前后衣领边，挑出142针，编织花样B织1行，然后加针编织，织6行，收针断线。衣服完成。

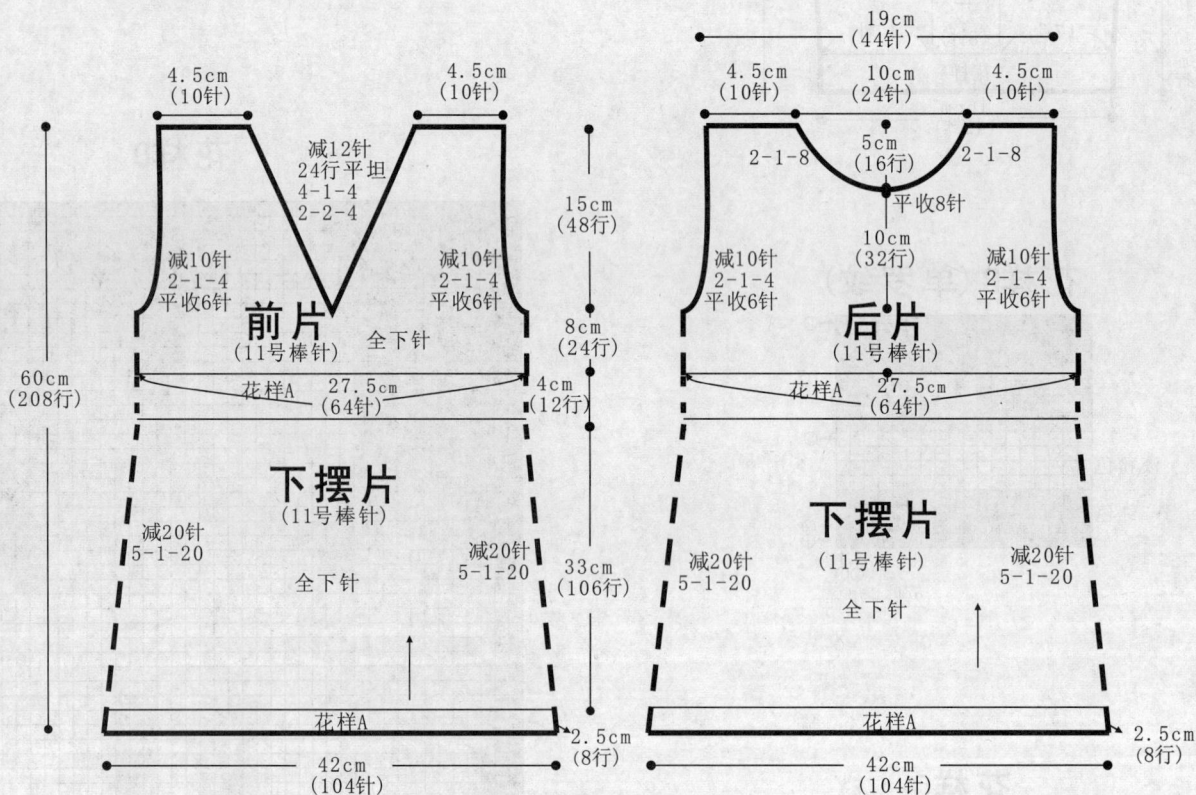

前片（11号棒针）
后片（11号棒针）
下摆片（11号棒针）

4.5cm（10针）　4.5cm（10针）
减12针 24行平坦 4-1-4 2-2-4
减10针 2-1-4 平收6针
15cm（48行）
8cm（24行）
60cm（208行）
花样A 27.5cm（64针）
全下针
4cm（12行）
减20针 5-1-20
全下针
33cm（106行）
花样A
2.5cm（8行）
42cm（104针）

19cm（44针）
4.5cm（10针）　10cm（24针）　4.5cm（10针）
2-1-8　5cm（16行）　2-1-8
平收8针
10cm（32行）
减10针 2-1-4 平收6针
花样A 27.5cm（64针）
减20针 5-1-20
全下针
花样A
2.5cm（8行）
42cm（104针）

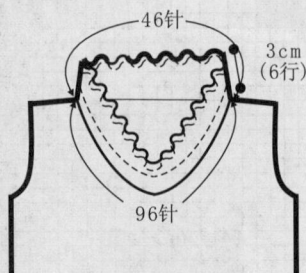

46针
3cm（6行）
96针

领边
（11号棒针）
花样B

符号说明：

□　　上针
□=☐　下针

2-1-3　行-针-次

↑　编织方向

花样A

花样B

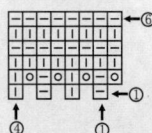

126

个性纽扣开衫

【成品规格】 衣长40cm，半胸围32cm，肩宽
23.5cm，袖长31cm
【工　　具】 13号棒针
【编织密度】 10cm² =30针×40行
【材　　料】 蓝色棉线400g

前片/后片制作说明

1.棒针编织法，袖窿以下一片编织，袖窿起分为左前片、右前片、后片来编织。

2.起织，下针起针法，起139针织花样A，织10行后，改织花样B，织至94行，第95行起，将织片分成左前片、后片和右前片，左前片取26针，后片取96针，右前片取76针编织。

3.起织后片，织花样B，起织时两侧袖窿减针，方法为1-4-1，2-1-6，织至157行，中间留起34针不织，两侧减针，方法为2-1-2，织至160行，两侧肩部各余下16针，收针断线。

4.起织左前片，左侧衣身20针织花样B，右侧衣襟织6针花样A，起织时左侧袖窿减针，方法为1-4-1，2-1-6，

织至160行，肩部余下16针，收针断线。

5.起织右前片，右侧衣身70针织花样B，左侧衣襟织6针花样A，起织时右侧袖窿减针，方法为1-4-1，2-1-6，织至140行，第141行起，将织片第29针至42针留起不织，两侧减针织成前领，方法为2-2-4，2-1-4，织至160行，右侧肩部余下16针，左侧余下6针，收针断线。

6.将左前片、右前片与后片的两肩部对应缝合。

领片制作说明

1.棒针编织法，一片编织完成。

2.沿领口挑针起织，挑起82针织花样A，织10行后，下针收针法，收针断线。注意衣领接口位置留一个扣眼。

袖片制作说明

1.棒针编织法，编织两片袖片。从袖口起织。

2.下针起针法，起54针，织花样A，织10行后，改织花样B，两侧一边织一边加针，方法为6-1-13，两侧的针数各增加13针，织至96行.接着减针编织袖山，两侧同时减针，方法为1-4-1，2-2-14，两侧各减32针，织至124行，织片余下16针，收针断线。

3.同样的方法再编织另一袖片。

4.缝合方法:将袖山对应前片与后片的袖窿线，用线缝合，再将两袖侧缝对应缝合。

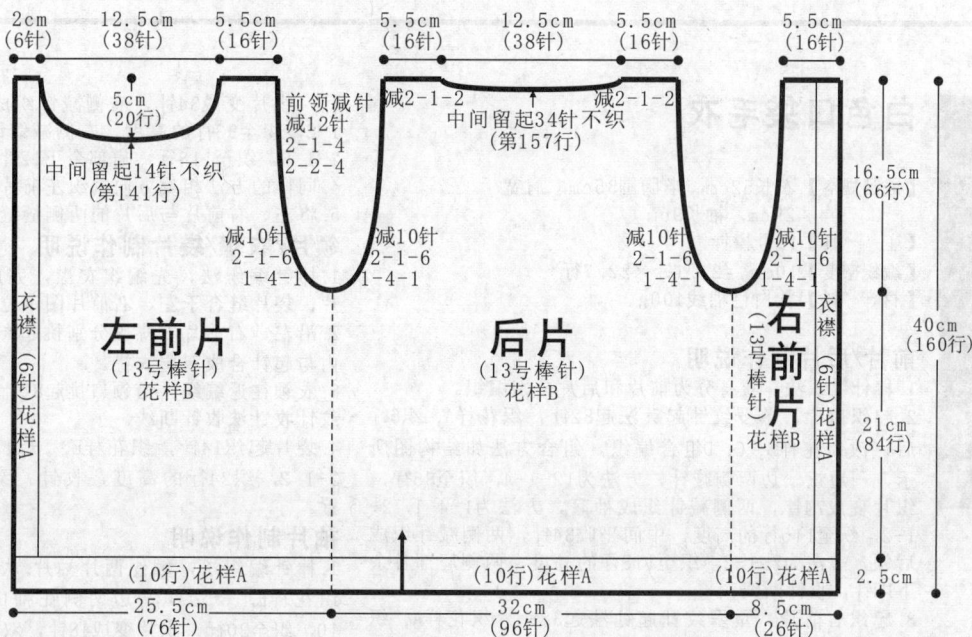

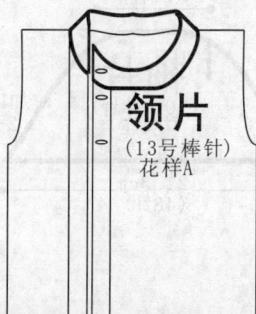

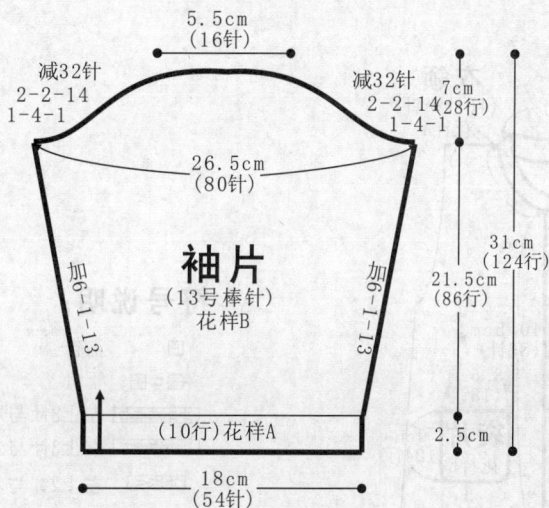

127

花样A

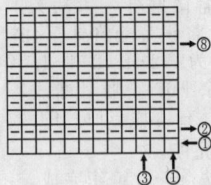

→⑧

→②
→①
③ ①

花样B

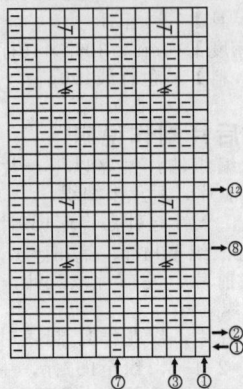

→⑮

→⑧

→②
→①
⑦ ③ ①

符号说明：

□   上针
□=①   下针
⊢   左加针
⊬   左上2针并1针(上针时)

2-1-3   行-针-次

白色口袋毛衣

【成品规格】 衣长52cm，半胸围35cm，肩宽
29cm，袖长9cm
【工　　具】 10号棒针
【编织密度】 10cm² =21.1针×22.7行
【材　　料】 乳白色棉线400g

前片/后片制作说明

1.棒针编织法，衣身分为前片和后片分别编织。
2.起织后片，单罗纹针起针法起82针，织花样A，织6行后，改为花样B，C，D组合编织，组合方法如结构图所示，一边织一边两侧减针，方法为12-1-4，织至86行，织片变成74针，两侧减针织成袖隆，方法为1-4-1，2-1-2，织至115行的高度，中间平收34针，两侧减针织成后领，方法为2-1-2，织至118行的高度，两侧肩部各余下12针，收针断线。
3.起织右前片，单罗纹针起针法起38针，织花样A，织6行后，改为花样B，C，D组合编织，组合方法如结构图所示，一边织一边右侧减针，方法为12-1-4，织至86

行，织片变成34针，右侧减针织成袖隆，方法为1-4-1，1-2，织至93行的高度，左侧减针织成前领，方法为1-7-2-1-9，织至118行，肩部余下12针，收针断线。
4.同样的方法相反方向编织左前片。
5.将左、右前片与后片的两侧缝合，两肩部对应缝合。

领片/衣襟/袋片制作说明

1.棒针编织法，先编织衣襟，完成后编织衣领，再编织袋片，袋片缝合于左、右前片图示位置。
2.沿左、右前片衣襟侧分别挑起86针织花样F，织30行，内与起针合成双层衣襟。
3.衣领往返编织。沿领口挑起82针织花样A，织10行后，单纹针收针法收针断线。
4.袋片起织14针，织花样E，一边织一边两侧加针，方法2-1-2，织24行的高度，收针，缝合于左、右前片图示位置。

袖片制作说明

1.棒针编织法，编织两片袖片.从肩部往下挑织，挑起2织花样E，一边织一边两侧在袖山上挑加针，方法为2-10，织至20行，织片变成48针，双罗纹针收针法收针断线。
2.同样的方法再编织另一袖片。

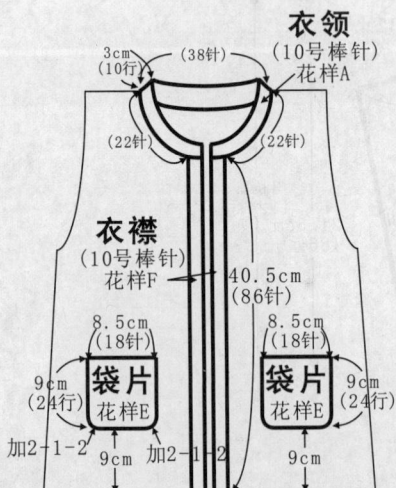

衣领
(10号棒针)
花样A
3cm (38针)
(10行)

(22针)   (22针)

衣襟
(10号棒针)
花样F

40.5cm
(86针)

8.5cm   8.5cm
(18针)   (18针)

9cm   袋片   袋片   9cm
(24行) 花样E   花样E (24行)

加2-1-2   加2-1-2
9cm   9cm

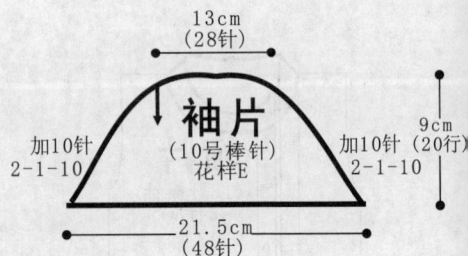

13cm
(28针)

↓ 袖片
(10号棒针)
花样E

9cm
(20行)

加10针   加10针
2-1-10   2-1-10

21.5cm
(48针)

符号说明：

□   上针
□=①   下针
左上3针与右下3针交叉
右上3针与左下3针交叉
左上2针与右下2针交叉

2-1-3   行-针-次

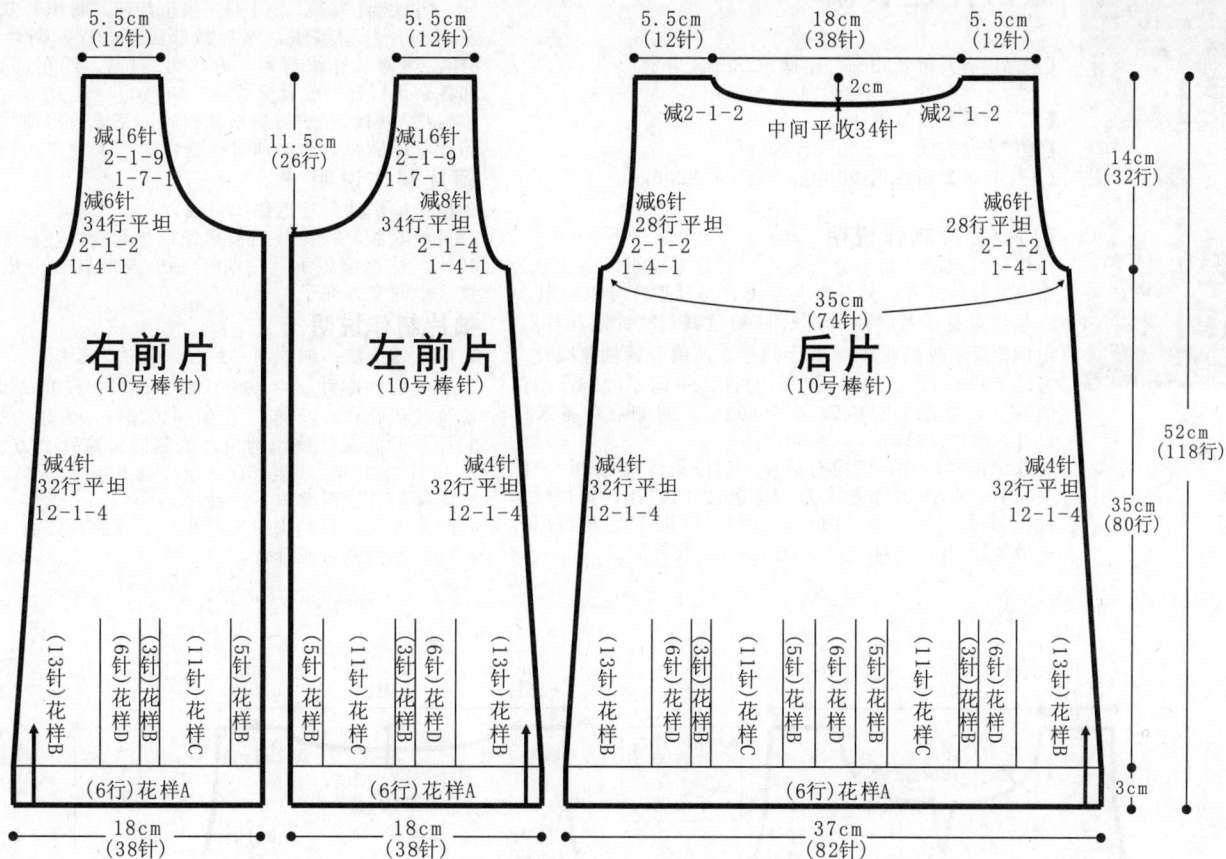

5.5cm
(12针)

5.5cm
(12针)

5.5cm
(12针)

18cm
(38针)

5.5cm
(12针)

11.5cm
(26行)

减16针
2-1-9
1-7-1

减16针
2-1-9
1-7-1

减2-1-2
中间平收34针

2cm

减2-1-2

14cm
(32行)

减6针
34行平坦
2-1-2
1-4-1

减8针
34行平坦
2-1-4
1-4-1

减6针
28行平坦
2-1-2
1-4-1

减6针
28行平坦
2-1-2
1-4-1

右前片
(10号棒针)

左前片
(10号棒针)

后片
(10号棒针)

35cm
(74针)

52cm
(118行)

减4针
32行平坦
12-1-4

减4针
32行平坦
12-1-4

减4针
32行平坦
12-1-4

减4针
32行平坦
12-1-4

35cm
(80行)

(13针)花样B

(6针)花样D
(3针)花样B
(11针)花样C
(5针)花样B

(5针)花样B
(11针)花样C
(3针)花样D
(6针)花样B
(13针)花样B

(13针)花样B
(6针)花样D
(3针)花样B
(11针)花样C
(5针)花样B
(6针)花样D
(5针)花样B
(11针)花样C
(3针)花样D
(6针)花样B
(13针)花样B

(6行)花样A

(6行)花样A

(6行)花样A

3cm

18cm
(38针)

18cm
(38针)

37cm
(82针)

花样A

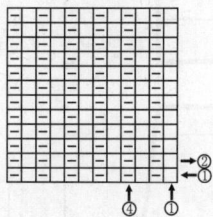

花样C

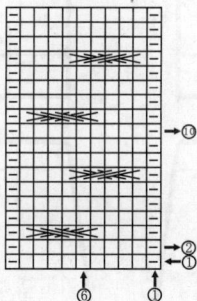

花样B

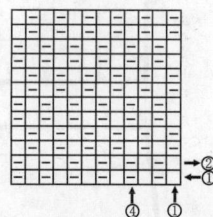

花样D

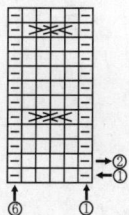

花样E

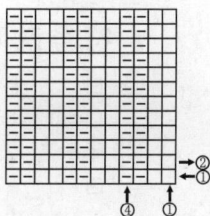

花样F

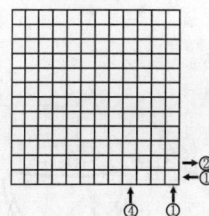

假两件连衣裙

【成品规格】裙长58cm，半胸围28cm，肩宽
25cm，袖长14cm
【工　　具】11号棒针
【编织密度】10cm² =30.8针×41行
【材　　料】粉色棉线200g，段染棉线200g

前片/后片制作说明

1.棒针编织法，裙子分为前片、后片来编织，前片分为
前身片与前摆片，后片分为后身片与后摆片分别编织。
2.起织裙身后片，下针起针法粉色线起80针织花样A，
织48行后，改织花样B，织至64行，两侧开始袖窿减针，
方法为1-4-1，2-1-6，织至101行，中间平收26针，两
侧减针，方法为2-1-2，织至104行，两侧肩部各余下
15针，收针断线。
3.起织裙摆后片，沿裙身后片下摆段染线挑起80针，织
全下针。裙摆加针方法为：每隔12针加1针，每10行加
1次，共加11次，织120行后，改织4行花样D，再将织片
分散加针织6行下针，再织4行花样C，收针断线。

4.前片的编织方法与后片一样.织至64行，两侧开始袖窿
针，方法为1-4-1，2-1-6，织至72行，将织片从中间分为
左右两片分别编织，不加减针织至80行，两片中间各平
8针，两侧减针织前领，方法为2-1-7，织至104行，两侧
部各余下15针，收针断线。
5.前摆片编织方法与后摆片相同，完成后将前片与后片的
侧缝对应缝合，两肩部对应缝合。

领片制作说明

1.棒针编织法，往返编织完成。
2.挑织衣领，段染线沿前后领口挑起84针，后领24针，前
60针，往返编织下针，织8行后，与起针合并成双层衣领
整，中间穿入绳子。

袖片制作说明

1.棒针编织法，编织两片袖片。从袖口起织。
2.单罗纹针起针法，段染线起62针织花样D，织6行后，改
粉色线织花样B，两侧一边织一边加针，方法为8-1-3，织
30行，开始减针编织袖山，两侧同时减针，方法为1-4-
2-2-4，2-1-4，织至46行，织片余下36针，收针断线。
3.同样的方法再编织另一袖片。
4.缝合方法：将袖山对应前片与后片的袖窿线，用线缝合
再将两袖侧缝对应缝合。

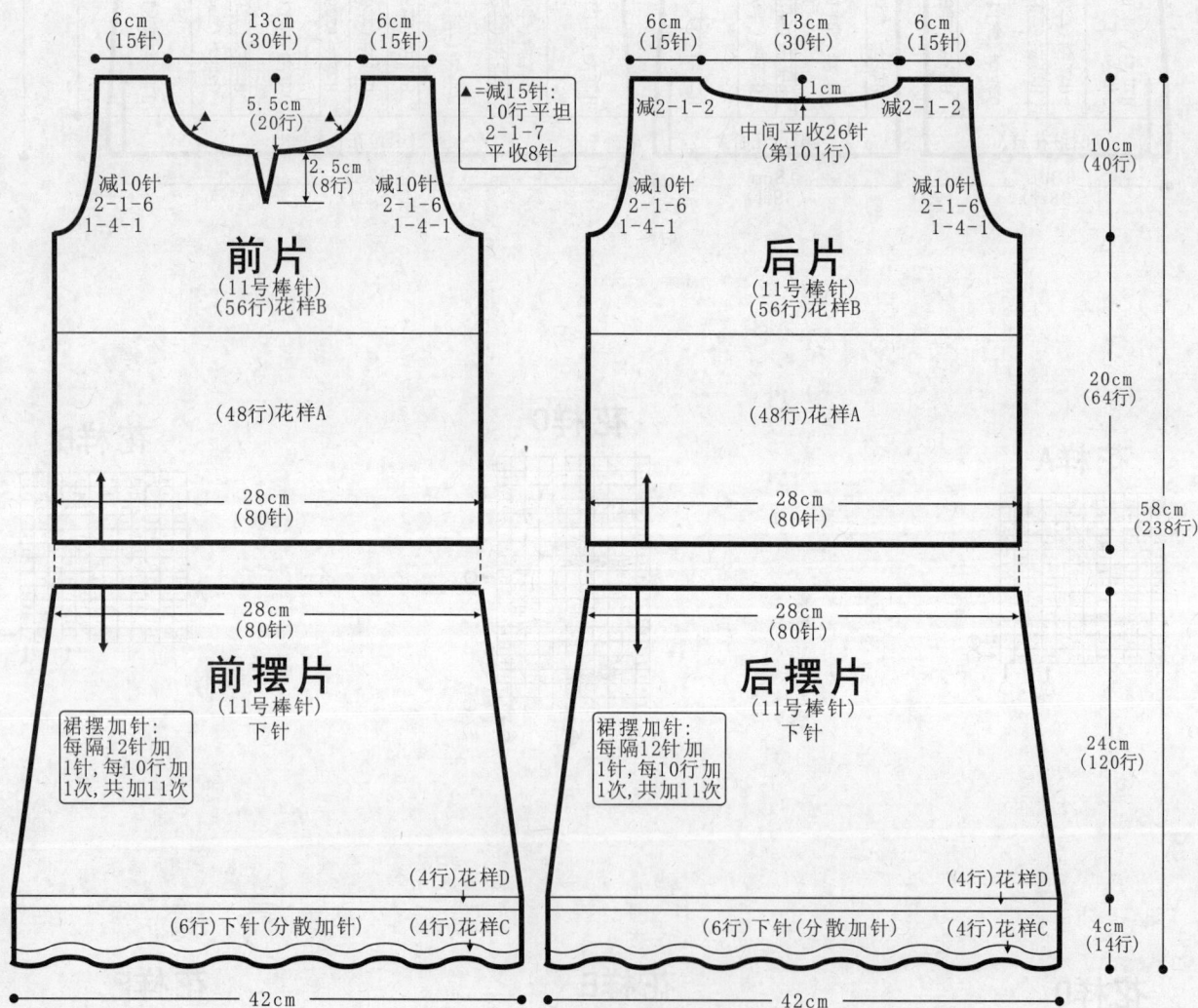

| 6cm (15针) | 13cm (30针) | 6cm (15针) | | 6cm (15针) | 13cm (30针) | 6cm (15针) |

前片
(11号棒针)
(56行)花样B

5.5cm (20针)
2.5cm (8行)

减10针 2-1-6 1-4-1

▲=减15针：
10行平坦
2-1-7
平收8针

(48行)花样A

28cm (80针)

前摆片
(11号棒针)
下针

裙摆加针：
每隔12针加1针，每10行加1次，共加11次

28cm (80针)

(4行)花样D
(6行)下针(分散加针) (4行)花样C

42cm

后片
(11号棒针)
(56行)花样B

1cm
减2-1-2
中间平收26针(第101行)
减2-1-2

减10针 2-1-6 1-4-1

10cm (40行)

(48行)花样A

20cm (64行)

28cm (80针)

58cm (238行)

后摆片
(11号棒针)
下针

裙摆加针：
每隔12针加1针，每10行加1次，共加11次

28cm (80针)

24cm (120行)

(4行)花样D
(6行)下针(分散加针) (4行)花样C

4cm (14行)

42cm

1cm (8行)
双层下针
84针

领片
(11号棒针)

符号说明：

日	上针
□=曰	下针
国	左上2针并1针
国	右上2针并1针
国	中上3针并1针
◎	镂空针
2-1-3	行-针-次

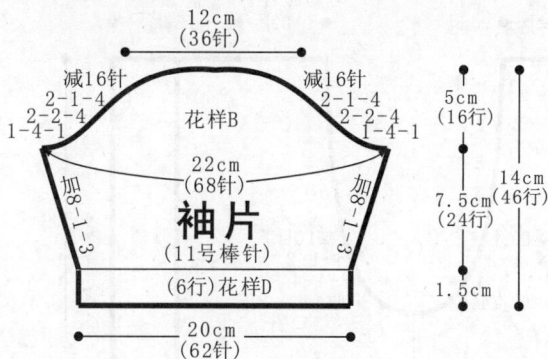

12cm
(36针)

减16针　　　　减16针
2-1-4　　　　2-1-4
2-2-4　　　　2-2-4
1-4-1　　　　1-4-1
花样B

22cm
(68针)

加8-1-3　　袖片　　加8-1-3
(11号棒针)
(6行)花样D

20cm
(62针)

5cm
(16行)

14cm

7.5cm(46行)
(24行)

1.5cm

花样A
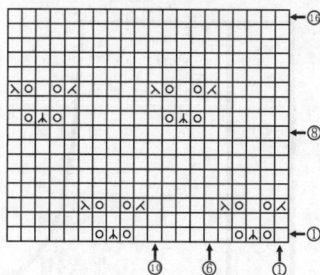

花样C
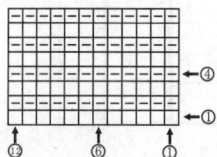

花样D
（单罗纹）
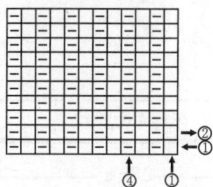

花样B
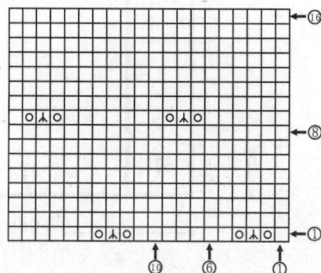

连帽无袖背心

【成品规格】衣长45cm，胸宽28cm
【工　　具】6号棒针
【编织密度】10cm²=20.6针×28.4行
【材　　料】灰色线350g，黑色线50g

前片/后片/袖片/帽片制作说明

1.棒针编织法，袖窿以下一片制成，袖窿以上分左前片、右前片、后片分别制成，再编织帽子。
2.袖窿以下的编织。
(1)一片编织。起针，双罗纹起针法，起124针，两侧各留6针始终编织搓板针，中间余下的针数，起织花样A双罗纹针，不加减针，编织6行的高度。
(2)分配花样编织。两侧搓板针继续编织，中间的针数，依照花样编织图解里的方法分配，然后不加减针，编织74行的高度后，至袖窿。

3.袖窿以上的编织。分成左前片和右前后、后片各自编织。以右前片和后片为例。
(1)右前片的编织。左侧继续编织搓板针花样，右侧袖窿减针，先收针4针，然后减针，2-1-4，4-1-2，减少10针，织成16行，不加减针，再织32行花样后，右侧收针10针作肩部，余下的15针，用防解别针扣住不织，作帽子的起针。相同的方法去编织左前片。
(2)后片的编织。两侧同时减针，继续花样编织。两侧各收针4针，然后减针，2-1-4，4-1-2，两侧各减少10针，余下34针，继续编织，再织32行后，两侧各取10针收针。中间余下14针，作后领边，并帽子起织。
4.帽片的编织.将衣身没收针的针数穿起来，共44针，两侧编织花样C中的第1至第11针花样，余下的中间针数编织花样B搓板针，并进行配色编织，2行灰色线与2行黑色线相间隔编织.在44针中间的2针上进行加针，2-1-16，一行加出2针，共加成32针，织片共76针，不加减针，再织28行至帽顶，将织片对折缝合.衣服完成.

花样A（双罗纹）
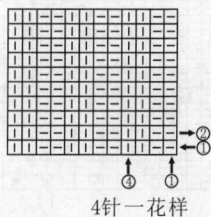

4针一花样

符号说明：

□　　　上针

□=□　　下针

2-1-6　　行-针-次

↑　　　编织方向

⊠　　　右上1针与左下1针交叉

⊠⊠　　右上2针与左下2针交叉

⊠⊠　　左上2针与右下2针交叉

131

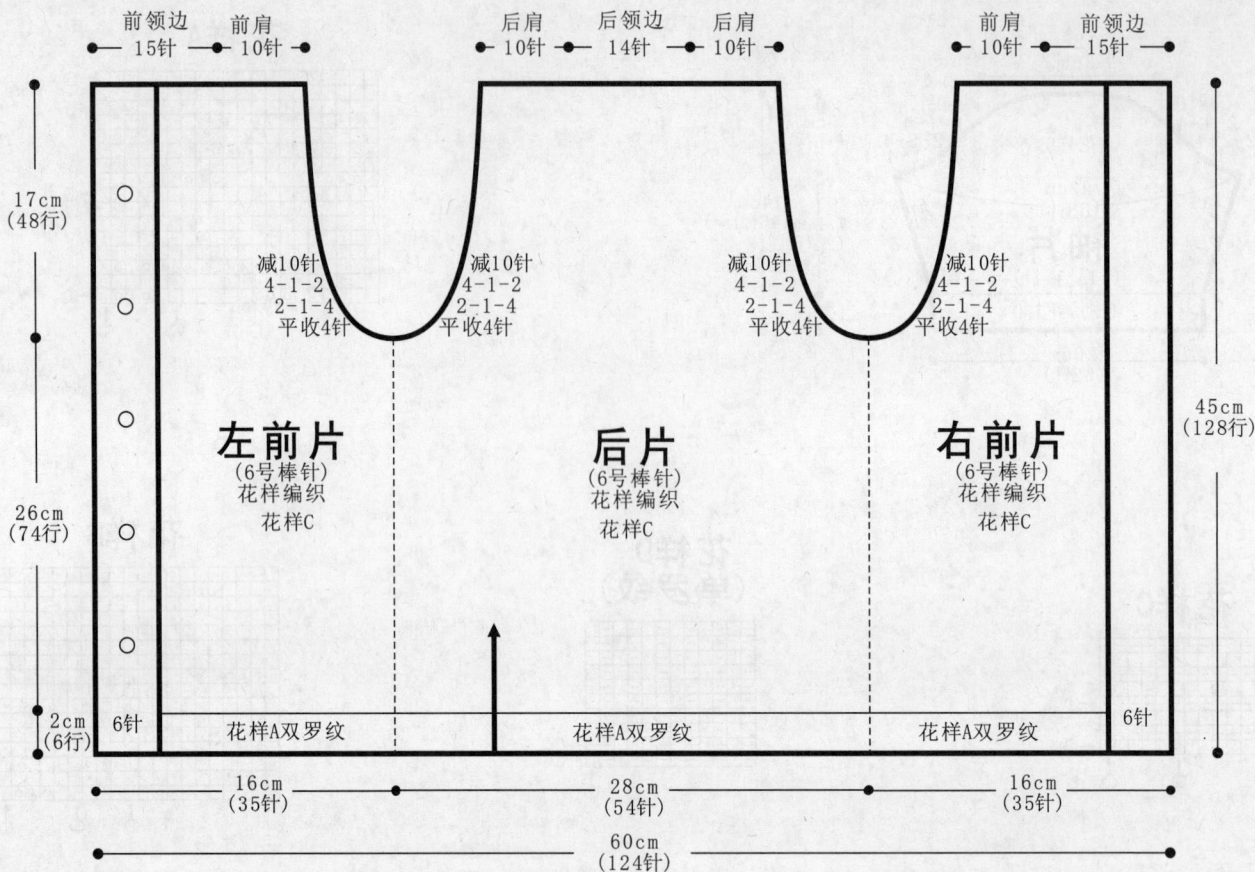

前领边 ← 15针 → 前肩 ← 10针 →　　　后肩 ← 10针 → 后领边 ← 14针 → 后肩 ← 10针 →　　　前肩 ← 10针 → 前领边 ← 15针 →

17cm
(48行)

减10针
4-1-2
2-1-4
平收4针　　　减10针
4-1-2
2-1-4
平收4针　　　　　减10针
4-1-2
2-1-4
平收4针　　　减10针
4-1-2
2-1-4
平收4针

45cm
(128行)

左前片
(6号棒针)
花样编织
花样C

后片
(6号棒针)
花样编织
花样C

右前片
(6号棒针)
花样编织
花样C

26cm
(74行)

2cm
(6行)　6针　花样A双罗纹　　　花样A双罗纹　　　花样A双罗纹　6针

16cm
(35针)　　　28cm
(54针)　　　16cm
(35针)

60cm
(124针)

17cm
(38针)　　17cm
(38针)

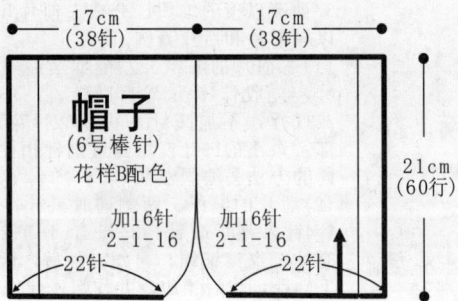

帽子
(6号棒针)
花样B配色

加16针
2-1-16　　加16针
2-1-16

22针　　　22针

21cm
(60行)

花样B（搓板针）

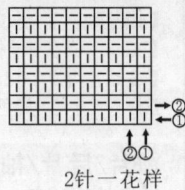

2针一花样

帽子边缘

花样C前/后身编织花样

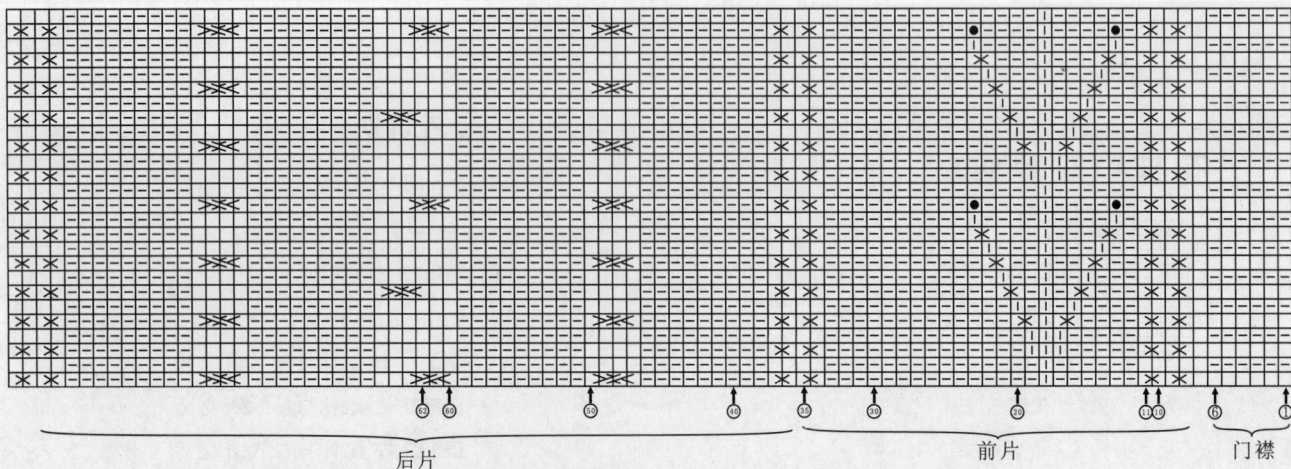

后片　　　　前片　　门襟

橘色短装风衣

【成品规格】衣长46cm，胸宽34cm，肩宽29.2cm
【工　　具】10号棒针
【编织密度】10cm²=25针×38行
【材　　料】橘色羊毛线400g

前片/后片/袖片制作说明

1. 毛衣用棒针编织，由2片前片、1片后片、2片袖片组成，从下往上编织。
2. 先编织前片。分右前片和左前片编织。右前片为例。
（1）先用下针起针法，起42针，编织花样A，侧缝不用加减针，织114行至袖窿.
（2）袖窿以上的编织.左侧袖窿减针，然后每织2行减1针，共减4次，同时开纽扣孔，每隔16行开1个，共开3个.

（3）从袖窿算起织至46行时，开始开领窝，先平收10针，然后每2行减2针，共减7次，织至肩部余14针。
（4）相同的方法，相反的方向编织左前片。
3. 编织后片.先用下针起针法，起84针，编织花样A，侧缝不用加减针，织114行至袖窿.然后袖窿开始减针，方法与前片袖窿一样，织至袖窿算起56行时，开后领窝，中间平收44针，两边减针，每两行减1针，减两次，织至两边肩部余14针。
4. 编织袖片。从袖口织起，用下针起针法，起60针，织花样A，袖侧缝不用加减针，编织100行至袖山，并开始袖山减针，每织两行减一针，减15次，编织完30行后余30针，收针断线.同样方法编织另一袖片。
5. 缝合。将前片的侧缝与后片的侧缝对应缝合，再将两袖片的袖山边线与衣身的袖窿边对应缝合。
6. 领子编织。领圈边挑90针，织38行花样A。收针断线。完成。

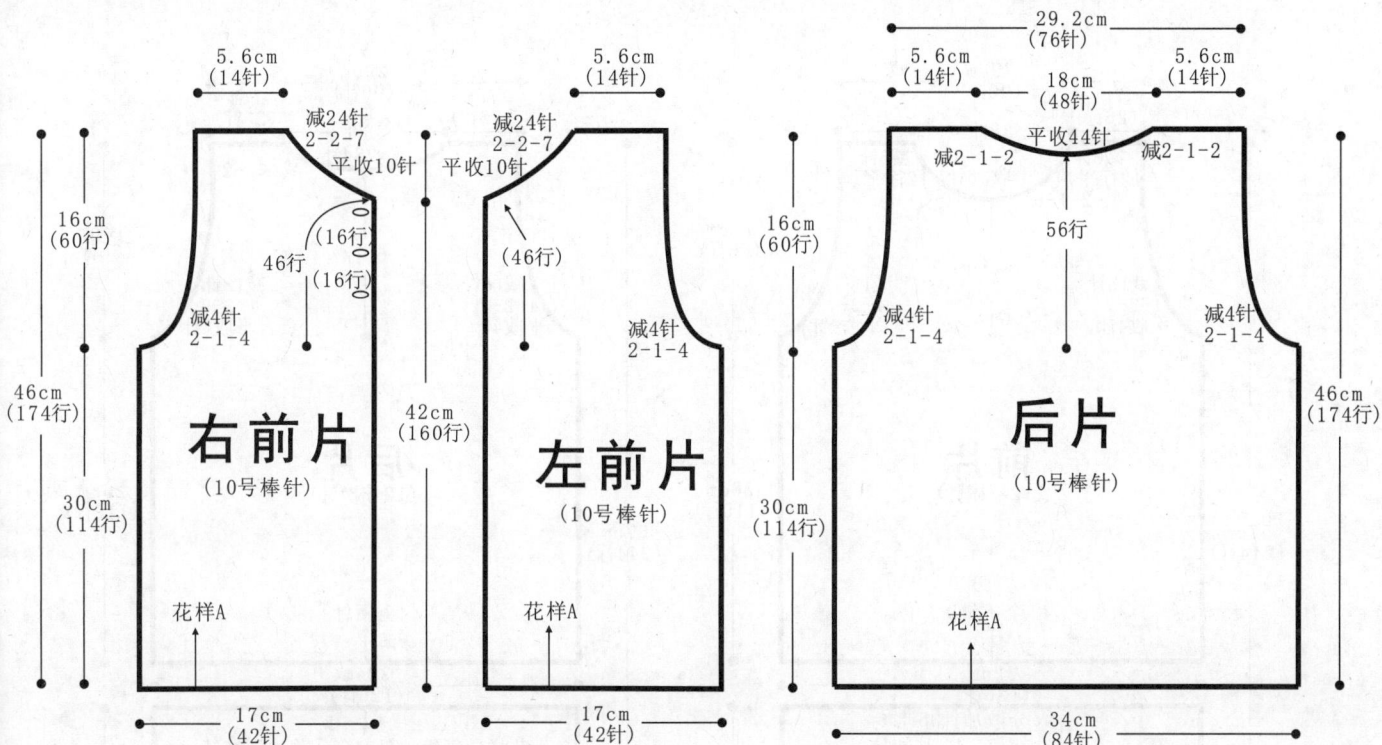

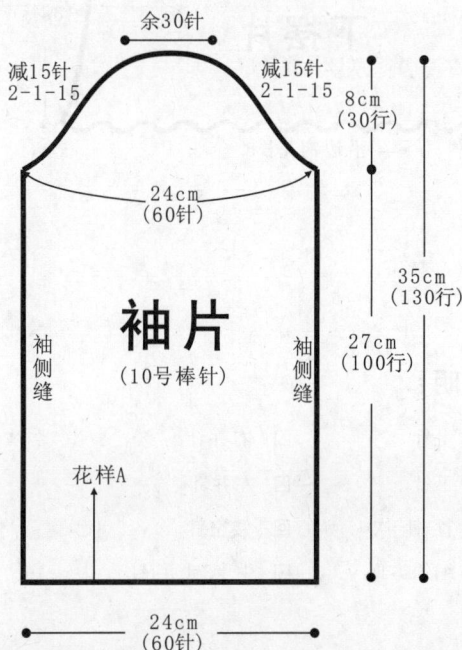

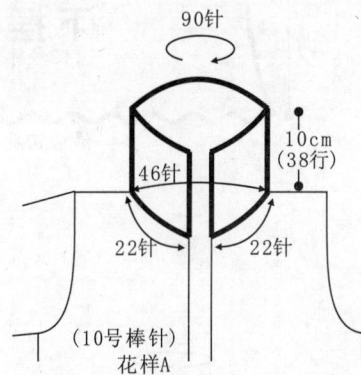

右前片

5.6cm（14针）
减24针 2-2-7
平收10针
46行
（16行）
（16行）
减4针 2-1-4
16cm（60行）
46cm（174行）
30cm（114行）
右前片（10号棒针）
花样A
17cm（42针）

左前片

5.6cm（14针）
减24针 2-2-7
平收10针
（46行）
减4针 2-1-4
42cm（160行）
左前片（10号棒针）
花样A
17cm（42针）

后片

29.2cm（76针）
5.6cm（14针）
18cm（48针）
5.6cm（14针）
减2-1-2
平收44针
减2-1-2
56行
减4针 2-1-4
减4针 2-1-4
16cm（60行）
46cm（174行）
30cm（114行）
后片（10号棒针）
花样A
34cm（84针）

袖片

余30针
减15针 2-1-15
减15针 2-1-15
8cm（30行）
24cm（60针）
35cm（130行）
27cm（100行）
袖侧缝
袖侧缝
袖片（10号棒针）
花样A
24cm（60针）

领子

90针
46针
10cm（38行）
22针
22针
（10号棒针）
花样A

符号说明：

□　上针
□=□　下针
2-1-3　行-针-次
↑　编织方向

粉色休闲长裙

【成品规格】衣长57cm，胸宽32cm，袖长45cm，
　　　　　　袖宽11cm
【工　具】12号棒针，1.25mm钩针
【编织密度】10cm²=39.4针×44行
【材　料】粉色纯棉线500g

前片/后片/袖片制作说明

1. 棒针编织法，由前片2片、后片2片、袖片4片组成。从下往上织起。

2. 前片的编织。由前上片和下摆片组成。前上片的编织，下针起针法，起126针，下针起织，不加减针，织110行至袖窿；下一行起，两侧同时进行袖窿减针，收针4针，然后4-2-7，减18针；当织成袖窿算起42行高度时，下一行进行衣领减针，从中收针26针，两边相反方

向减针2-1-6，减6针，不加减针再织12行高度，至肩部余26针，收针断线；下摆片的编织，从前上片下摆边挑针□针，9组花样A起织，织成68行，收针断线；沿边钩花样B。

3. 后片的编织。袖窿以下的织法与前片完全相同，当织成袖窿算起62行高度，下一行进行衣领减针，从中间收针34针，两侧相反方法减针，2-1-2，各减2针，织4行，肩部余□针，收针断线。

4. 袖片的编织。由袖上片和袖摆片组成。袖上片的编织，□针起针法，起60针，下针起织，两侧同时加针，4-1-1□10行平坦，加成84针，织成70行至袖山；下一行进行袖山□针，两侧同时收针4针，然后4-2-15，减34针，织60行，□下16针，收针断线；袖摆片的编织，从袖上片尾部挑针72针□4组花样A起织，织68行，收针断线。用相同方法编织另一□片。

5. 拼接。将前后片侧缝及肩部对应缝合；将袖片袖山边线□衣身袖窿对应缝合。

6. 领片的编织。用1.25mm钩针沿衣领边钩花样C，衣服完成□

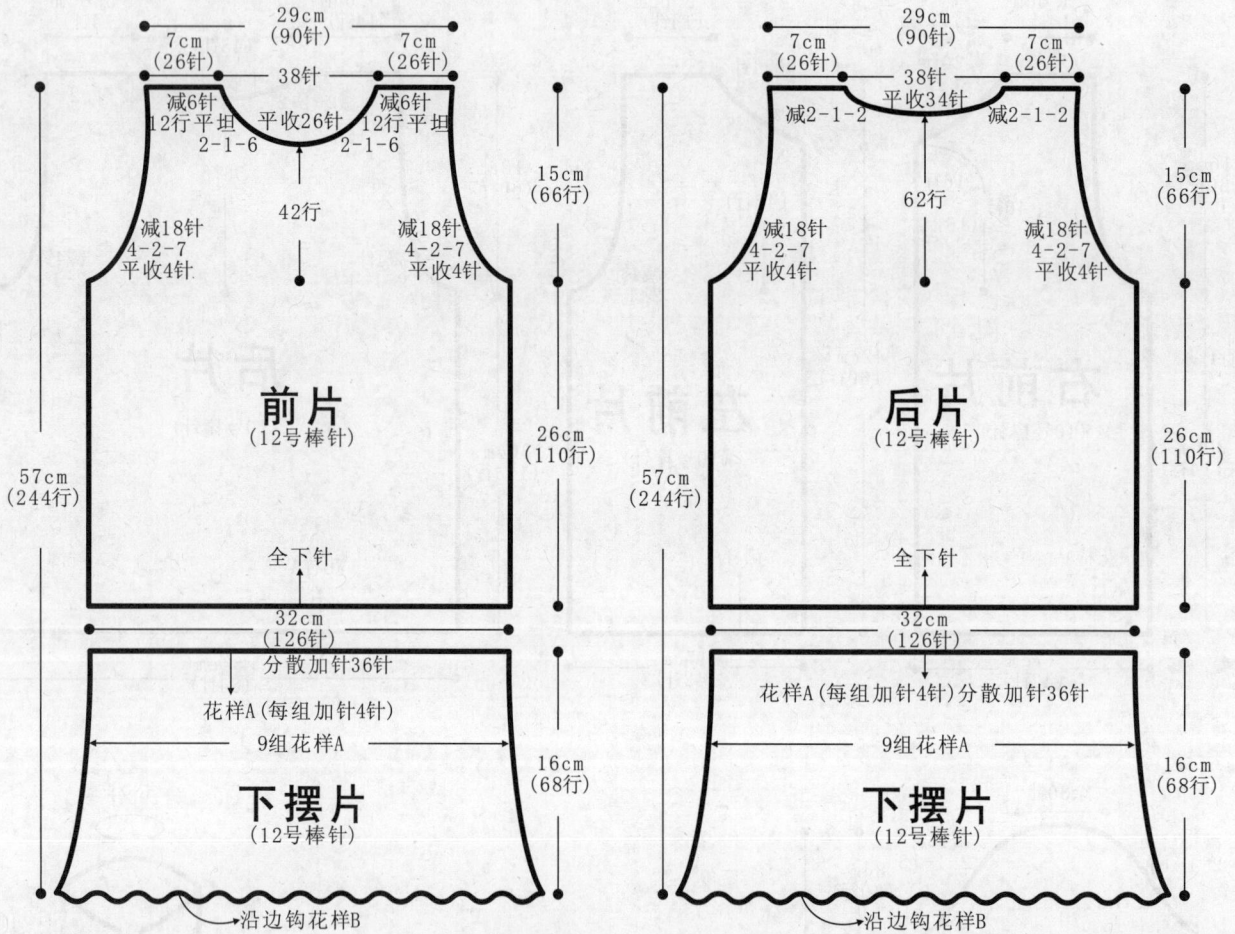

前片（12号棒针）
- 29cm（90针）
- 7cm（26针）　7cm（26针）
- 38针
- 平收26针
- 减6针 12行平坦 2-1-6　减6针 12行平坦 2-1-6
- 42行
- 15cm（66行）
- 减18针 4-2-7 平收4针　减18针 4-2-7 平收4针
- 57cm（244行）
- 26cm（110行）
- 全下针
- 32cm（126针）
- 分散加针36针
- 花样A（每组加针4针）
- 9组花样A
- 下摆片（12号棒针）
- 16cm（68行）
- →沿边钩花样B

后片（12号棒针）
- 29cm（90针）
- 7cm（26针）　7cm（26针）
- 38针
- 平收34针
- 减2-1-2　减2-1-2
- 62行
- 15cm（66行）
- 减18针 4-2-7 平收4针　减18针 4-2-7 平收4针
- 57cm（244行）
- 26cm（110行）
- 全下针
- 32cm（126针）
- 花样A（每组加针4针）分散加针36针
- 9组花样A
- 下摆片（12号棒针）
- 16cm（68行）
- →沿边钩花样B

花样C

领片（1.25mm钩针）

符号说明：

□	上针	⊠	右并针
□=□	下针	⊠	左并针
4-1-2	行-针-次	◎	镂空针
↑	编织方向	⊠	中上3针并1针

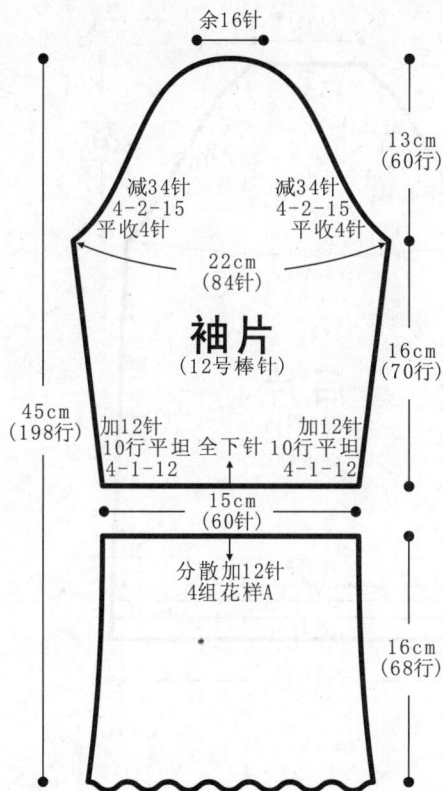

余16针

13cm
(60行)

减34针   减34针
4-2-15   4-2-15
平收4针   平收4针

22cm
(84针)

袖片
(12号棒针)

16cm
(70行)

45cm
(198行)

加12针   加12针
10行平坦 全下针 10行平坦
4-1-12   4-1-12

15cm
(60针)

分散加12针
4组花样A

16cm
(68行)

花样A

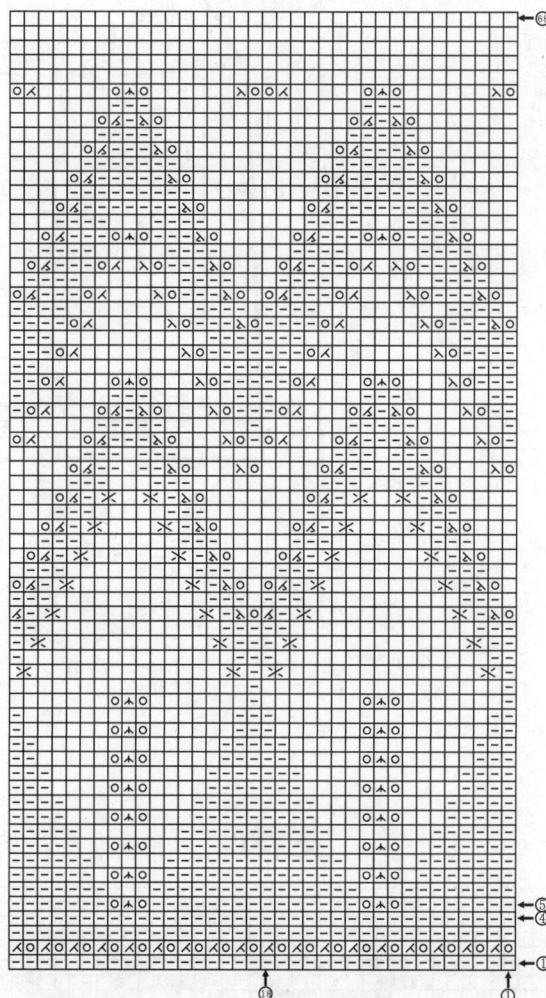

花样B

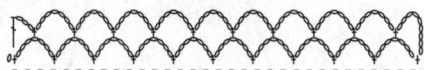

花样C
(领片图解)

蓝色KITTY短袖衫

【成品规格】衣长49cm，胸宽32cm，袖长22cm
【工　　具】9号棒针，7号钩针
【编织密度】10cm²=16针×27行
【材　　料】天蓝色羊毛线620g，黑色羊毛线
40g，白色、粉色毛线各20g

前片/后片/袖片制作说明

1.棒针编织法，前片、后片、袖片分别编织而成。
2.前片的编织。一片织成。起针，起63针，织花样A，
织10行，第11行起织下针，织6行，下一行起编织花样
B，织6行，再织15行下针后，在中间留45针位置开始配
色织花样C，织58行，两侧减针编织，16-1-5，每侧减
5针，下针共织74行的高度，至袖窿。袖窿起减针，两

边同时减4针，然后4-1-10，2-1-3，两边各减17针，前衣领
最后余19针，收针断线。
3.后片的编织。起针与前片相同，第17行起配色织花样B，第
23行起单色编织，共织74行，开始袖窿减针，两边同时减
4针，然后4-1-10，2-1-4，两边各减19针，后衣领最后余
17针，收针断线。
4.袖片的编织。从袖口起织，起41针，织花样A，织10行，下
一行起织花样B，并开始袖山减针，两侧同时减2针，4-1-10，
2-1-3，然后与后片连接侧连续织，并从袖山中间加2-1-1
针，织2行，同时减2-1-1，完成后袖山与前片连接减少
15针，与后片连接边减少16针，余下10针，收针断线。相同
的方法再编织另一片。
5.拼接。将前片的侧缝与后片的侧缝，前后片肩部与袖片对
应缝合。
6.衣领的编织。沿着前后衣领边，挑出80针，编织花样A，
织8行后，收针断线，用钩针配色钩织1行花样E。衣服完成。

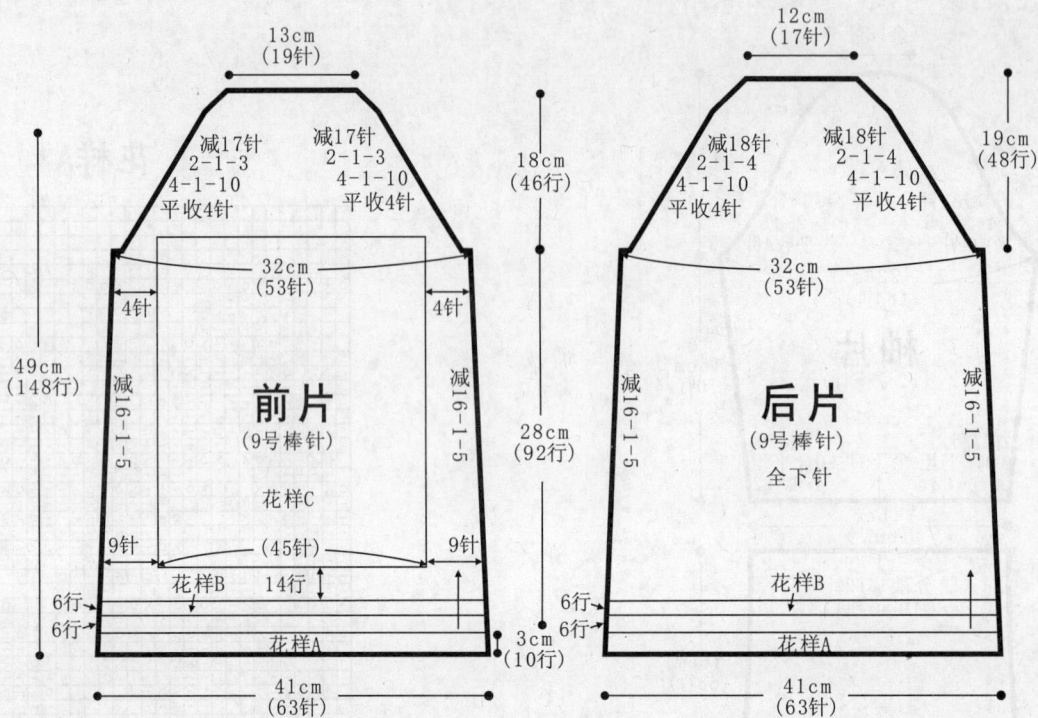

13cm
（19针）

减17针
2-1-3
4-1-10
平收4针

减17针
2-1-3
4-1-10
平收4针

18cm
（46行）

12cm
（17针）

减18针
2-1-4
4-1-10
平收4针

减18针
2-1-4
4-1-10
平收4针

19cm
（48行）

32cm
（53针）

4针

4针

32cm
（53针）

49cm
（148行）

减16-1-5

前片
（9号棒针）

花样C

减16-1-5

28cm
（92行）

减16-1-5

后片
（9号棒针）

全下针

减16-1-5

9针

（45针）

9针

花样B 14行

6行
6行

花样A

3cm
（10行）

41cm
（63针）

6行
6行

花样B

花样A

41cm
（63针）

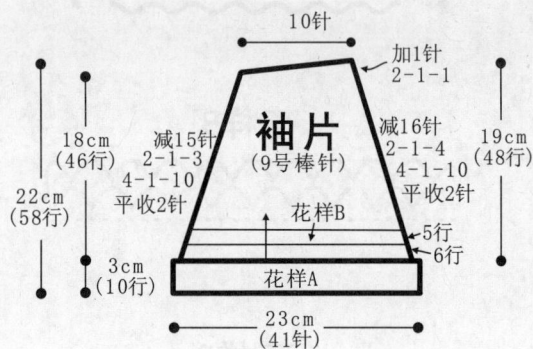

10针

加1针
2-1-1

18cm
（46行）

22cm
（58行）

减15针
2-1-3
4-1-10
平收2针

袖片
（9号棒针）

减16针
2-1-4
4-1-10
平收2针

19cm
（48行）

花样B

5行
6行

3cm
（10行）

花样A

23cm
（41针）

花样C

59

1

40

1

领片
（9号棒针）
花样A、花样E

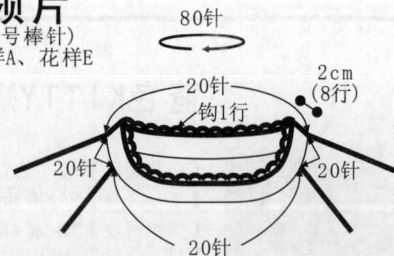

80针

2cm
（8针）

钩1行

20针

20针

20针

20针

20针

图示说明：

□=天蓝色

■=黑色

符号说明：

回　　上针

□=回　下针

2-1-3 行-针-次

○　锁针

十　短针

I　长针

↑　编织方向

136

花样A

→④

→①

④ ①

花样B

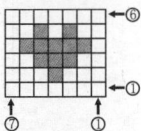

→⑥

→①

⑦ ①

花样E
（衣领花边图解）

图示说明：

□=天蓝色
■=白色

秀气连帽开衫

【成品规格】衣长44cm，半胸围38cm，肩宽
32cm，袖长36cm
【工　　具】11号棒针
【编织密度】10cm² =18针×26行
【材　　料】浅蓝色羊毛线500g，纽扣3颗

前片/后片制作说明

1.棒针编织法，衣身分为左前片、右前片和后片分别编织而成。

2.起织后片，双罗纹针起针法，起68针，织花样A，织8行后改织花样B，织至78行的高度，两侧减针织成袖窿，方法为1-2-1，2-1-3，织至114行，两侧各收15针，中间28针留起待织帽子。

3.起织左前片，双罗纹针起针法，起29针，织花样A，织8行后，第9行每隔1针加起1针，加起的针数用另一根针穿起，留待编织衣身，原织片继续往上编织至40行，

双罗纹针收针法收针断线.另起针编织之前留起的针数，共29针，织花样B，织至78行的高度，改织花样C，左侧减针织成袖窿，方法为1-2-1，2-1-3，织至114行，左侧收15针，右侧8针留起待织帽子。

4.同样的方法相反方向编织右前片，完成后将左、右前片与后片的两侧缝对应缝合，两肩部对应缝合。

5.起织帽子。将前后片领口留起的44针连起来编织花样B，不加减针织52行后，收针。

6.沿左、右前片衣襟侧挑针编织衣襟，挑起116针织花样A，织16行后，双罗纹针收针法收针断线。

袖片制作说明

1.棒针编织法，编织两片袖片.从袖口起织。

2.起38针，织花样A，织8行后，改织花样B，两侧一边织一边加针，方法为10-1-6，织至74行.接着减针编织袖山，两侧同时减针，方法为1-2-1，2-2-10，两侧各减22针，织至94行，织片余下6针，收针断线。

3.同样的方法再编织另一袖片。

4.缝合方法：将袖山对应前片与后片的袖窿线用线缝合，再将两袖侧缝对应缝合。

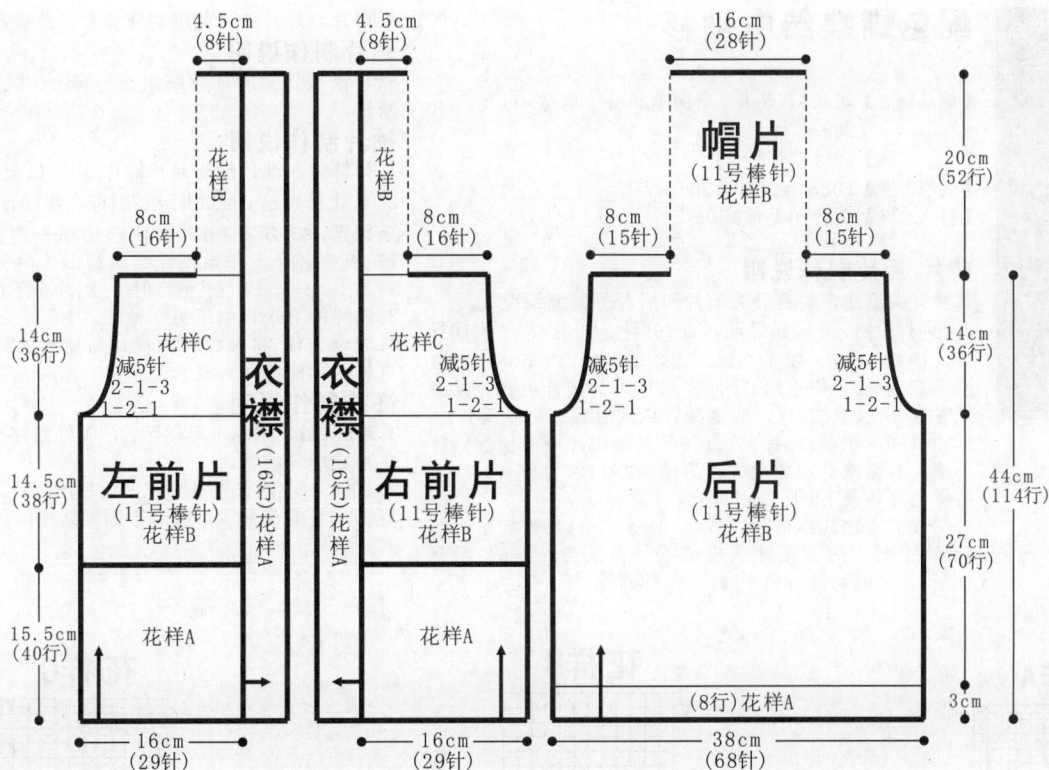

袖片

3.5cm
(6针)

减22针
2-2-10
1-2-1

减22针
2-2-10
1-2-1

8cm
(20行)

27.5cm
(50针)

袖片
(12号棒针)
花样B

36cm
(94行)

25cm
(66行)

加10-1-6

加10-1-6

3cm

(8行)花样A

21cm
(38针)

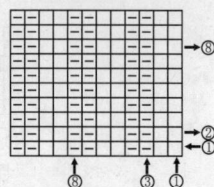

花样A

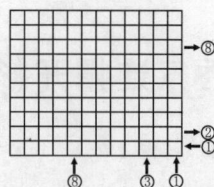

花样B

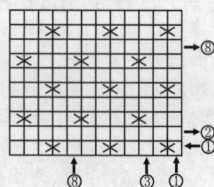

花样C

符号说明：

□ 　　上针

□=① 　下针

※ 　　左上1针与右下1针交叉

2-1-3 　行-针-次

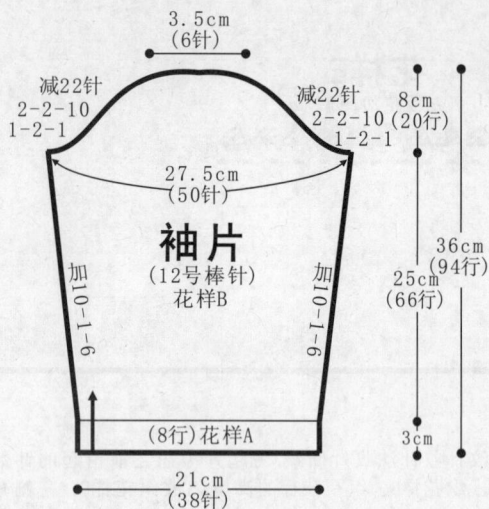

配色蝴蝶结中袖衫

【成品规格】裙长47.5cm，半胸围23cm，肩宽
　　　　　　18cm，袖长32cm
【工　　具】12号棒针
【编织密度】10cm² =20针×34.5行
【材　　料】黄色羊毛线350g

前片/后片制作说明

1.棒针编织法，裙身分为前片和后片分别编织而成。
2.起织后片，下针起针法，起100针，织花样A，织10行
后，改织花样B，织至28行，改织花样A，织至38行，改
回编织花样B，织至114行，将织片均匀减针织成46针，改
织花样C，织至122行，两侧减针织成袖窿，方法为1-2-
1，2-1-3，织至158行，第159行起将织片中间留起14针
不织，两侧减针织成后领，方法为2-1-3，织至164行，
两侧肩部各余下8针，收针断线。
3.同样的方法起织前片，织至148行，第149行起中间留
起8针不织，两侧减针织成前领，方法为2-1-6，织至
164行，两侧肩部各余下8针，收针断线。

4.前片与后片的两侧缝对应缝合，两肩部对应缝合。

领片制作说明

领片沿领口挑起环形编织。起50针，织花样D，织8行后收
断线。

袖片制作说明

1.棒针编织法，编织两片袖片.从袖口起织。
2.下针起针法，起32针织花样B，织10行后，改织花样C，
至14行，改织花样B，两侧一边织一边加针，方法为10-
7，织至86行，开始减针编织袖山，两侧同时减针，方法
1-2-1，2-1-12，织至110行，织余下18针，收针断线。
3.同样的方法再编织另一袖片。
4.缝合方法:将袖山对应前片与后片的袖窿线，用线缝合
再将两袖侧缝对应缝合。

饰花制作说明

1.起26针织花样A，织38行后，收针断线。将织片从中间
系紧成蝴蝶结状。
2.起40针织花样B下针，织16行后，收针，将起织边沿收紧
将织片卷成花朵状，缝合于蝴蝶结中间。

花样A

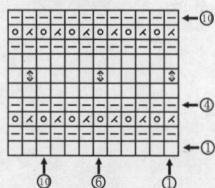

花样B

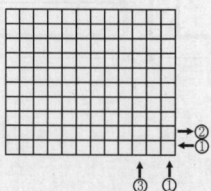

花样C

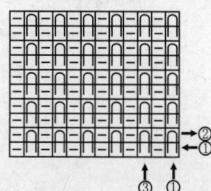

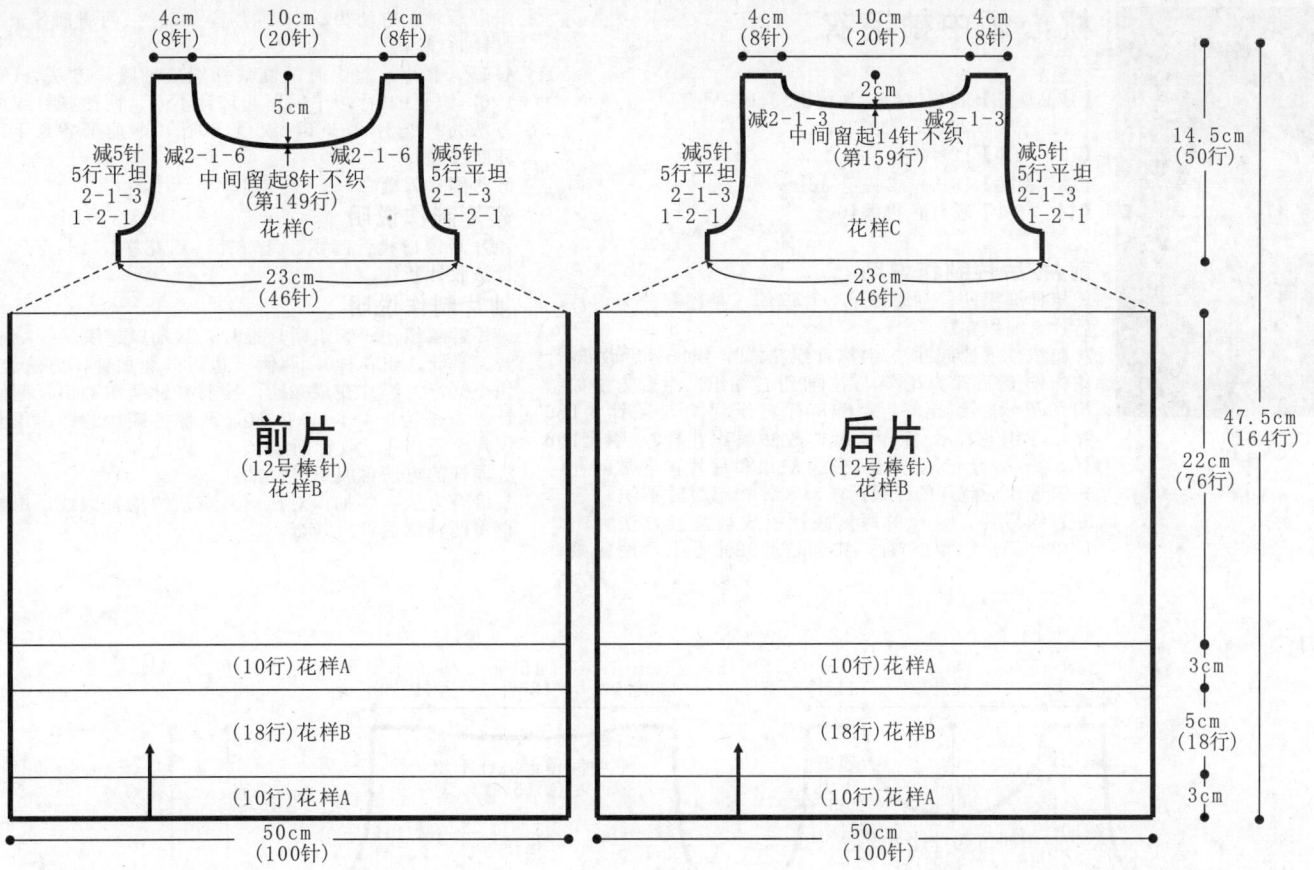

前片
(12号棒针)
花样B

4cm (8针)　10cm (20针)　4cm (8针)

5cm

减5针 5行平坦 2-1-3 1-2-1　减2-1-6　中间留起8针不织 (第149行)　减2-1-6　减5针 5行平坦 2-1-3 1-2-1

花样C

23cm (46针)

(10行)花样A

(18行)花样B

(10行)花样A

50cm (100针)

后片
(12号棒针)
花样B

4cm (8针)　10cm (20针)　4cm (8针)

2cm

减2-1-3　中间留起14针不织 (第159行)　减2-1-3

减5针 5行平坦 2-1-3 1-2-1　花样C　减5针 5行平坦 2-1-3 1-2-1

23cm (46针)

(10行)花样A

(18行)花样B

(10行)花样A

50cm (100针)

14.5cm (50行)

47.5cm (164行)

22cm (76行)

3cm

5cm (18行)

3cm

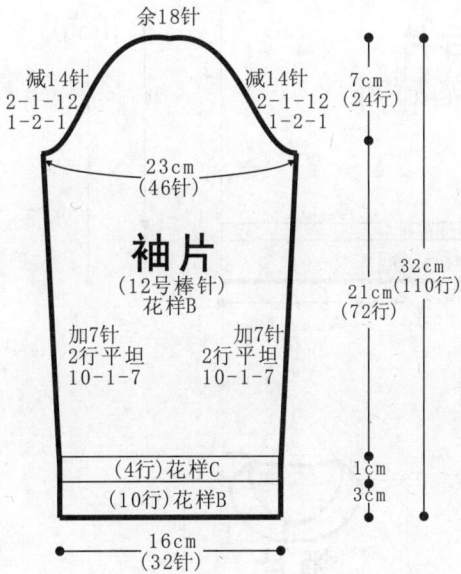

袖片
(12号棒针)
花样B

余18针

减14针 2-1-12 1-2-1　减14针 2-1-12 1-2-1

23cm (46针)

加7针 2行平坦 10-1-7　加7针 2行平坦 10-1-7

(4行)花样C

(10行)花样B

16cm (32针)

7cm (24行)

32cm (110行)

21cm (72行)

1cm

3cm

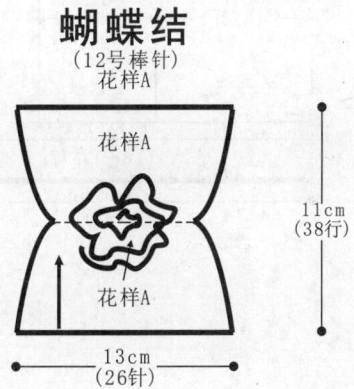

蝴蝶结
(12号棒针)
花样A

花样A

花样A

11cm (38行)

13cm (26针)

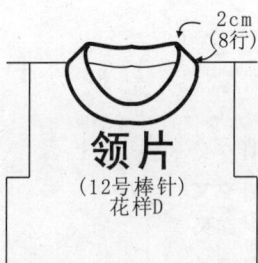

领片
(12号棒针)
花样D

2cm (8行)

符号说明：

□　上针

□ = ① 　下针

⊡　镂空针

☒　左上2针并1针

⊟　5针的结编织

Ⅱ　下针的延伸针

Ⅱ　上针的延伸针

2-1-3　行-针-次

花样D

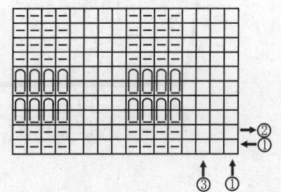

139

桃心领中袖毛衣

【成品规格】衣长44cm，半胸围33cm，肩宽
　　　　　　25cm，袖长22cm
【工　　具】12号棒针
【编织密度】10cm² =24针×36行
【材　　料】粉红色棉线400g

前片/后片制作说明

1.棒针编织法，袖窿以下一片编织，袖窿起分为前片、
后片来编织完成。
2.起织，下针起针法起187针织花样B，织16行后改织4行
花样A，然后改为花样C与花样D组合编织，组合方法如结
构图所示，织至88行，第89行将织片均匀减针为160
针，改织花样A，织至92行，改回编织花样C，织至106
行，第107行起，将织片分为前片和后片，各取80针，
先织后片，前片的针眼用防解别针扣起暂时不织。
3.起织后片，起织时两侧减针织成袖窿，方法为1-4-
1，2-1-6，织至157行，中间留起32针不织，两侧减针

织成后领，方法为2-1-2，织至160行，两肩部各余下12针
收针断线。
4.起织前片，起织时两侧减针织成袖窿，方法为1-4-1，
1-6，织至125行，中间留起12针不织，两侧减针织成前领
方法为2-2-3，2-1-6，织至160行，两肩部各余下12针
针断线。
5.两侧肩部缝合。

领片制作说明

领片沿领口挑针起织。起78针，织花样A，织4行后，下
针法收针断线。

袖片制作说明

1.棒针编织法，编织两片袖片。从袖口起织。
2.起48针，织花样C，两侧一边织一边加针，方法为8-1-
织至60行，织片变成62针，接着减针编织袖山，两侧同时
针，方法为1-4-1，2-2-10，两侧各减少24针，织至80行
织片余下14针，收针断线。
3.同样的方法再编织另一袖片。
4.缝合方法：将袖山对应前片与后片的袖窿线，用线缝合
再将两袖侧缝对应缝合。

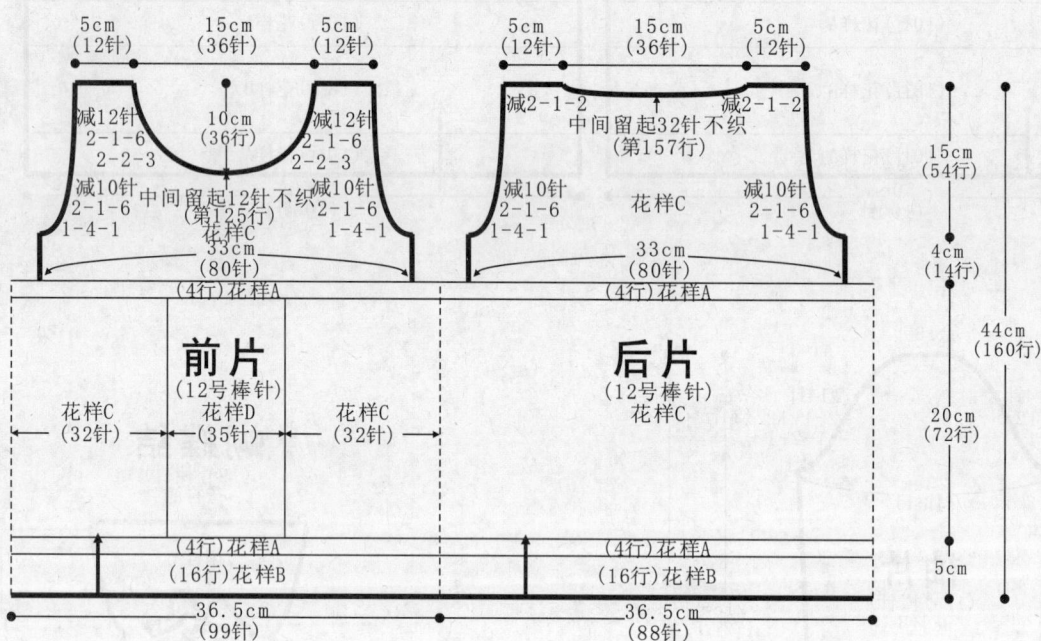

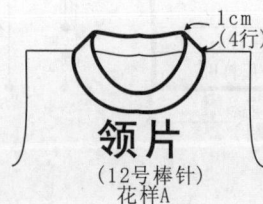

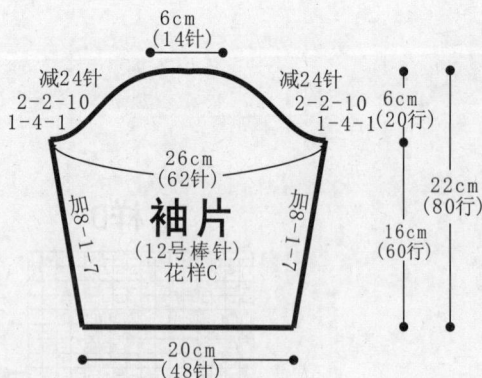

符号说明：

□	上针
□=Ⅱ	下针
图	左上2针与右下2针交叉
图	右上2针与左下2针交叉
图	左上2针与右下1针交叉
图	右上2针与左下1针交叉
2-1-3	行-针-次

花样B

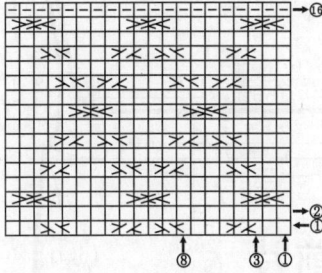

花样C

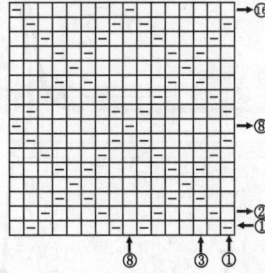

花样A

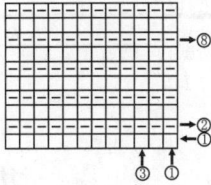

花样D

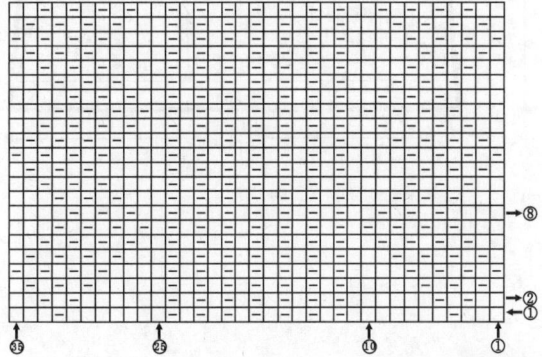

红色圆领短袖衫

【成品规格】衣长41cm，胸宽27cm
【工　　具】10号棒针
【编织密度】10cm²=22针×32行
【材　　料】红色羊毛线640g

前片/后片/袖片制作说明

1.棒针编织法。领片、前片、后片单独编织。
2.领片的编织。双罗纹针起针法，起32针，编织花样A，织12行，下一行起编织花样B，以麻花为中心，与身片连接一侧来回编织，织272行，领边一侧不变化，织

40行，完成后收针断线.右衣领边制作2个扣眼。
3.将领片左、右衣领边重叠，沿来回编织侧连续挑织花样b，织2行后每侧收48针做袖窿，两袖窿同时收针，然后分片进行袖窿减针，2-1-2，再平织4行，共减2针，平加4针，进行衣片编织。
4.身片的编织。
(1)前片的编织，前片共60针，先织花样a，织8行，第9行编织花样C，并在花样C中的花样a两侧加针，22-1-2，每花样a两侧各2针，完成后前片共80针，共织83行，下一行起，编织花样A，共织16行，收针断线。
(2)后片的编织。后片60针，编织方法与前片完全相同。
5.拼接。将前后片对应缝合。沿袖窿钩织花样D，完成后收针断线。左衣领边缝2个扣子。衣服完成。

符号说明：

□　上针

□=□　下针

2-1-3 行-针-次

↑ 编织方向

右上4针与
左下4针交叉

∞ 锁针　++++ 短针

花样A

花样C

花a

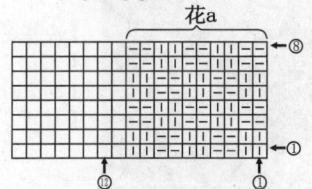

花样B

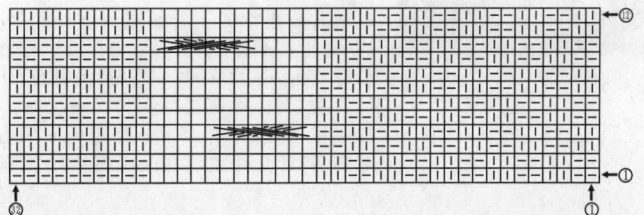

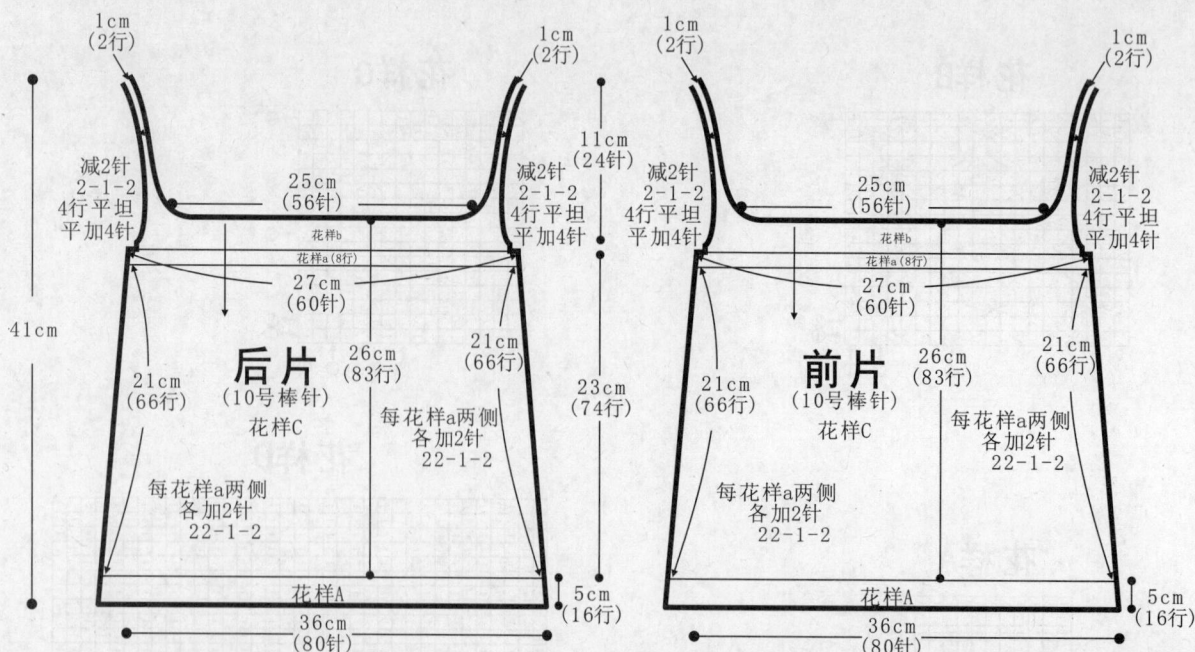

后片 (10号棒针) 花样C

前片 (10号棒针) 花样C

1cm (2行)

减2针 2-1-2 4行平坦 平加4针

25cm (56针)

花样b

花样a(8行)

27cm (60针)

11cm (24针)

26cm (83行)

21cm (66行)

23cm (74行)

41cm

每花样a两侧 各加2针 22-1-2

每花样a两侧 各加2针 22-1-2

花样A

5cm (16行)

36cm (80针)

花样b

领片 (10号棒针)

85cm (272行)

花样A 4cm (12行)

花样B

花样A 4cm (12行)

15cm (32针)

13cm (40行)

花样D

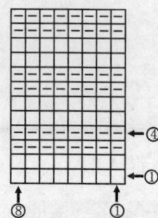

可爱熊条纹毛衣

【成品规格】衣长42cm，胸宽40cm，袖长40cm

【工　　具】12号棒针

【编织密度】10cm² = 37针 × 49.9行

【材　　料】蓝色棉线150g，白色棉线80g，棕色棉线80g

前片/后片/袖片制作说明

1.棒针编织法，由前片1片、后片1片、袖片2片组成。从下往上织起。

2.前片的编织。一片织成。下针起针法，起148针，花样A起织，不加减针，织10行；下一行起，改织下针，配色花样D，不加减针，织96行至袖窿；下一行进行袖窿减针，收针6针，然后4-2-17，减40针，织68行；其中自织成袖窿算起4行时，下一行进行衣领分针，中间16针，左右各8针分针编织并改织花样B，其他照织下针，两边

不加减针织54行；下一行进行衣领收针，两侧相反方向针，收针24针，然后2-2-5，减34针，织10行，余下1针，针断线。

3.后片的编织.一片织成，下针起针法，用棕色线，起1针，花样A起织，不加减针，织10行；下一行起，改织下针织成32行后，改用蓝色线编织下针，再织64行至袖窿，下行起进行袖窿减针，收针6针，然后4-2-17，减40针，织68行，余下68针，收针断线。

4.袖片的编织。一片织成，下针起针法，起66针，花样A织，不加减针，织10行；下一行起，改织下针，并进行花C配色，两侧同时加针，6-1-19，加19针，织114行，不加针再编织10行高度；下一行起，进行袖口减针，收针6针然后4-2-17，减40针，织68行，余下24针；用相同方法编织一袖片。

5.拼接。将前后片侧缝与袖片侧缝对应缝合。再将前后片侧缝进行缝合。

6.领片的编织。从后片及袖片挑针96针，左、右前片及领各挑48针，共192针；花样B起织，不加减针，织8行，收针线，衣服完成。

142

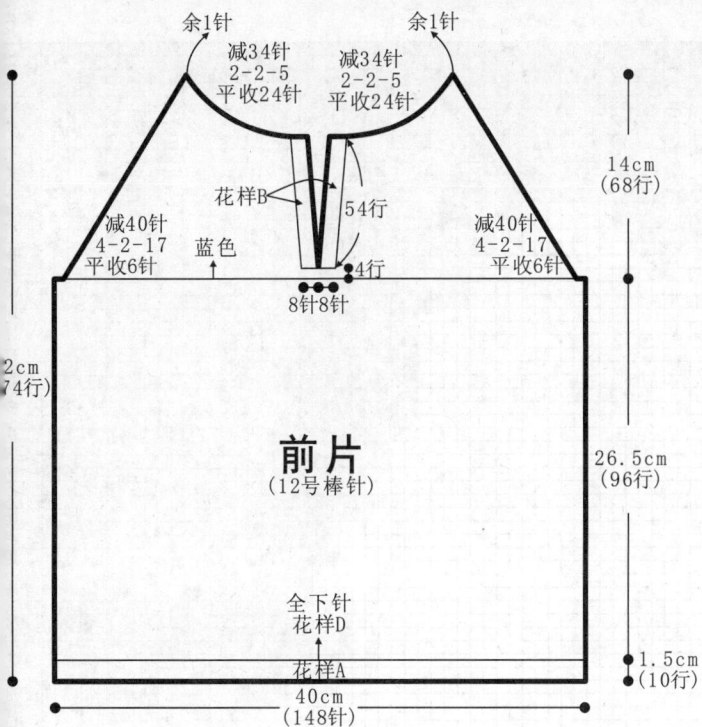

前片
（12号棒针）

余1针　余1针
减34针　减34针
2-2-5　2-2-5
平收24针　平收24针
花样B
54行
减40针　减40针
4-2-17　4-2-17
平收6针　平收6针
蓝色
8针8针
4行

全下针
花样D
花样A

14cm（68行）
42cm（174行）
26.5cm（96行）
1.5cm（10行）
40cm（148针）

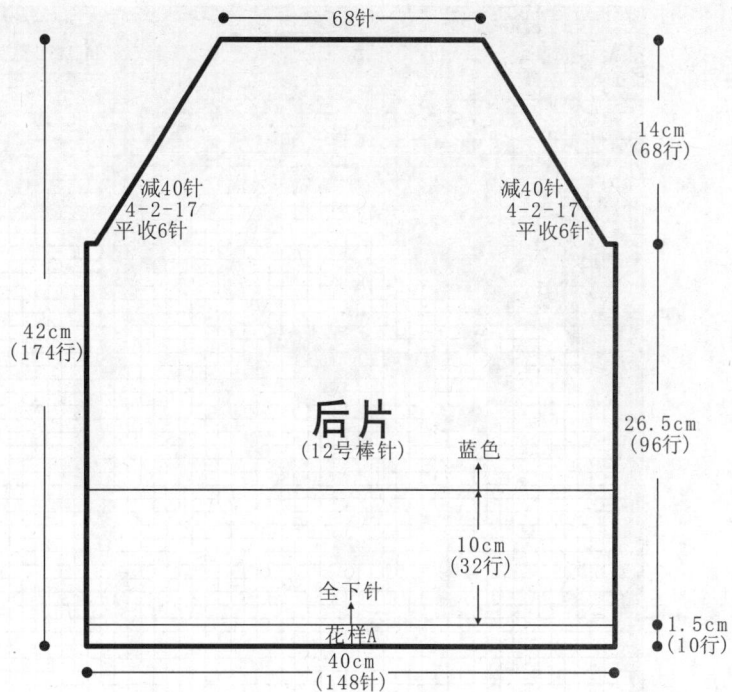

后片
（12号棒针）

68针
减40针　减40针
4-2-17　4-2-17
平收6针　平收6针
蓝色
10cm（32行）
全下针
花样A

14cm（68行）
42cm（174行）
26.5cm（96行）
1.5cm（10行）
40cm（148针）

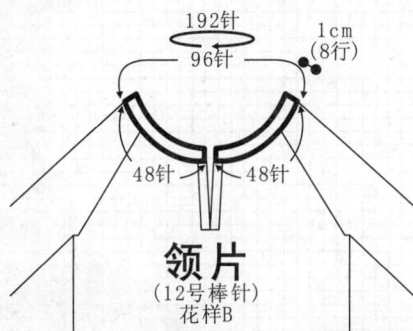

领片
（12号棒针）
花样B

192针
96针
1cm（8行）
48针　48针

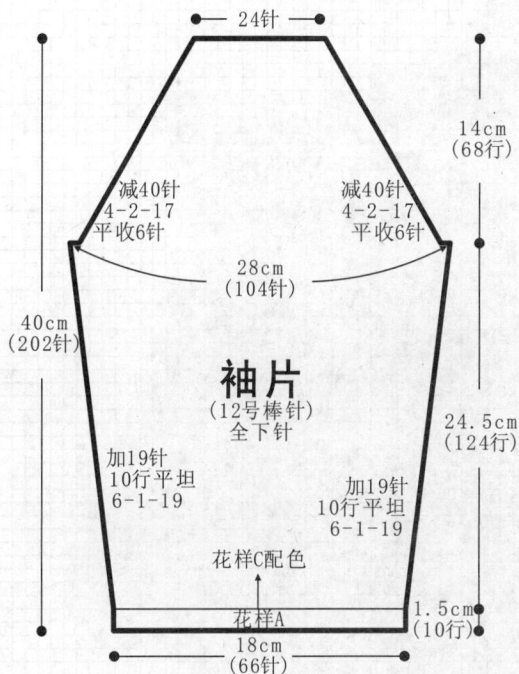

袖片
（12号棒针）
全下针

24针
减40针　减40针
4-2-17　4-2-17
平收6针　平收6针
28cm（104针）
加19针　加19针
10行平坦　10行平坦
6-1-19　6-1-19
花样C配色
花样A

14cm（68行）
40cm（202针）
24.5cm（124行）
1.5cm（10行）
18cm（66针）

花样A（搓板针）

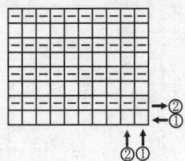

花样B（单罗纹）

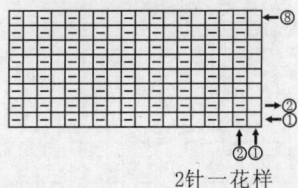

2针一花样

花样C

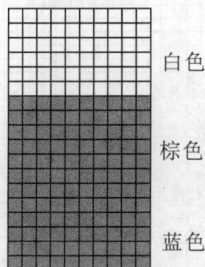

白色
棕色
蓝色

符号说明：
□　上针
□=☑　下针
4-1-2　行-针-次
↑　编织方向

143

双排扣短款外套

【成品规格】衣长34cm，胸宽35cm，肩宽32cm
【工　　具】10号棒针
【编织密度】10cm²=23.4针×36行
【材　　料】粉红色丝光棉线400g

前片/后片/袖片制作说明

1.棒针编织法，由前片2片、后片1片、袖片2片组成。从下往上织起。

2.前片的编织。由右前片和左前片组成，以右前片为例.
(1)起针，单罗纹起针法，起52针，编织花样A，不加减针，织10行的高度，下一行起，右侧留6针继续编织花样A作为门襟(并注意每隔38行留出1个扣眼，共留出3个扣眼)，左侧48针全部编织下针，不加减针编织58行至袖窿。袖窿左侧留有8针编织花样A，同时进行减针，4-1-5，当织成38行的高度时，右侧进行衣领减针，平收25针，2-1-8，织成16行，至肩部，余下14针，收针断线。
(2)相同的方法，相反的方向去编织左前片.不同的地方就是门襟不留扣眼，直接编织就行。

3.后片的编织。起针，单罗纹起针法，起82针，编织花样A，不加减针，织10行的高度，下一行起，全部编织下针，不加减针编织58行至袖窿。袖窿左右两侧各留有8针编织花样A，同时进行减针，4-1-5，当织成袖窿起26行时，收针断线。重新起头编织上肩部。起针，平针起针法，起72针，编织下针，不加减针织8行，然后向外对折合并针数依然为72针，继续往上编织下针，编织28行后，下一行中间收针40针，两边相反方向减针，减4针，2-1-2，两肩部各余下14针，收针断线。

4.袖片的编织。袖片从袖口起织，单罗纹起针法，起28针，编织花样A，不加减针，往上织10行的高度，下一行开始编织下针，两边侧缝加针，6-1-12，22行平坦，织94行至袖窿。并进行袖山减针，两边各6-2-3，4-+2-6，织成42行，余下16针，收针断线.相同的方法去编织另一袖片。

5.拼接。先将后片的半肩部边线与上肩部边线对应缝合，然后将前片的侧缝与后片的侧缝对应缝合，将前后片的肩部对应缝合；再将两袖的袖山边线与衣身的袖窿边对应缝合。

6.领片的编织。沿着左前后和右前片的衣领边各挑出28针，后片衣领处挑出44针，共100针，全编织下针，编织28行时，中间领边分别向两侧减针，2-2-4，即编织8行后，收针断线.领片完成。

7.在左前片的门襟上对应缝上纽扣。衣服完成。

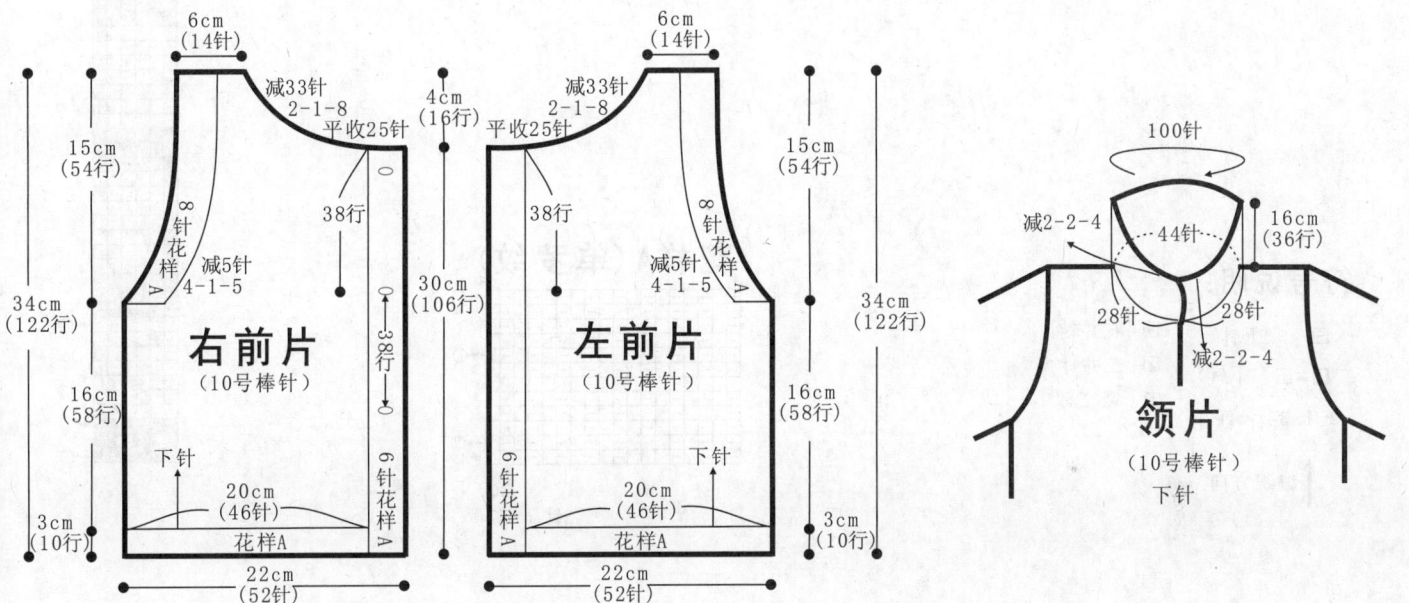

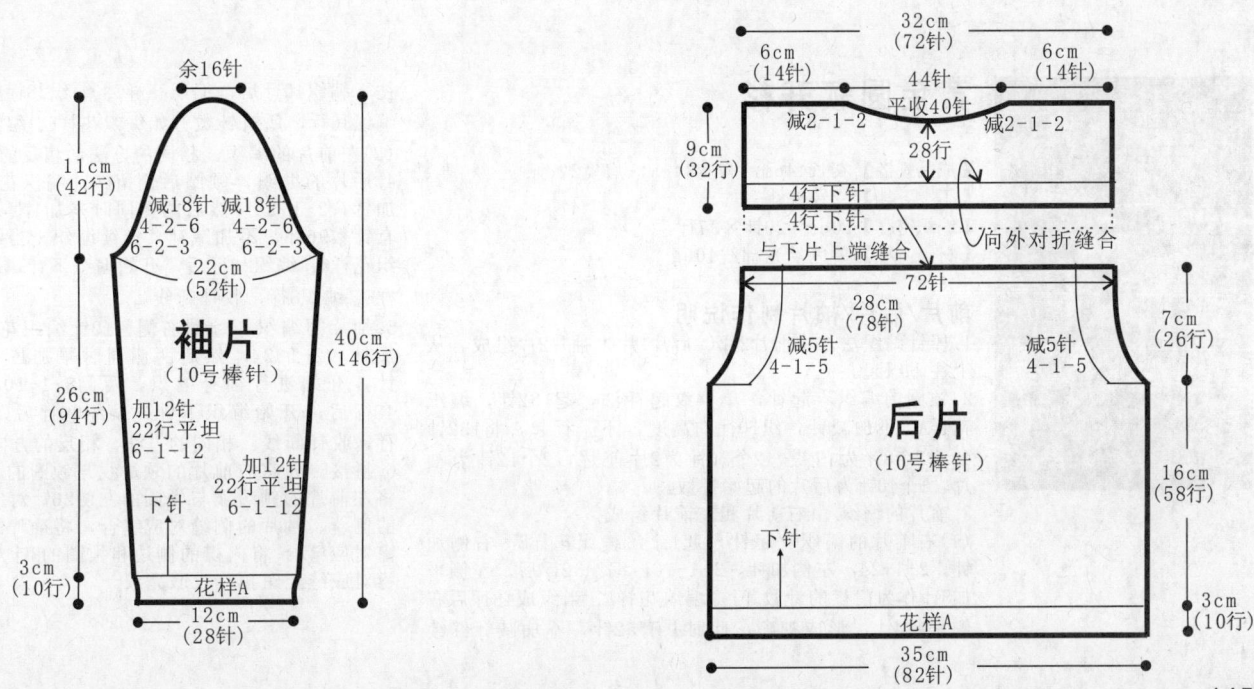

右前片（10号棒针）
左前片（10号棒针）
领片（10号棒针）下针
袖片（10号棒针）
后片（10号棒针）

花样A（单罗纹）

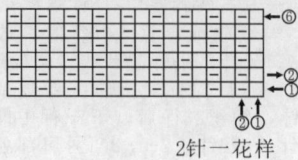

2针一花样

花样C

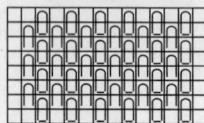

花样B

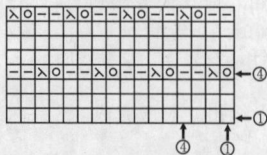

花样D

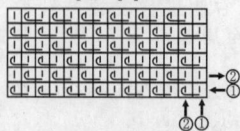

花样E

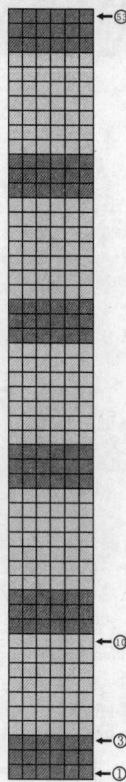

符号说明：

□　上针

□=□　下针

2-1-3 行-针-次

↑编织方向

⊠　右并针

⊠　左并针

⊙　镂空针

花样A（单罗纹）

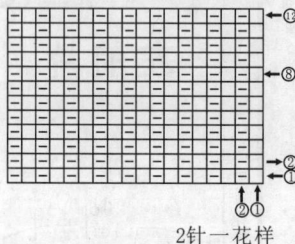

2针一花样

黄色圆领开衫

【成品规格】衣长44cm，胸宽34cm，肩宽22cm，

【工　　具】12号棒针

【编织密度】10cm²=29针×37行

【材　　料】黄色丝光棉线400g

前片/后片/袖片制作说明

1.棒针编织法，由前片2片、后片1片、袖片2片组成。从上往下织起。

2.领圈的编织。起针，单罗纹起针法，起132针，编织花样A，不加减针，织10行的高度，下一行起，将132针分为2个8针为门襟，2个26针为2个前片，2个12针为袖片，1个40针为后片的起始针数。

3.前片的编织。由右前片和左前片组成。

(1)右前片的编织。起针，起1针，编织花样B，右侧加针，2-1+24，左侧加针，2-1-16，编织32行后，左侧平加8针作为门襟的针数。门襟编织花样A，当织成48行后右侧平加4针，形成袖窿，此时共有52针，不加减针继续

往下编织40行后，编织花样C，编织28行后，开始编织下针，编织36行，所有针数开始编织花样E，编织8行，收针断线。

(2)左前片的编织。相同的方法，相反的方向去编织左前片。

4.后片的编织。领圈后侧留40针编织花样B，两侧同时进行加针，2-1-24，然后两侧同时平加4针，形成袖窿，此时共有针数96针，不加减针，继续编织，当织成40行后，开始编织花样C，编织28行后，开始编织下针，编织36行后，编织花样E，编织8行，收针断线。

5.袖片的编织。领圈右侧留12针编织花样B，两侧同时进行加针，2-1-24，然后两侧同时平加4针，此时共有针数□□针，开始进行袖身编织，两侧8-1-10。4行平坦，当织成48行后，开始编织下针，编织36行后，编织花样D，编织□行，收针断线。相同的方法，相反的方向去编织另一袖片。

6.拼接。先将右前片的领边线与领圈的右侧26针对应缝合，将左前片的领边线与领圈的左侧26针对应缝合，再将前后片的侧缝、袖片的侧缝对应缝合，将袖片的袖山和前后片的袖窿对应缝合.将门襟的侧边和领圈的8针对应缝合。左前襟对应缝上纽扣，衣服完成。

146

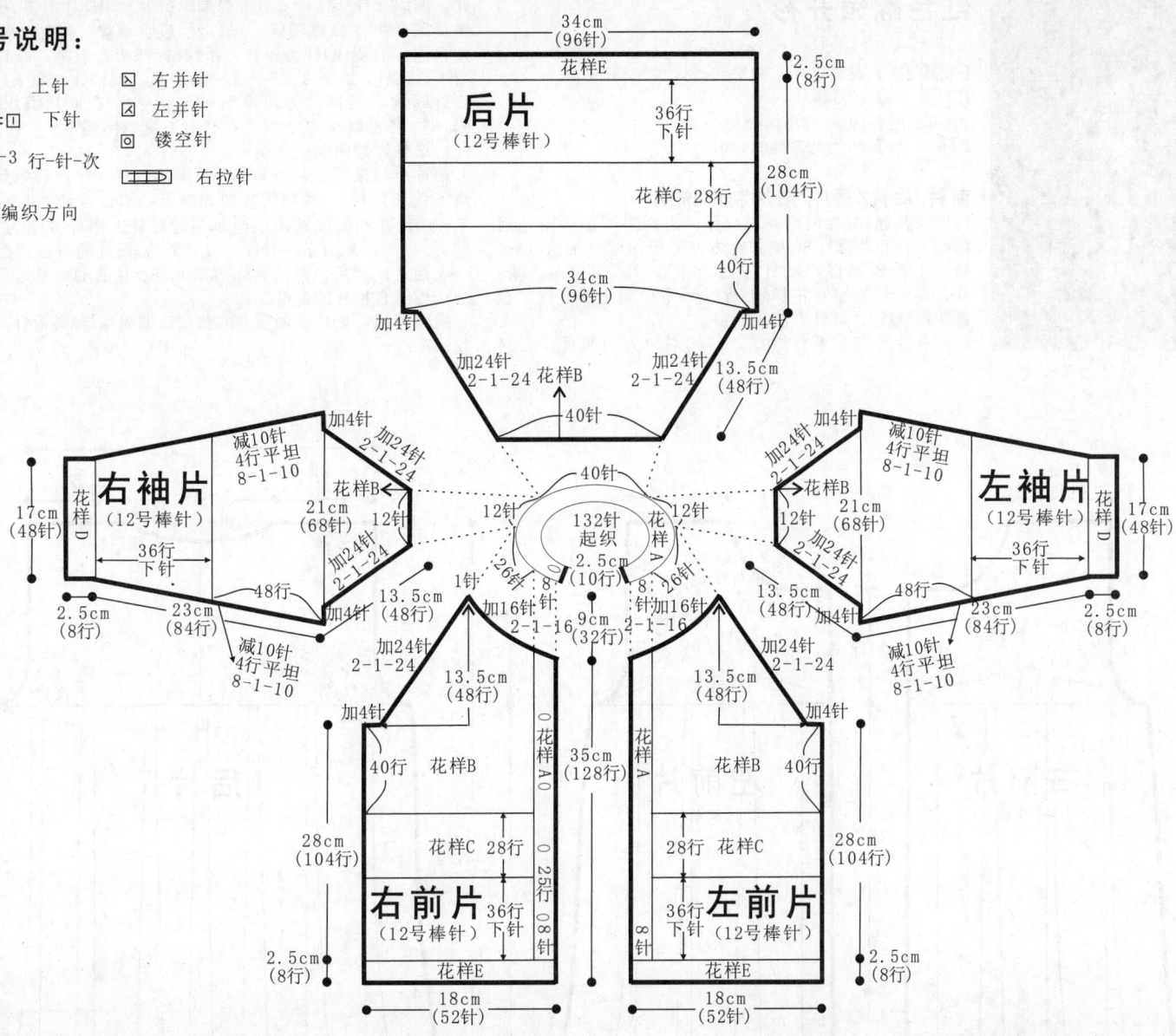

后片
（12号棒针）

34cm
(96针)
花样E
2.5cm
(8行)
36行
下针
28cm
(104行)
花样C 28行
40行
34cm
(96针)
加4针　加4针
加24针　加24针
2-1-24　花样B　2-1-24
13.5cm
(48行)
40针

右袖片
（12号棒针）

减10针
4行平坦
8-1-10
加4针
加24针
2-1-24
花样B
21cm
(68针)
12针
花样D
17cm
(48针)
36行
下针
48行
加24针
2-1-24
加4针
2.5cm
(8行)
23cm
(84行)
13.5cm
(48行)
减10针
4行平坦
8-1-10

左袖片
（12号棒针）

减10针
4行平坦
8-1-10
加4针
加24针
2-1-24
花样B
21cm
(68针)
12针
花样D
17cm
(48针)
36行
下针
48行
加24针
2-1-24
加4针
2.5cm
(8行)
23cm
(84行)
13.5cm
(48行)
减10针
4行平坦
8-1-10

40针
12针　12针
132针
起织
2.5cm
(10行)
花样A
26针　26针
8针　8针
1针加16针　加16针1针
2-1-16　2-1-16
9cm
(32行)
花样A

右前片
（12号棒针）

加4针
40行 花样B
13.5cm
(48行)
花样C 28行
花样A
0
0
25行
0.8针
28cm
(104行)
36行
下针
2.5cm
(8行)
花样E
18cm
(52针)
加24针
2-1-24

左前片
（12号棒针）

加4针
40行 花样B
13.5cm
(48行)
花样A
28行 花样C
8针
28cm
(104行)
36行
下针
35cm
(128行)
2.5cm
(8行)
花样E
18cm
(52针)

花样C

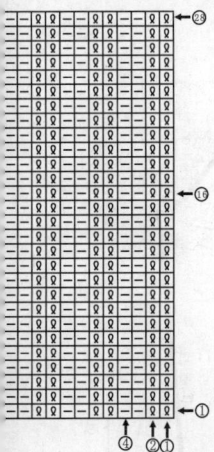

花样A（单罗纹）

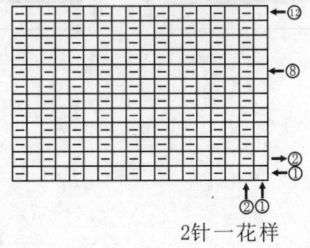

2针一花样

花样E

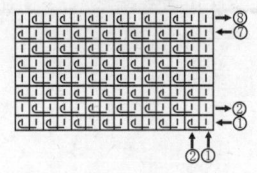

花样D（搓板针）

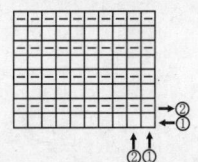

花样B

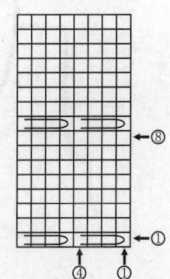

红色翻领开衫

【成品规格】衣长43cm，胸宽40cm，肩宽34cm
【工　　具】10号棒针
【编织密度】10cm²=28针×39行
【材　　料】红色丝光棉线400g

前片/后片/领片/袖片制作说明

1. 后身片起108针编织花样A6行，之后参照编织图分别编织下针和花样A，两侧减针方法参照图解，编织112行后，开始收袖窿，减针方法为平收4针，2-1-4，减8针，同时开始编织花样A52行，领子中间平收24针，领窝两侧减2针，减针方法为2-1-2。

2. 前身片分左右两片编织，结构对应方向相反。起64针，编织花样A6行，之后参照编织图分别编织下针和花样A，侧缝减针方法参照图解，织112行后收袖窿，减针方法跟后片相同，衣襟织4针搓板针，织146行开始收领窝，减针方法为平收12针，2-2-2，2-1-8，2行平坦，减12针，余下14针收针断线。同样的方法编织另一前身片.右前片编织3个扣眼，扣眼的编织方法为，在当行收起2针，在下一行重新加针，这些针数两侧正常编织。

3. 袖片单独编织。从袖口起54针编织花样A6行，开始分别织下针和花样A，两侧同时加针编织，加针方法为8-1-10，平织8行.开始编织袖山，两侧同时减针，减针方法为平收4针，2-1-4，最后余下40针，收针断线.同样的方法再编织另一衣袖片。然后，将两袖片的袖山与衣身的袖窿线边对应缝合，再缝合袖片的侧缝。

4. 挑织衣领，后片及两前片共挑72针编织花样A搓板针44行，收针断线。

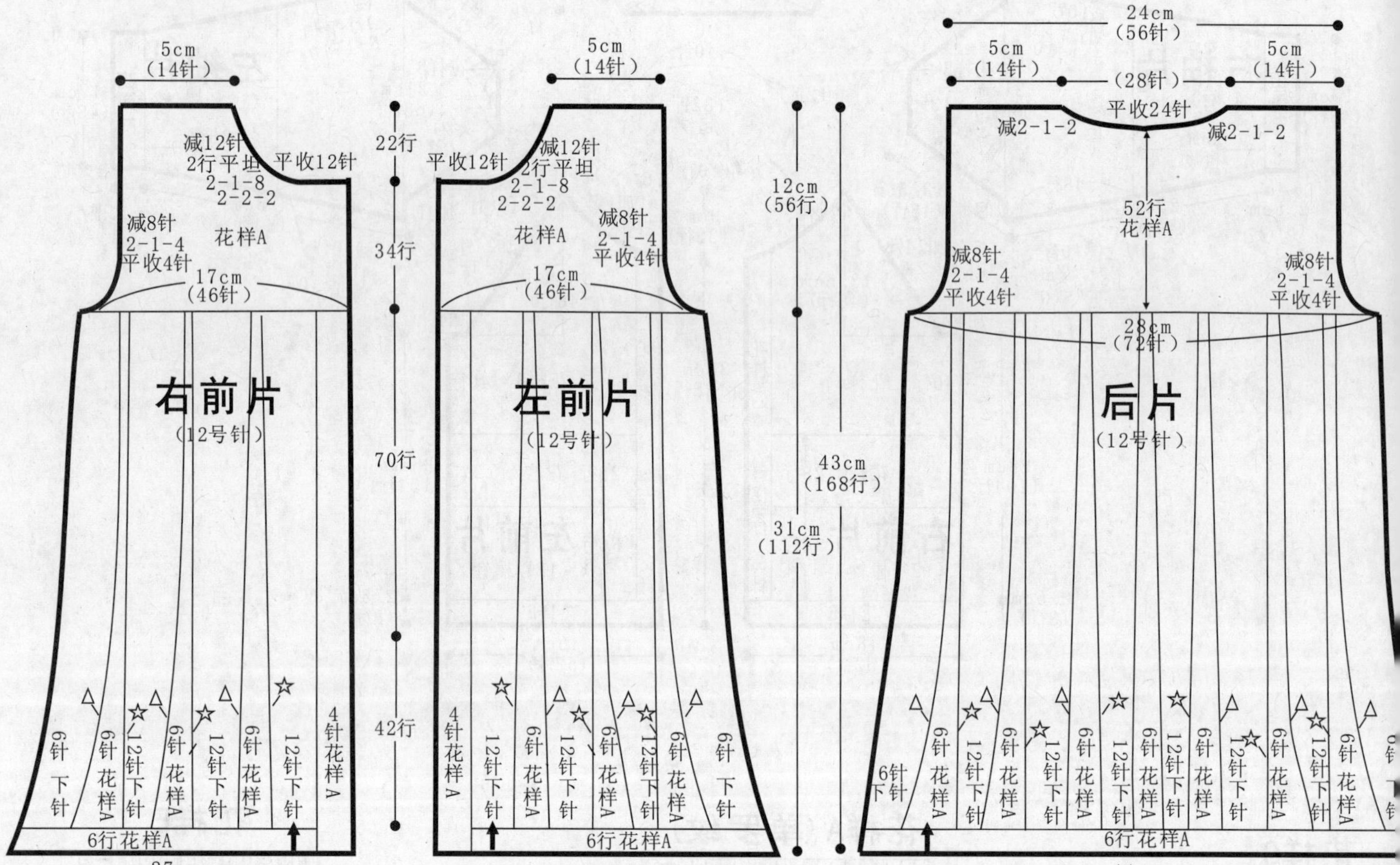

右前片
（12号针）

左前片
（12号针）

后片
（12号针）

袖片
（12号棒针）

领片
（12号棒针）

△ = 减4针 14-1-4

☆ = { 减2针 10-1-1 / 22-1-1 }

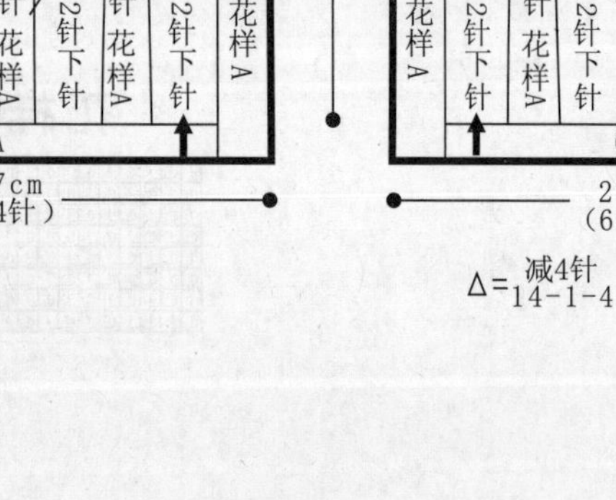

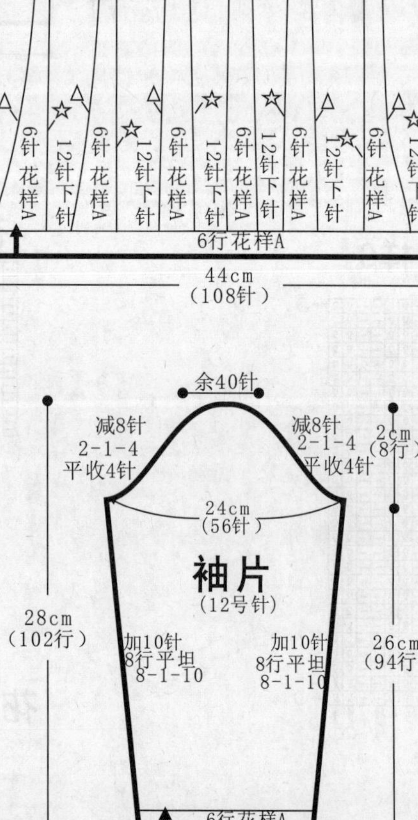

花样A
（搓板针）

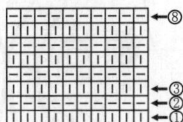

符号说明：

□ 上针

□=☑ 下针

2-1-3 行-针-次

↑ 编织方向

蓝色长袖披肩

【成品规格】衣长22cm，半胸围38cm，肩宽29cm，
　　　　　　袖长32cm

【工　　具】12号棒针，十字绣针

【编织密度】10cm²=26针×34行

【材　　料】蓝色棉线350g，白色十字绣线少量

前片/后片制作说明

1. 棒针编织法，衣身分为左前片、右前片、后片分别编织而成。

2. 起织后片，单罗纹针起针法，起98针，织花样A，织4行后，改织花样B，织至16行，两侧同时减针织成袖窿，减针方法为1-4-1，2-1-7，两侧针数各减少11针，余下针数继续编织，两侧不再加减针，织至第71行时，中间留起40针不织，两侧减针织成后领，方法为2-1-2，织至74行，两肩部各收下16针，收针断线。

3. 起织左前片，下针起针法，起20针，织花样B，起针

时右侧加针编织，方法为2-4-2，2-2-8，2-1-2，织至12行，左侧减针织成袖窿，减针方法为1-4-1，2-1-6，袖窿共减10针，余下针数继续编织，织至24行，右侧减针织成前领，方法为2-1-20，织至70行，肩部余下16针，收针断线。

4. 同样方法相反方向编织右前片，完成后将两侧缝缝合，两肩部缝合。

领片制作说明

1. 棒针编织法，从左前片下摆挑针起织，沿衣襟及后领挑针236针织花样A，织4行后，单罗纹针收针法收针断线。

2. 十字绣方式沿衣领及衣襟边沿绣图案a。

袖片制作说明

1. 棒针编织法，编织两片袖片。从袖口起织。

2. 单罗纹针起针法，起46针，织花样A，织4行后，改织花样B，一边织一边两侧加针，方法为6-1-11，织至78行，织变成68针，两侧减针织成袖窿，方法为1-4-1，2-1-15，织至108行，余下30针，收针断线。

3. 同样的方法再编织另一袖片。

4. 缝合方法：将袖山对应前片与后片的袖窿线，用线缝合，再将两袖侧缝对应缝合。

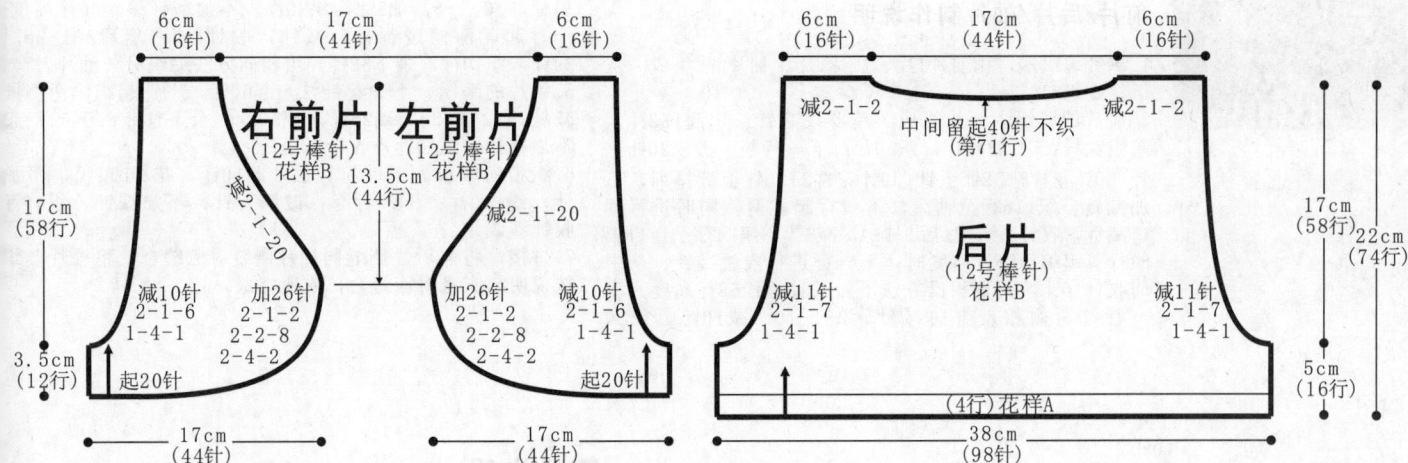

右前片（12号棒针）花样B　左前片（12号棒针）花样B

减2-1-20

减10针　加26针　加26针　减10针
2-1-6　2-1-2　2-1-2　2-1-6
1-4-1　2-2-8　2-2-8　1-4-1
　　　2-4-2　2-4-2

起20针　起20针

6cm（16针）　17cm（44针）　6cm（16针）

13.5cm（44行）

17cm（58行）

3.5cm（12行）

17cm（44针）　17cm（44针）

后片（12号棒针）花样B

减2-1-2　中间留起40针不织（第71行）　减2-1-2

减11针　减11针
2-1-7　2-1-7
1-4-1　1-4-1

（4行）花样A

6cm（16针）　17cm（44针）　6cm（16针）

17cm（58行）　22cm（74行）

5cm（16行）

38cm（98针）

花样A

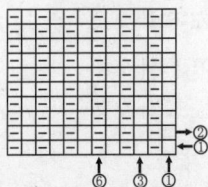

花样B

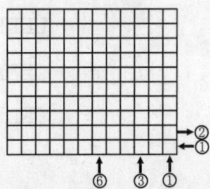

符号说明：

□ 上针

□=☑ 下针

2-1-3 行-针-次

袖片 图示

11.5cm
(30针)

9cm
(30行)

减19针
2-1-15
1-4-1

减19针
2-1-15
1-4-1

26cm
(68针)

袖片
(12号棒针)
花样B

32cm
(108行)

加6-1-11

加6-1-11

23cm
(78行)

(4行)花样A

18cm
(46针)

领片图示

领片
(12号棒针)
花样A

图案a

1.5cm
(4行)

图案a

□蓝色线
回白色线

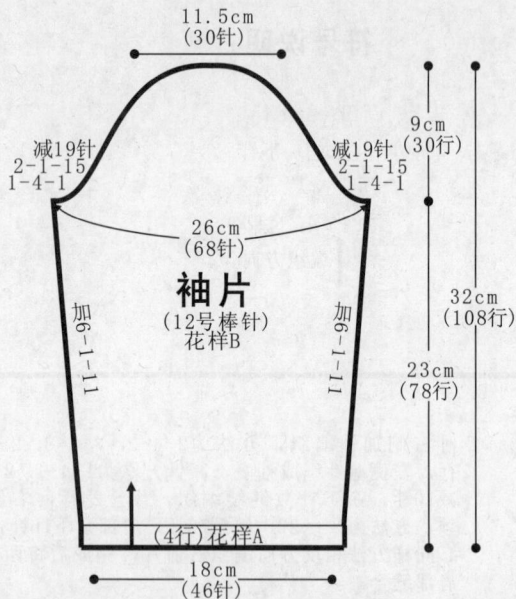

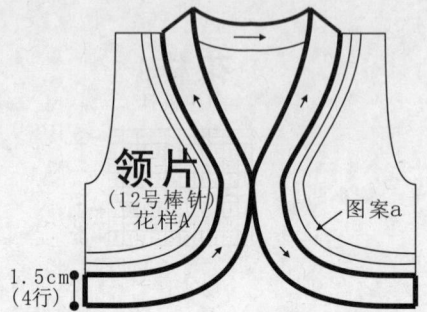

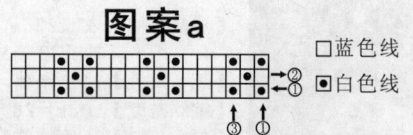

紫色连帽外套

【成品规格】衣长52cm，胸宽40cm，袖长44cm，
袖宽12cm

【工　具】12号棒针

【编织密度】10cm²=36.7针×60行(单罗纹)
10cm²=33.0针×44.4行(衣身)

【材　料】深紫色棉线400g

前片/后片/袖片制作说明

1.棒针编织法，由前片1片、后片1片、袖片2片组成。从下往上织起。

2.前片的编织。一片织成。单罗纹起针法，起132针，起织花样A，不加减针，织30行；下一行起，改织20针上针+30针花样B+32针上针+30针花样B+20针上针排列，不加减针，织116行至袖窿，下一行起，两侧同时进行袖口减针，收针4针，然后2-1-4，减8针，织74行；当自第31行算起编织88行高度时，下一行进行衣领减针，从中间收针10针，两侧相反方法不加减针编织58行高度，下一行起两侧相反方向减针，2-1-10，减10针，织20

行；下一行起，两侧相反方法减针，2-2-5，2-1-7，减针，织24行，余下26针，收针断线。

3.后片的编织.一片织成，单罗纹起针法，起132针，起样A，不加减针，织30行；下一行起，改织上针，不加减针织116行至袖窿；下一行起，两侧同时进行袖口减针，收4针，然后2-1-4，减8针，织74行；当自织成袖窿算起70行度时，下一行进行衣领减针，从中间收针60针，两侧相反向减针，2-1-2，减2针，织4行，余下26针，收针断线。

4.袖片的编织，一片织成，单罗纹起针法，起64针，花A起织，不加减针，织30行；下一行起，改织下针，两侧同加针，10-1-8，加8针，织80行，不加减针编织36行高度；一行起，两侧进行袖口减针，收针4针，然后2-1-20，24针，织40行，余下32针。用相同方法编织另一袖片。

5.领片的编织。下针起针法，起60针，下针起织，两侧同减针，12-1-25，减25针，织50行，余下10针；下一行起不加减针，织40行，收针断线。

6.织带的编织。下针起针法，起10针，花样D起织，不加针，织140行；下一行起，改织下针，不加减针，织40行收针断线。

7.拼接。将前后片侧缝同袖片侧缝对应缝合，将领片及织带按说明与衣身对应缝合，衣服完成。

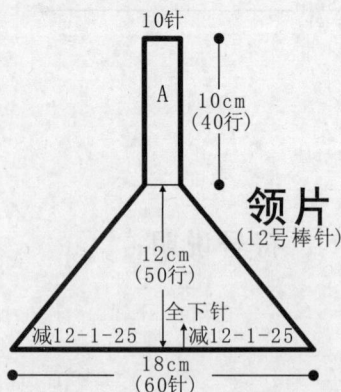

领片图示

10针

A

10cm
(40行)

领片
(12号棒针)

12cm
(50行)

全下针

减12-1-25　　减12-1-25

18cm
(60针)

符号说明：

□　　上针

□=□　　下针

4-1-2　　行-针-次

↑　　编织方向

　　右上2针与左下1针交叉

　　左上3针与右下3针交叉

　　右上4针与左下1针交叉

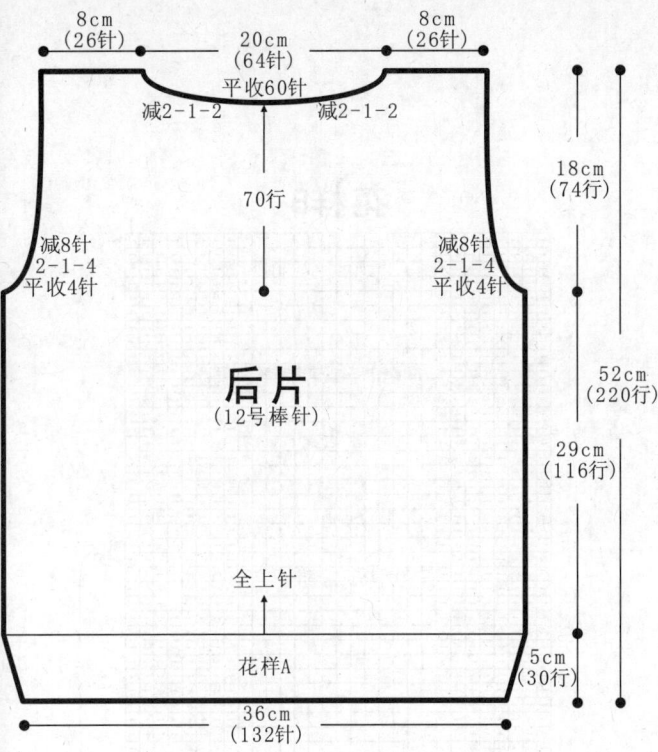

8cm
(26针)
20cm
(64针)
8cm
(26针)

平收60针
减2-1-2   减2-1-2

70行

18cm
(74行)

减8针
2-1-4
平收4针

减8针
2-1-4
平收4针

后片
(12号棒针)

52cm
(220行)

29cm
(116行)

全上针

花样A

5cm
(30行)

36cm
(132针)

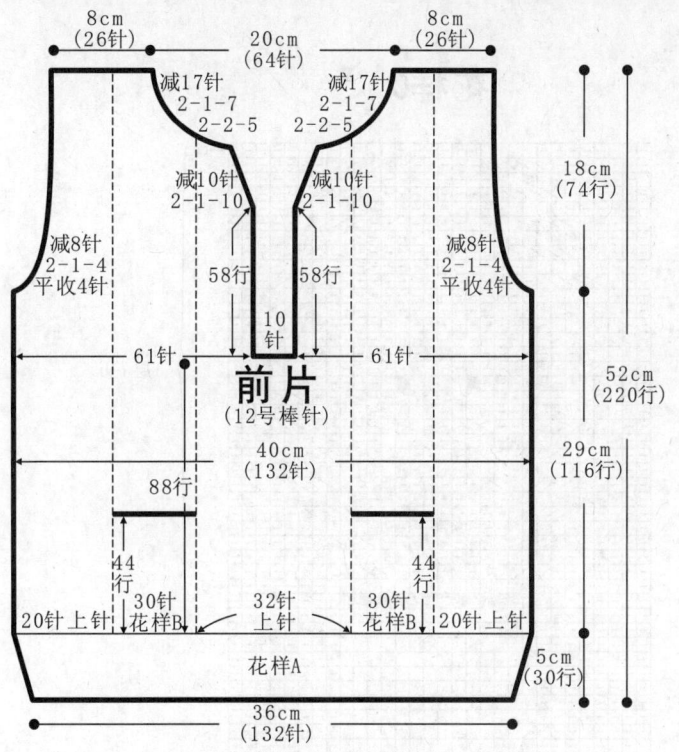

8cm
(26针)
20cm
(64针)
8cm
(26针)

减17针
2-1-7
2-2-5

减17针
2-1-7
2-2-5

减10针
2-1-10

减10针
2-1-10

58行   58行

10针

61针   61针

前片
(12号棒针)

18cm
(74行)

减8针
2-1-4
平收4针

减8针
2-1-4
平收4针

52cm
(220行)

40cm
(132针)

88行

44
行

44
行

29cm
(116行)

30针
花样B

32针
上针

30针
花样B

20针上针   20针上针

花样A

5cm
(30行)

36cm
(132针)

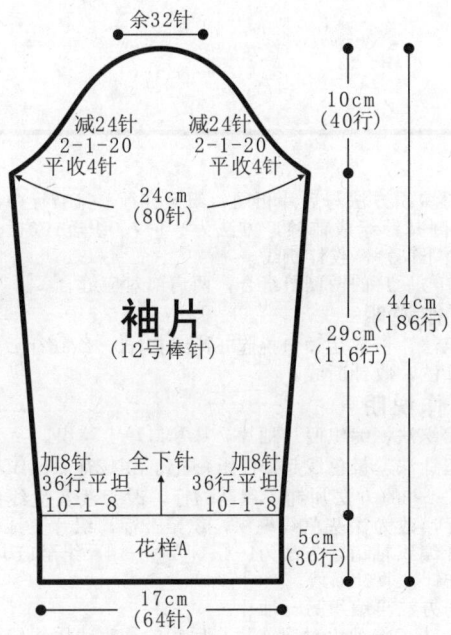

余32针

减24针
2-1-20
平收4针

减24针
2-1-20
平收4针

24cm
(80针)

10cm
(40行)

袖片
(12号棒针)

44cm
(186行)

29cm
(116行)

加8针
36行平坦
10-1-8

全下针

加8针
36行平坦
10-1-8

花样A

5cm
(30行)

17cm
(64针)

花样D

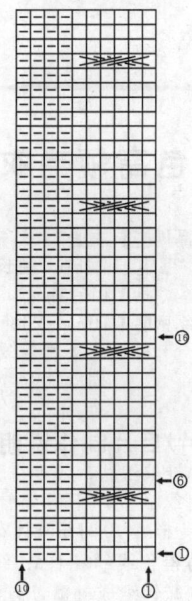

花样A(单罗纹)

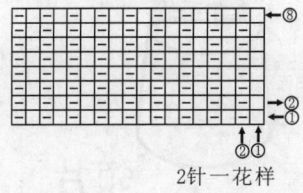

2针一花样

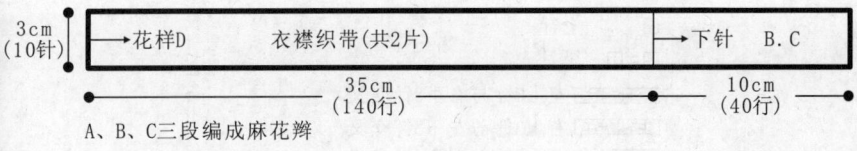

3cm
(10针)

→花样D   衣襟织带(共2片)   →下针   B.C

35cm
(140行)   10cm
(40行)

A、B、C三段编成麻花辫

151

花样C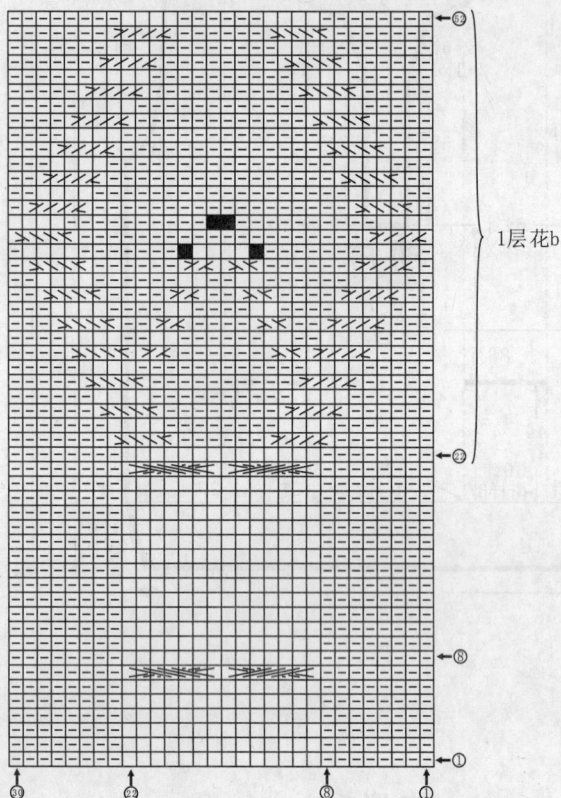

花样B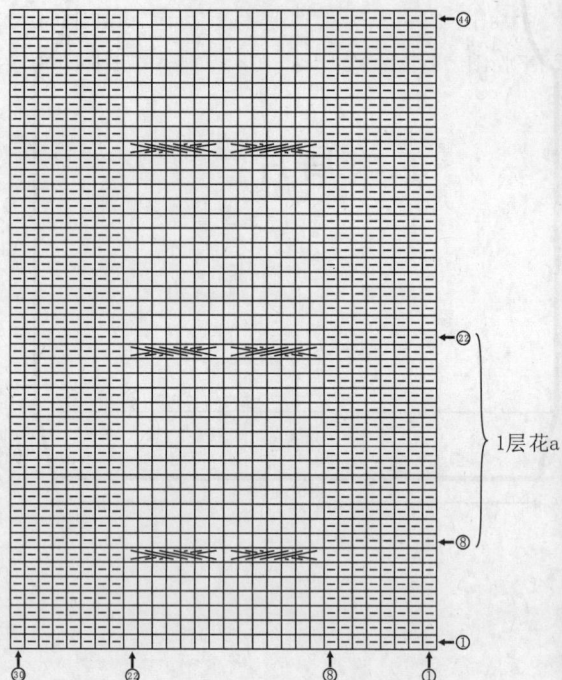

配色高领毛衣

【成品规格】衣长33cm，半胸围31cm，肩宽
　　　　　24cm，袖长37cm
【工　　具】11号棒针
【编织密度】10cm²=24针×30行
【材　　料】浅灰色羊绒线150g，橙色
　　　　　棉线150g，深灰色棉线100g

前片/后片制作说明

1.棒针编织法，衣身分为前片和后片分别编织。
2.起织后片，下针起针法浅灰色线起74针，两侧各织
8针花样A，中间织58针花样B，重复往上织至56行，全部
改为橙色线织花样A，织至62行，改为深灰色线编织，
两侧减针织成袖窿，方法为1-4-1，2-1-4，织至96行，
第97行中间平收18针，两侧减针织成后领，方法为2-1-
2，织至100行，两侧肩部各余下18针，收针断线。

3.前片的编织方法与后片相同，织至86行，第87行中间平
8针，两侧减针织成前领，方法为2-1-7，织至100行，两
肩部各余下18针，收针断线。
4.将前片与后片的两侧缝缝合，两肩部对应缝合。

领片制作说明

棒针编织法，沿前后领口挑起58针织花样D，织36行后，双
纹针收针法，收针断线。

袖片制作说明

1.棒针编织法，编织两片袖片。从袖口往上编织。
2.下针起针法，橙色线起46针织花样C，织12行后改织花样
两侧按8-1-8的方法加针，织至64行，改为浅灰色线编织
织至70行，改为深灰色线编织，织至82行，织针变成62针
两侧减针编织袖山，方法为1-4-1，2-1-14，织至110行，
片余下26针，收针断线。
3.同样的方法再编织另一袖片。
4.缝合方法：将袖山对应前片与后片的袖窿线用线缝合，
将两袖侧缝对应缝合。

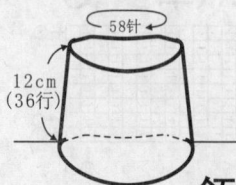

58针

12cm
（36行）

领片

（11号棒针）
花样D

符号说明：

□	上针
□=□	下针
⬛⬛⬛⬛⬛	左上3针与右下3针交叉
⬛⬛⬛⬛⬛	右上3针与左下3针交叉
⬛⬛⬛	左上2针与右下2针交叉
⬛⬛⬛	右上2针与左下2针交叉
2-1-3	行-针-次

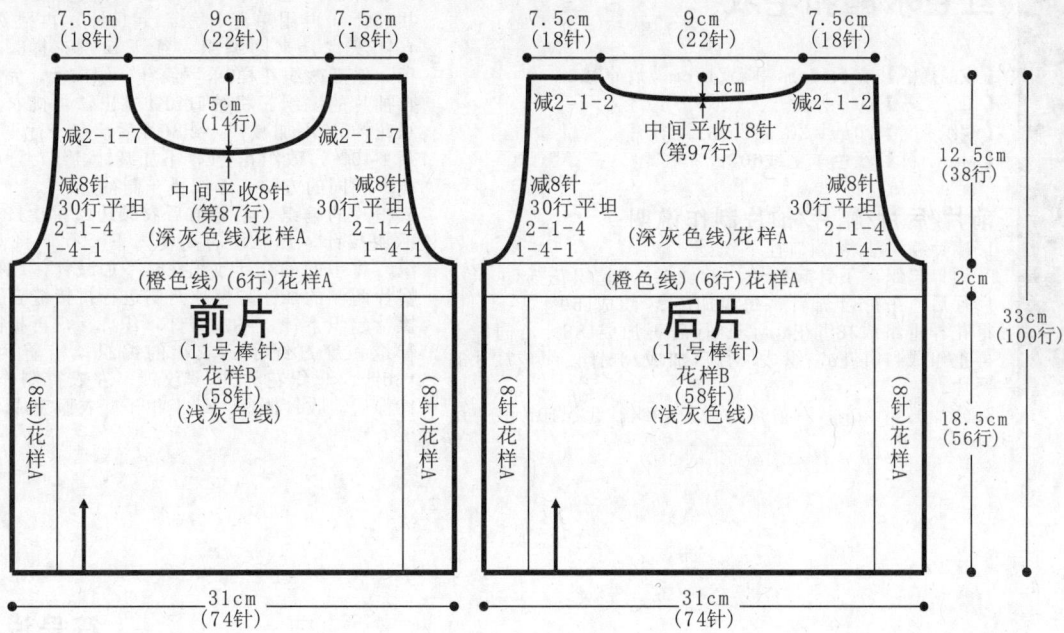

前片
（11号棒针）
花样B
（58针）
（浅灰色线）

7.5cm（18针）　9cm（22针）　7.5cm（18针）
减2-1-7
5cm（14行）
减8针 30行平坦 2-1-4 1-4-1
中间平收8针（第87行）（深灰色线）花样A
（橙色线）（6行）花样A
（8针）花样A
31cm（74针）

后片
（11号棒针）
花样B
（58针）
（浅灰色线）

7.5cm（18针）　9cm（22针）　7.5cm（18针）
1cm
减2-1-2
中间平收18针（第97行）
减8针 30行平坦 2-1-4 1-4-1
（深灰色线）花样A
（橙色线）（6行）花样A
（8针）花样A
31cm（74针）

12.5cm（38行）
2cm
33cm（100行）
18.5cm（56行）

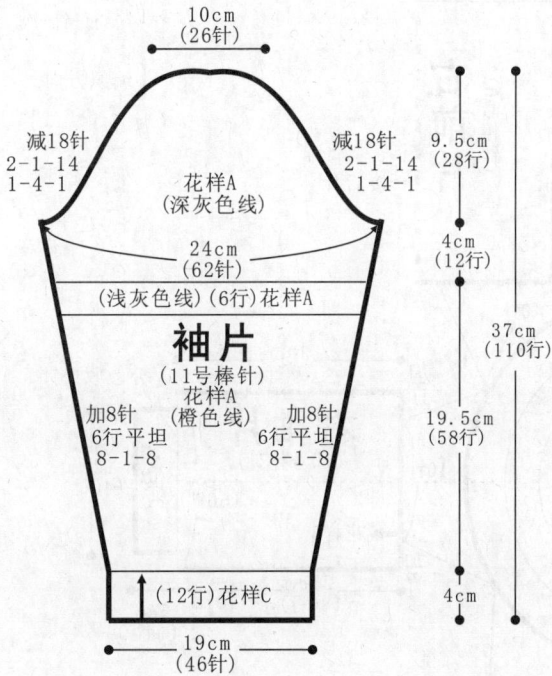

袖片
（11号棒针）
花样A
（橙色线）

10cm（26针）
减18针 2-1-14 1-4-1
花样A（深灰色线）
24cm（62针）
（浅灰色线）（6行）花样A
加8针 6行平坦 8-1-8
（12行）花样C
19cm（46针）

9.5cm（28行）
4cm（12行）
37cm（110行）
19.5cm（58行）
4cm

花样A
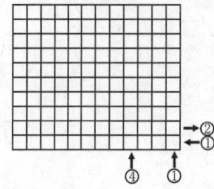

花样C
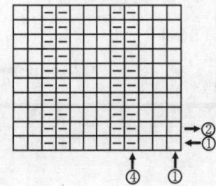

花样D
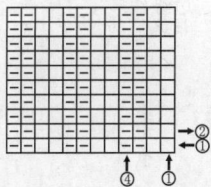

花样B
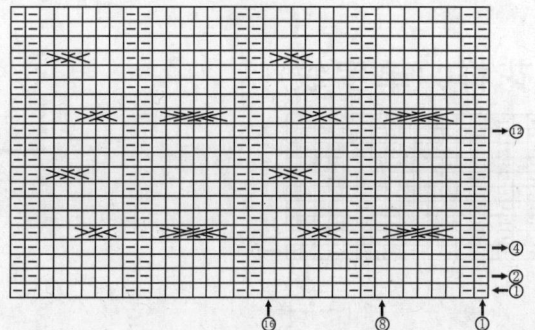

红色水晶扣毛衣

【成品规格】衣长47cm，胸宽42cm，肩宽32cm
【工　　具】10号棒针
【编织密度】10cm²=26.7针×31.3行
【材　　料】红色羊毛线600g

前片/后片/帽片/袖片制作说明

1.棒针编织法，从领口往下织。
2.领口起织，下针起针法，起120针，起织花样A。织成18行后，在花B上加针，每组加1针，织成150针，下一行将花样重组成38组花a，织18行再加成188针，同样，再重组成47组花a，织成18行后加成235针，织成72行的领片。
3.分片编织。左、右前片与后片环织。起织40针后，用

单起针法，起16针，再跳过40针的宽度，起织后片的针数共75针，再用单起针法，起16针，再跳过40针，接上前40针织完。来回编织。往下起织花样B，不加减针。织行，然后改织花样C单罗纹针，织14行。完成后收针断线。
4.袖片的编织。将袖口40针挑出，再挑衣身加针的16针，织花样B，不加减针，织80行后，在一行里，分散收针16针余下40针，改织花样C，不加减针，织14行的长度后，收针线。相同的方法去编织另一侧袖片。
5.帽片的编织。沿着前后衣领边，挑出120针，起织花样不加减针，织62行的高度，下一行，将两边的42针暂停织，将中间的36针改织花b，不加减针，织46行后收针断线帽片两侧的42针与帽顶两侧进行拼接缝合。最后沿着帽沿挑针起织下针，不加减针，织12行，再折回帽内缝合。形管道，穿过绳子。衣襟的编织，沿着两侧衣襟边，挑150针，起织花样C单罗纹针，左衣襟制作7个扣孔，衣襟10行后，收针断线。缝上扣子。衣服完成。

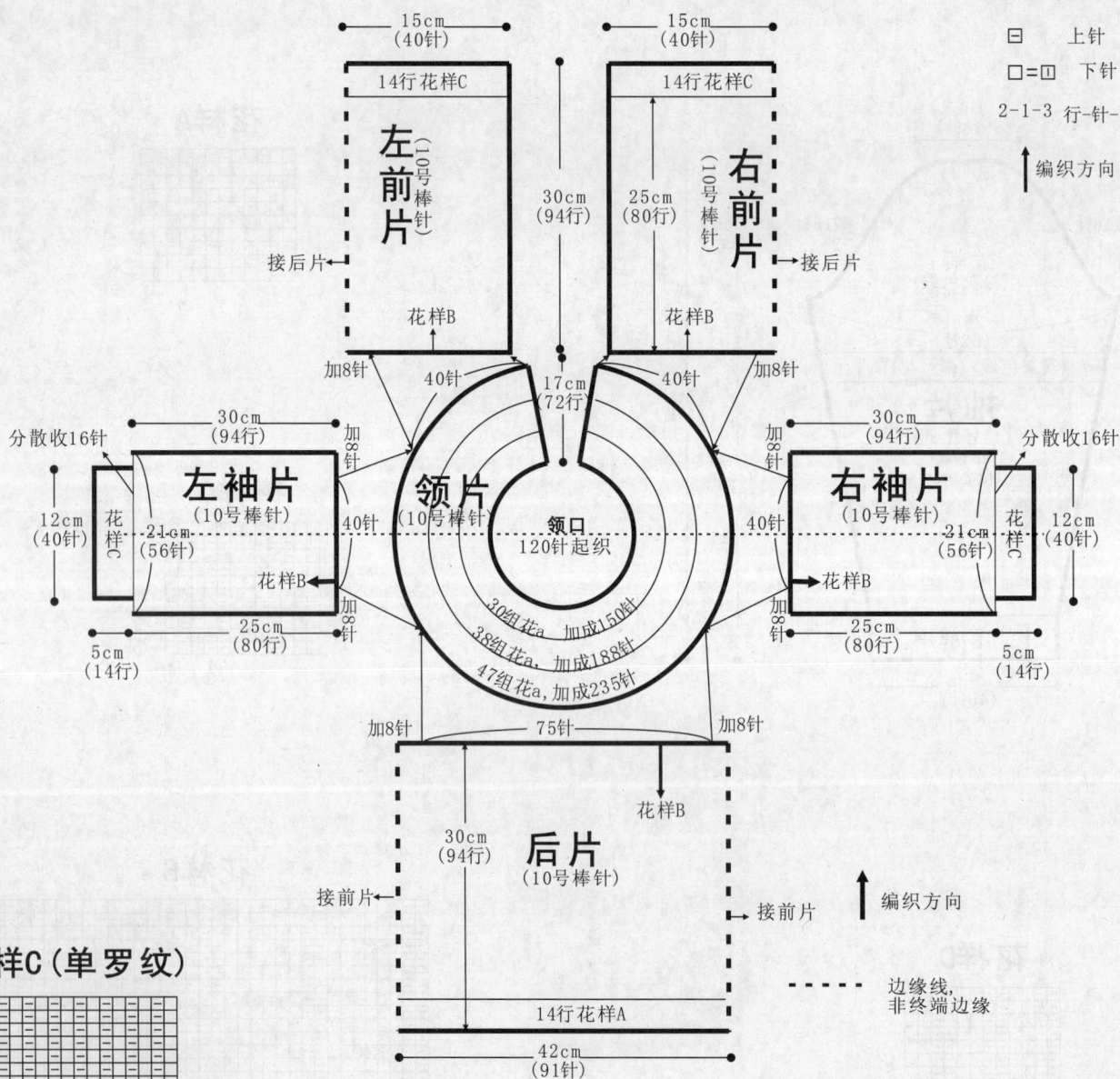

符号说明：

回	上针
口=回	下针

2-1-3 行-针-次

↑ 编织方向

15cm（40针）　　15cm（40针）

14行花样C　　14行花样C

左前片（10号棒针）　　右前片（10号棒针）

30cm（94行）　25cm（80行）

接后片　　接后片

花样B　　花样B

加8针　40针　17cm 72行　40针　加8针

分散收16针　30cm（94行）　加8针　　　加8针　30cm（94行）　分散收16针

左袖片（10号棒针）　领片（10号棒针）　右袖片（10号棒针）

12cm（40针）　花样C　21cm（56针）　40针　领口 120针起织　40针　21cm（56针）　花样C　12cm（40针）

花样B　　花样B

加8针　　加8针

25cm（80行）　　25cm（80行）

5cm（14行）　　5cm（14行）

30组花a，加成150针
38组花a，加成188针
47组花a，加成235针

加8针　75针　加8针

花样B

30cm（94行）　后片（10号棒针）

接前片　　接前片

↑ 编织方向

14行花样A

42cm（91针）

------ 边缘线，非终端边缘

花样C（单罗纹）

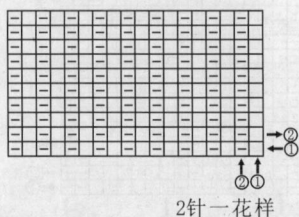

②
①

2针一花样

154

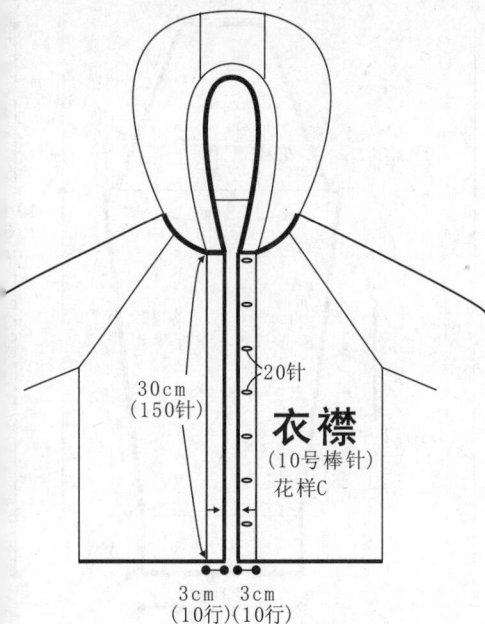

30cm
(150针)

20针

衣襟
(10号棒针)
花样C

3cm 3cm
(10行)(10行)

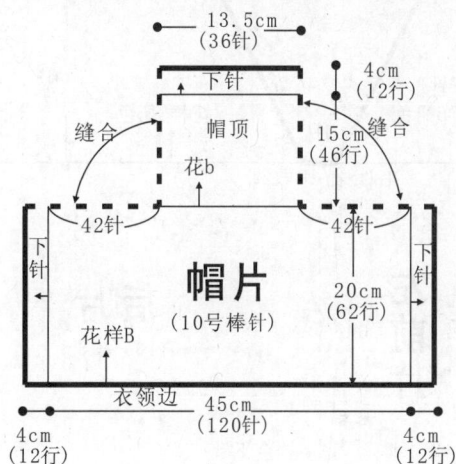

13.5cm
(36针)

4cm
(12行)

下针

帽顶
花b

缝合

缝合

15cm
(46行)

42针

42针

下针

下针

帽片
(10号棒针)

花样B

20cm
(62行)

衣领边 45cm
(120针)

4cm
(12行)

4cm
(12行)

花样A

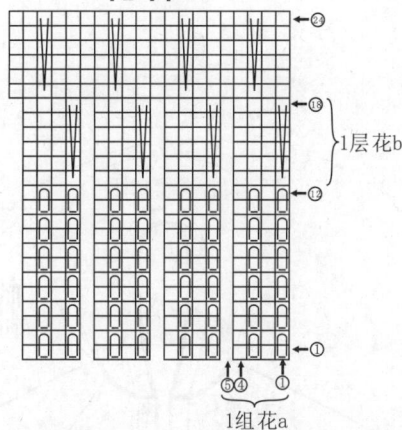

1层花b

1组花a

花样B

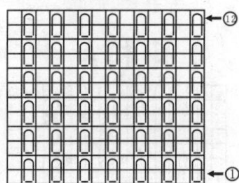

连帽配色开衫毛衣

【成品规格】衣长40cm，胸宽37cm，袖长40cm
【工　具】10号棒针
【编织密度】10cm²=20.5针×29行
【材　料】土黄色毛线250g，白色毛线150g，扣子4颗

前片/后片/袖片/帽片制作说明

1.棒针编织法，袖窿以下一片编织而成，袖窿以上分成左前片、右前片和后片各自编织。
2.袖窿以下的编织。起针，下针起针法，起148针，用土黄色线，起织花样A，不加减针，往上编织8行的高度.第9行起，全织下针，仍用土黄色线，不加减针，编织64行的高度，至袖窿，此时行数共织成72行。
3.袖窿以上的编织。第73行时，将织片分成左前片、后片、右前片，左前片和右前片各36针，后片76针.袖窿以上的编织，均按照花样B配色编织，每个色各4行的高度。相间编织。
(1)先编织后片，两边同时收针2针，然后两侧同时减针，每织4行减2针，减11次，织成44行的高度，余下28针，收针断线。
(2)再编织左前片，左前片的左侧不加减针，右侧进行袖窿减针，先平收2针，然后每织4行减2针，减11次，织

成44行的高度后，余下12针，收针断线。
(3)相同的方法，相反的减针方向去编织右前片。
(4)制作两个口袋，用土黄色线编织花样C，起12针，不加减针，编织20行的高度后，沿着织片四条边缘，先织1行上针，再改用白色线，编织2行上针，最后用土黄色线编织1行上针，收针断线.用1个扣子，将中间收缩缝合.最后将口袋边缘，缝上前片下端中间位置。相同的方法去编织另一只口袋。
4.袖片的编织。从袖口起织，单起针法，起44针，起织花样A，不加减针，编织8行的高度，下一行起，全织下针，并在两袖侧缝进行加针编织，每织8行加1针，加7次，不加减针，再织8行的高度，至袖窿，下一行起，袖窿减针，两边平收针2针，然后两边每织4行减2针，减11次，织成44行的高度后，余下10针，收针断线，相同的方法再编织另一袖片。
5.将前后片的侧缝对应缝合，将袖片的两插肩缝分别与前后片的插肩缝对应缝合.再将袖侧缝对应缝合。
6.帽片的编织。沿着前后衣领边，挑出84针，全织下针，配色依照花样B进行，不加减针，编织64行的高度后，以中间的2针为中心进行对折，缝合。
7.衣襟的编织。从右衣襟边起挑针，经帽片前沿再至另一边衣襟，挑针起织花样A，不加减针，编织4行的高度后，收针断线，左衣襟需要制作4个扣眼，在对应的衣襟上，缝上4个扣子。衣服完成。

155

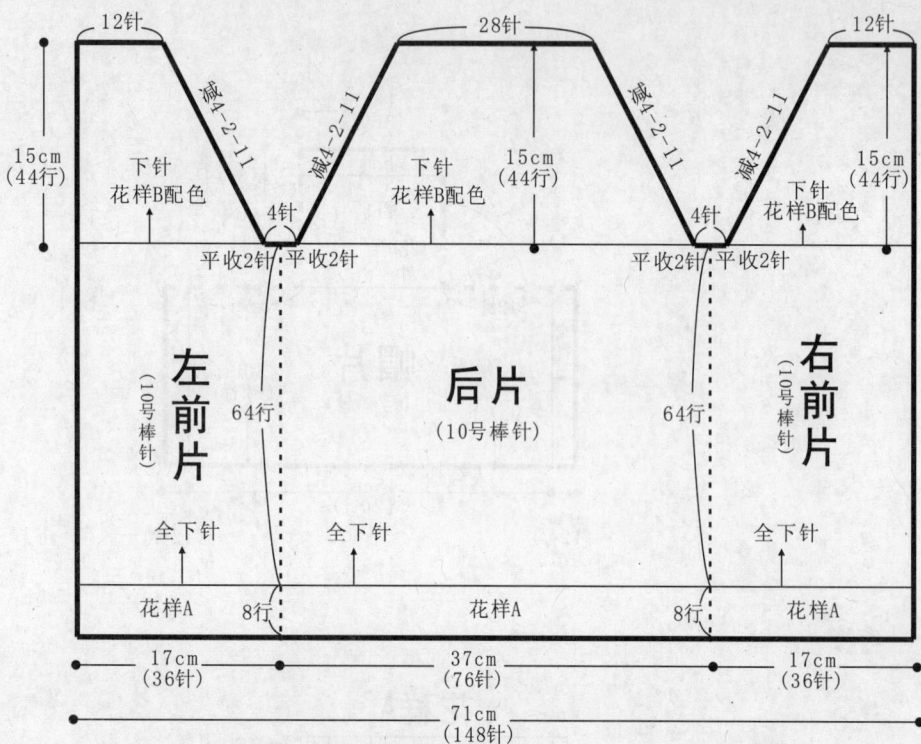

12针　　　28针　　　12针

15cm
（44行）　減4-2-11　減4-2-11　　15cm
（44行）　減4-2-11　減4-2-11　　15cm
（44行）

下针
花样B配色　　　　下针
花样B配色　　15cm
（44行）　　　下针
花样B配色

4针　　　　　　　4针

平收2针　平收2针　　　　平收2针　平收2针

左前片
（10号棒针）　　后片
（10号棒针）　　右前片
（10号棒针）

40cm
（116行）

64行　　　　　　64行

全下针　　全下针　　　　全下针

花样A　8行　　花样A　　花样A　8行　　花样A

17cm
（36针）　　37cm
（76针）　　17cm
（36针）

71cm
（148针）

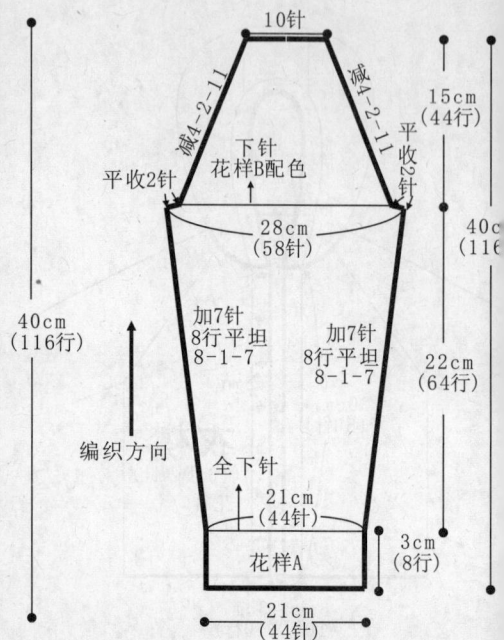

10针

减4-2-11　　　減4-2-11

15cm
（44行）

平收2针　下针
花样B配色　平
收2针

28cm
（58针）

40c
（116

加7针
8行平坦
8-1-7　加7针
8行平坦
8-1-7

22cm
（64行）

编织方向

全下针

21cm
（44行）

花样A　3cm
（8行）

21cm
（44针）

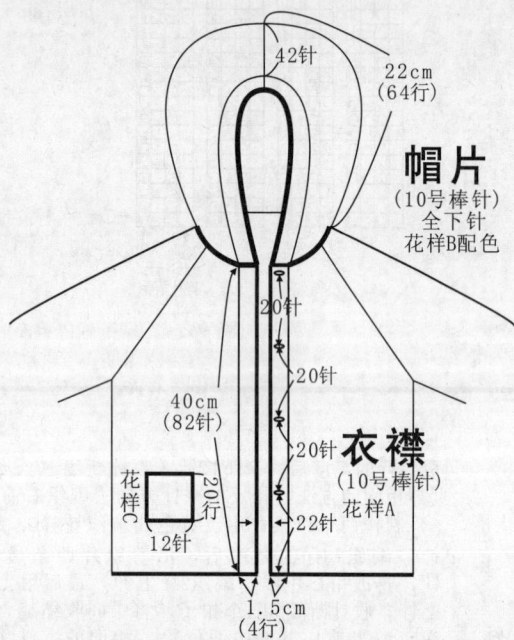

42针　　22cm
（64行）

帽片
（10号棒针）
全下针
花样B配色

20针

40cm
（82针）　20针

衣襟
（10号棒针）
花样A

花样C　20针
20行

12针　22针

1.5cm
（4行）

符号说明：

□　　上针

□=□　　下针

2-1-3　行-针-次

↑　编织方向

□D　右拉针

花样A

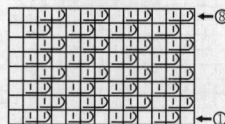

花样B

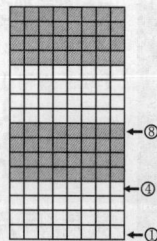

花样C

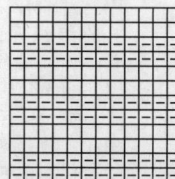

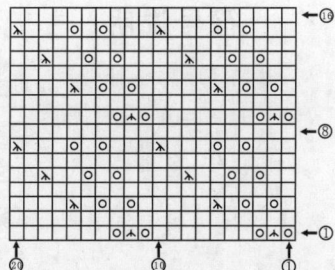

短款圆领蝙蝠衫

【成品规格】衣长36cm，衣宽45cm
【工　　具】12号棒针
【编织密度】10cm²=30针×37行
【材　　料】紫色棉线150g，白色棉线200g

前片/后片制作说明

1.棒针编织法，衣身分别前片和后片分别编织。
2.起织后片，单罗纹针起针法紫色线起96针织花样A，

织38行后，改织花样B，两侧一边织一边加针，方法为2-1-20，织至78行，织片变成136针，改为白色线编织，不加减针织至104行，两侧减针，方法为2-2-18，织至166行，织片余下64针，改织花样A，不加减针织至178行，单罗纹针收针法，收针断线。
3.同样的方法编织前片。
4.将前片和后片两侧斜边对应缝合。两侧各留起26行的高度不缝，挑织袖子。
5.紫色线挑起44针织花样A，织38行后，单罗纹针收针法收针断线。

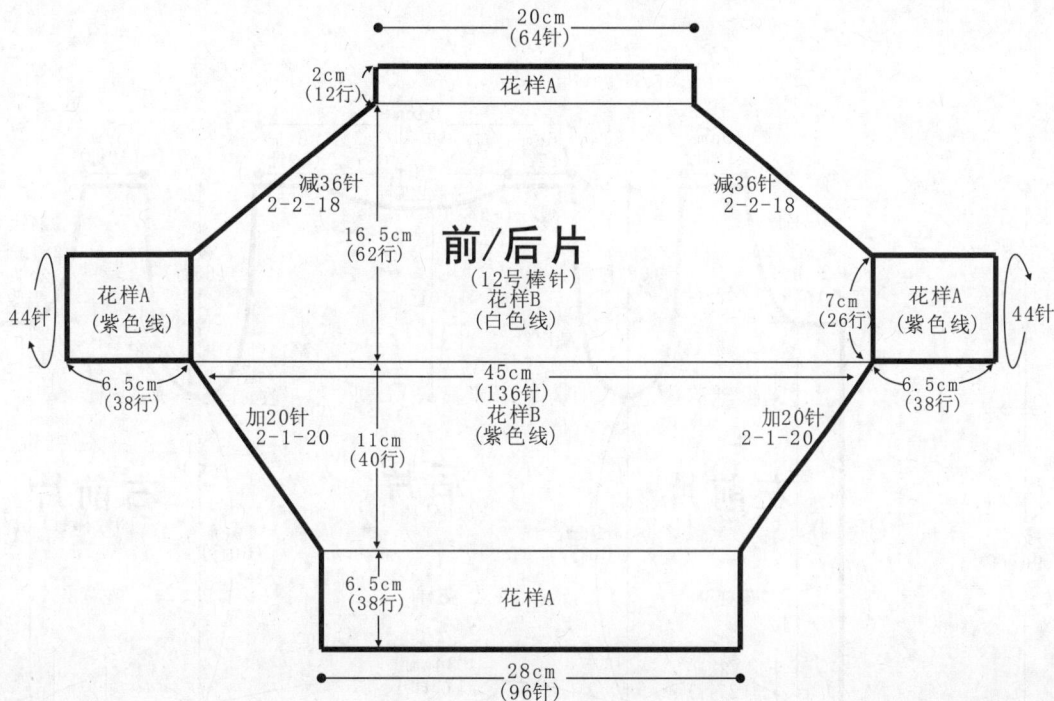

20cm
(64针)

2cm
(12行)

花样A

减36针
2-2-18

减36针
2-2-18

16.5cm
(62行)

前/后片
(12号棒针)
花样B
(白色线)

7cm
(26行)

44针

花样A
(紫色线)

花样A
(紫色线)

44针

6.5cm
(38行)

45cm
(136针)
花样B
(紫色线)

6.5cm
(38行)

加20针
2-1-20

11cm
(40行)

加20针
2-1-20

6.5cm
(38行)

花样A

28cm
(96针)

花样A

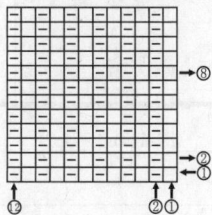

花样B

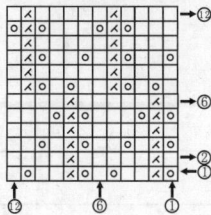

花样B

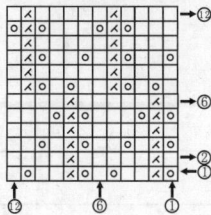

符号说明：

□　　　上针

□=□　　下针

回　　　镂空针

⊠　　　左上2针并1针

2-1-3　行-针-次

157

厚实双排扣大衣

【成品规格】衣长54cm，胸宽34cm，肩宽27cm，
　　　　　　袖长22cm
【工　　具】10号棒针
【编织密度】10cm²=21针×32行
【材　　料】红色羊毛线860g

前片/后片/袖片制作说明

1.棒针编织法，袖窿以下一片编织而成，袖窿以上分成前片、后片各自编织。

2.袖窿以下的编织。单罗纹起针法，起288针，织花样A，不加减针，编织45行的高度。下一行起，右前片和左前片各72针，编织花样B，衣襟边继续编织花样A，后片144针，编织花样C，改织花样的同时将裙片收针，右前片和左前片留出18针衣襟边后各收为27针，后片收为72针，花样B、花样C织60行。至袖窿。

3.袖窿以上的编织。分成前片和后片。
(1)前片的编织。前片27针，袖窿减针，平收4针，减2-1，共减11针，当织成袖窿算起32行的高度时，开始前衣领减针，平收18针，减2-1-4，不加减针再织28行至肩部。余12针断线。同样方法完成另一边前片.左衣襟制作6个扣眼，右衣襟缝上6个扣子。
(2)后片的编织。后片72针，两侧袖窿同时减针，方法与前片相同，当织成袖窿算起40行的高度时，进入后衣领减针，下一行两边相反方向减针，方法为2-1-2，至肩部，各余12针，收针断线。

4.袖片的编织。下针起针法，从袖山起织，起18针，两侧同时加针，加2-1-18.平加4针，两边各加22针，下一行起开始袖片编织，两侧同时减针，减10-1-8，织成82行后，编织花样C，织10行，收针断线，相同的方法再编织另一袖片。

5.拼接。将前后片的肩部及袖片对应缝合。

6.衣领的编织。沿着前后衣领边挑出84针，留出衣襟边不挑，编织花样A，不加减针织24行，收针断线。衣服完成。

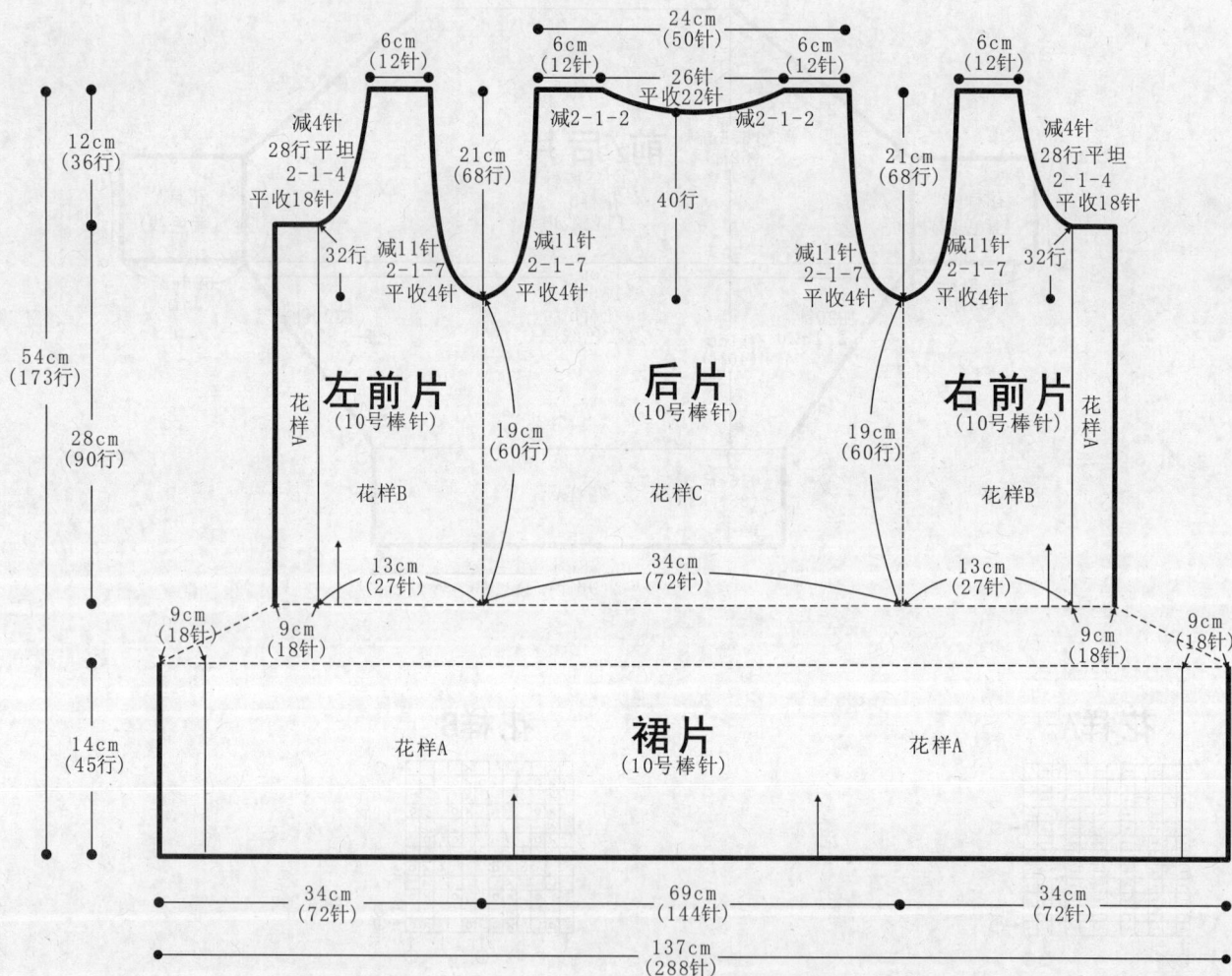

左前片 (10号棒针)　**后片** (10号棒针)　**右前片** (10号棒针)

花样B　　花样C　　花样B

裙片 (10号棒针)

花样A　　花样A

12cm(36行)　54cm(173行)　28cm(90行)　14cm(45行)

6cm(12针)　24cm(50针)　6cm(12针)　6cm(12针)

减4针　28行平坦　2-1-4　平收18针

21cm(68行)　26针 平收22针　减2-1-2　减2-1-2

40行　21cm(68行)

减11针 2-1-7 平收4针

32行

19cm(60行)　19cm(60行)

13cm(27针)　34cm(72针)　13cm(27针)

9cm(18针)　9cm(18针)　9cm(18针)　9cm(18针)

34cm(72针)　69cm(144针)　34cm(72针)

137cm(288针)

花样A

符号说明：

□　上针
□=□　下针
2-1-3 行-针-次
↑ 编织方向

▨ 右上2针和左下1针交叉
▨ 左上2针和右下1针交叉
▧ 左上2针和右下2针交叉
▧ 右上2针左下2针交叉

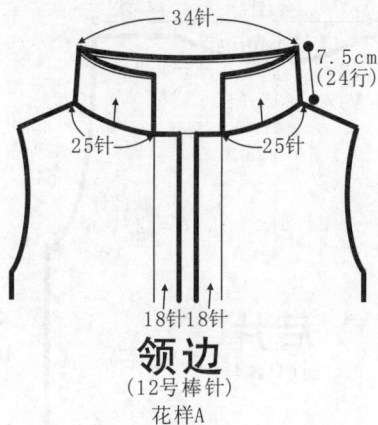

34针

7.5cm
(24行)

25针 25针

18针 18针

领边
（12号棒针）
花样A

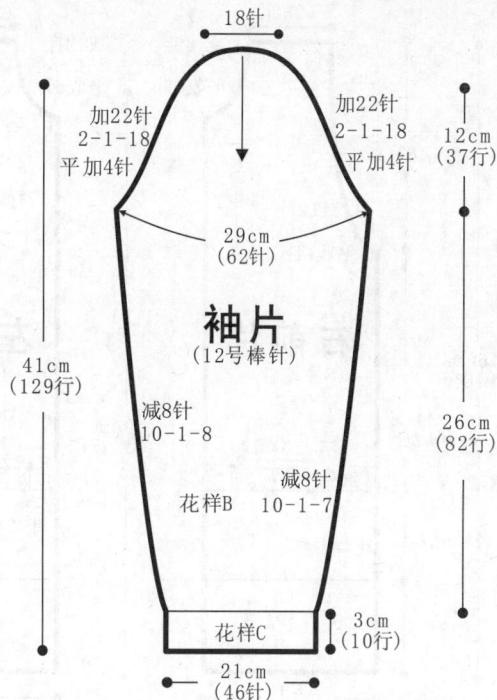

18针

加22针
2-1-18
平加4针

加22针
2-1-18
平加4针

12cm
(37行)

29cm
(62针)

袖片
（12号棒针）

41cm
(129行)

减8针
10-1-8

减8针
10-1-7

花样B

26cm
(82行)

3cm
(10行)

花样C

21cm
(46针)

花样C

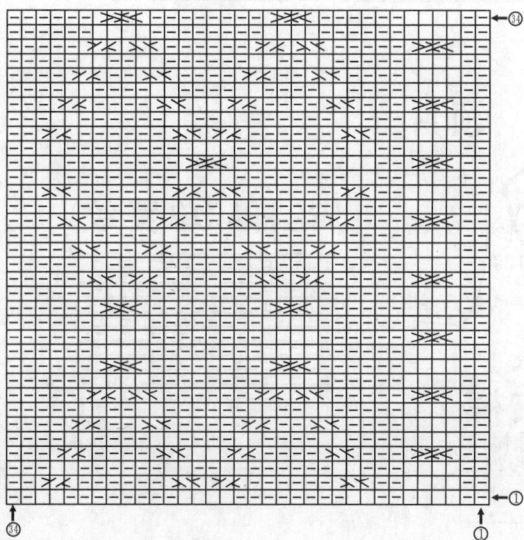

花样B

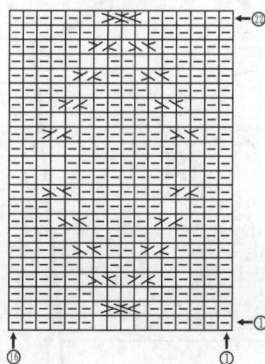

扭八翻领长毛衣

【成品规格】衣长46cm，衣宽38cm，袖长38cm
【工　　具】8号棒针
【编织密度】10cm² =32.6针×30行
【材　　料】深灰色粗腈纶毛线600g，扣子5颗

前片/后片/袖片制作说明

1.棒针编织法。由左前片、右前片、后片、袖片组成。
2.前片的编织。以右前片为例。下针起针法，起62针，起织花样A单罗纹针，织28行。下一行起依照花样B排列进行编织，不加减针，织成24行后，衣襟侧算上10针织完，接下来的32针编织花样A，余下的20针继续花样B排列的花样编织，照此分配织成10行后。下一行织完10针后，将花样A的32针收针，再将余下的20针织完，返回编织时，先织20针花样，再用单起针法，起32针，接上最后的10针，如此形成的孔作袋口。下一针继续花样B编织，再织38行后，至袖窿。下一行起袖窿减针，左侧收针6针，然后2-1-6，左侧减少12针，右侧织成32行

后，进入前衣领减针，从右至左，收针6针，然后2-2-8，织成16行后，至肩部，余下28针，收针断线。相同的方法去编织左前片。
3.后片的编织。下针起针法，起124针，起织花样A，织28行，下一行起，分配1组花a，3组花b，1组花a进行编织，不加减针织72行，至袖窿。下一行起袖窿减针，两侧收针6针，2-1-6，当织成袖窿算起44行高度时，下一行中间收针40针，两侧减针，2-1-2，两侧肩部余下28针，收针断线。将前后片的侧缝和肩部对应缝合。
4.袖片的编织。袖口起织，单罗纹起针法，起42针，起织花样A，不加减针，织28行，下一行分配2组花b编织。并在袖侧缝上加针，6-1-10，织成60行后，再织6行至袖山，下一行袖山减针，两侧收针6针，2-1-15，两侧各减少21针，余下20针，收针断线。相同的方法去编织另一袖片。再将袖片的袖窿边线与衣身的袖窿边线对应缝合，再将袖侧缝缝合。
5.衣领的编织。沿着前后衣领边，挑出66针，起织花样A，不加减针，织30行的高度后，收针断线。再沿着衣襟边和衣领侧边，挑出168针，起织花样A，不加减针，织14行后收针断线。右衣襟制作5个扣眼。每个扣眼相隔26针。衣服完成。

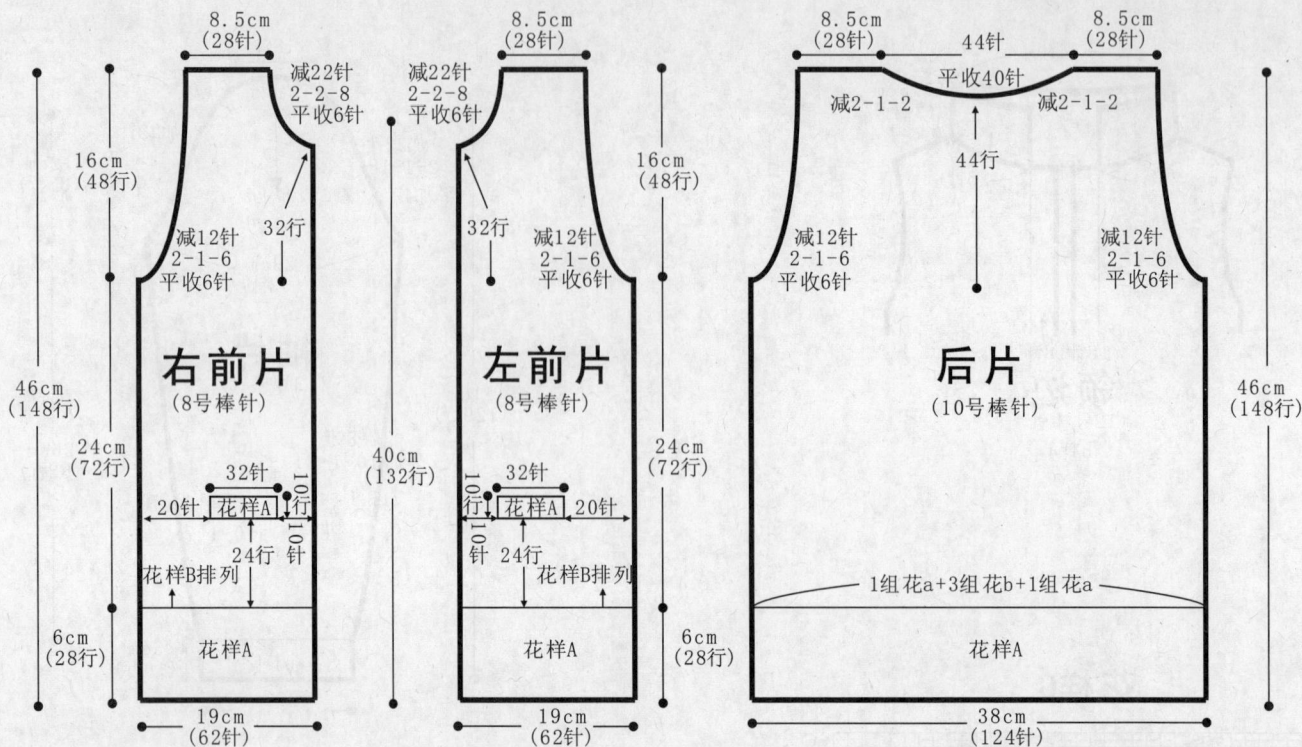

8.5cm
(28针)
减22针
2-2-8
平收6针

8.5cm
(28针)
减22针
2-2-8
平收6针

8.5cm
(28针)
44针
平收40

8.5cm
(28针)

16cm
(48行)

减2-1-2
44行
减2-1-2

减12针
2-1-6
平收6针
32行

32行
减12针
2-1-6
平收6针

16cm
(48行)

减12针
2-1-6
平收6针

减12针
2-1-6
平收6针

右前片
(8号棒针)

左前片
(8号棒针)

后片
(10号棒针)

46cm
(148行)

46cm
(148行)

24cm
(72行)

40cm
(132行)

24cm
(72行)

32针
20针 花样A 10针1行
花样B排列

10针1行 花样A 20针
24行
花样B排列

24行

1组花a+3组花b+1组花a

6cm
(28行)

花样A

6cm
(28行)

花样A

花样A

19cm
(62针)

19cm
(62针)

38cm
(124针)

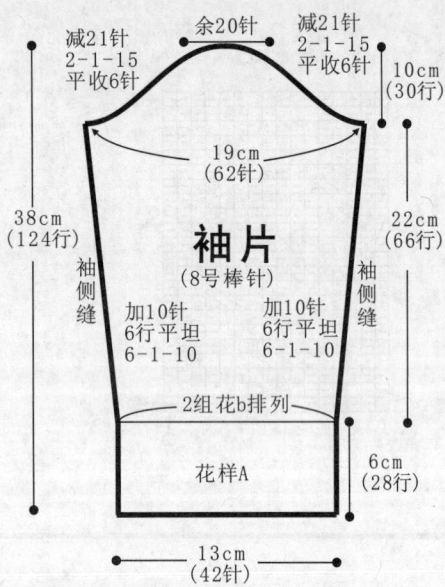

减21针
2-1-15
平收6针

余20针

减21针
2-1-15
平收6针

10cm
(30行)

19cm
(62针)

38cm
(124行)

袖片
(8号棒针)

22cm
(66行)

袖侧缝

加10针
6行平坦
6-1-10

加10针
6行平坦
6-1-10

袖侧缝

2组花b排列

花样A

6cm
(28行)

13cm
(42针)

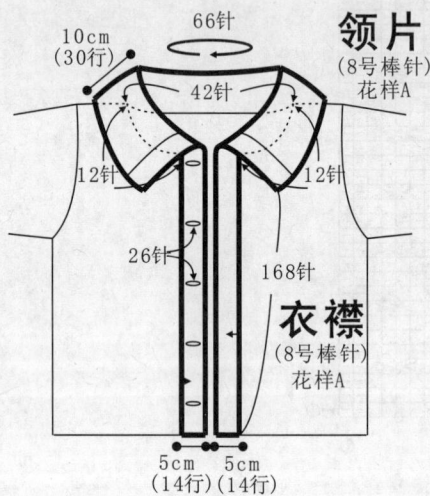

10cm
(30行)

66针

领片
(8号棒针)
花样A

42针

12针

12针

26针

168针

衣襟
(8号棒针)
花样A

5cm
(14行)

5cm
(14行)

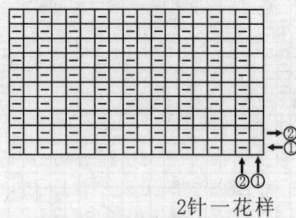

花样A(单罗纹)

2针一花样

花样B

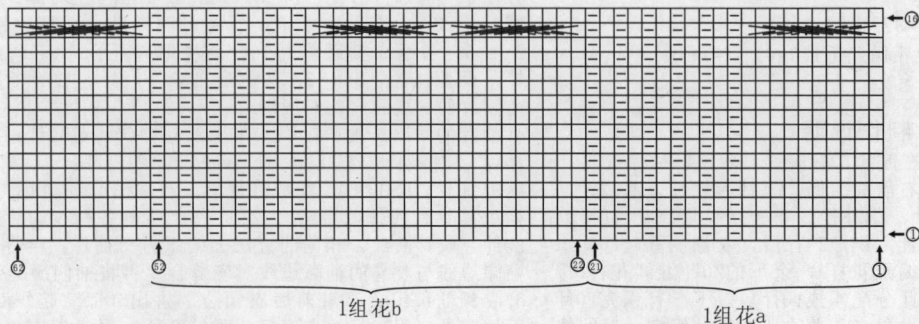

1组花b

1组花a

符号说明:

□ 上针

□=□ 下针

2-1-3 行-针-次

↑ 编织方向

右上5针下针相

玫红水晶扣开衫

【成品规格】衣长44cm，胸宽34cm，肩宽22cm
【工　　具】12号棒针
【编织密度】10cm²=34针×45行
【材　　料】玫红色丝光棉线400g

前片/后片/袖片制作说明

1.棒针编织法，由前片2片、后片1片、袖片2片组成。从上往下织起。

2.领圈即肩片的编织，一片织起，起针，单罗纹起针法，起141针，编织花样A，不加减针，织10行的高度，领圈完成，下一行起编织肩片，起始针数和结尾针数各留6针作为门襟，一直编织花样B.中间部分分散加针加43针共有172针编织43组花样C，门襟编织不变，中间部分再分散加针加57针共有229针编织57组花样D，然后中间部分再分散加针加57针共有286针编织57组花样E，接着中间部分再分散加针加71针共有357针编织71组花样F，

此时领圈和前后肩片编织完毕。留针留线.除门襟12针继续编织花样B外，将357针分为2个50针为2片前片，2个70针为2片袖片，1个117针为后片的起始针数。

3.前片的编织。由右前片和左前片组成。

(1)右前片的编织，将右肩片留有的56针作为右前片的起始针数(6针为门襟，继续编织花样B，不加减针，均匀留出3个扣眼)右侧加针，加6针后，编织下针，不加减针，编织116行后，和左侧8针门襟针数一起编织花样G，织成8行后收针断线。

(2)左前片的编织。相同的方法，相反的方向去编织左前片。不同的是门襟不留扣眼，直接编织。

4.后片的编织.将后肩片留有的117针作为后片的起始针数，编织10行下针后，两侧分别加针，加6针后，编织下针，不加减针，编织116行后，编织花样G，织成8行后收针断线。

5.袖片的编织。将右肩片留有的70针作为袖片的起始针数，向右加12针。全部编织下针，同时两侧进行袖身减针，6-1-17，6行平坦，编织108行后，编织花样G，织成8行后收针断线。相同的方法，相反的方向去编织另一袖片。

6.拼接。将前后片的侧缝，袖片的侧缝对应缝合，左前片门襟对应缝上纽扣，衣服完成。

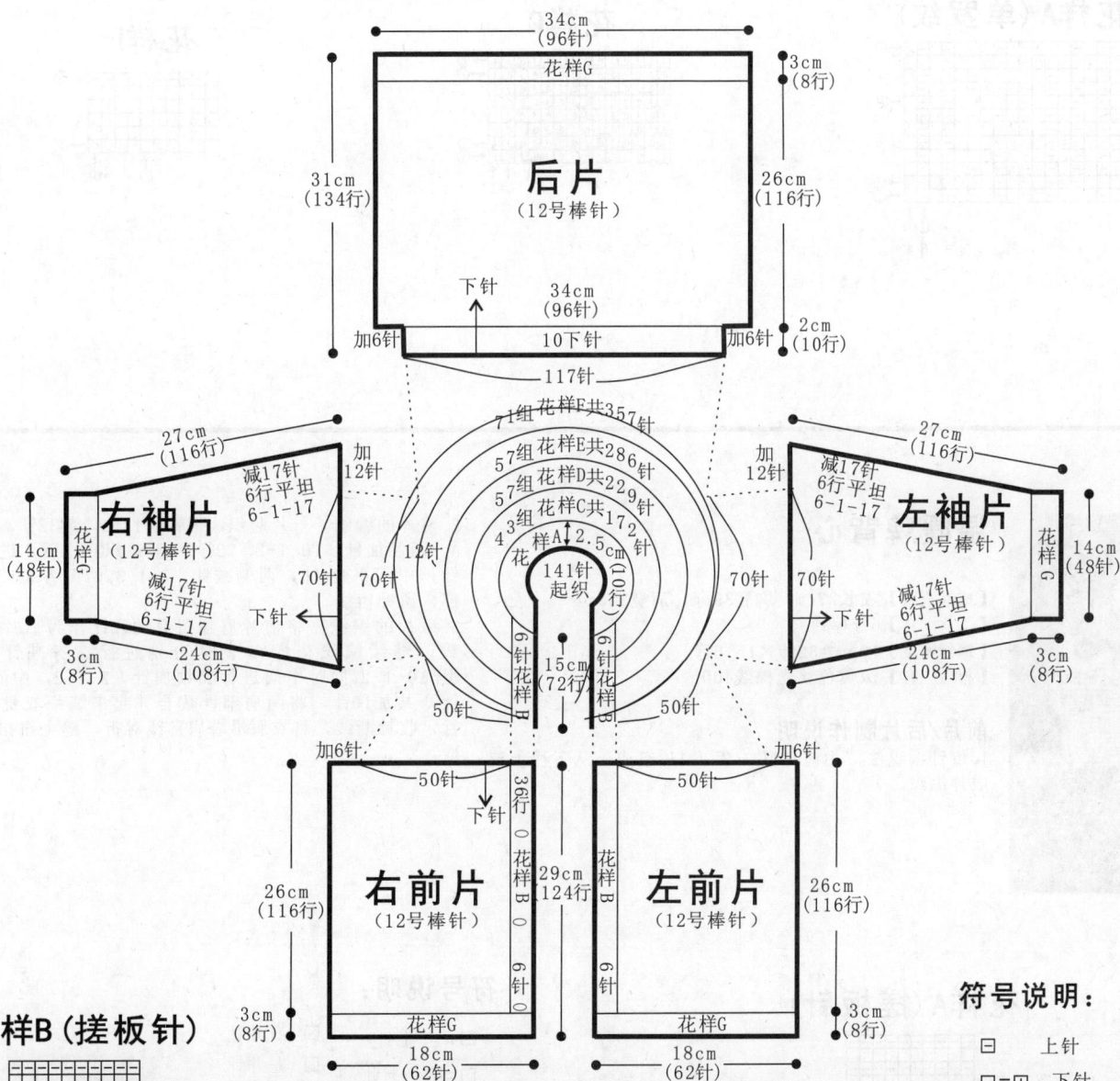

后片（12号棒针）
34cm（96针）
花样G
3cm（8行）
31cm（134行）
26cm（116行）
下针
34cm（96针）
加6针　10下针　加6针
2cm（10行）
117针

71组花样F共357针
57组花样E共286针
57组花样D共229针
43组花样C共172针
花样A 2.5cm（10行）
141针起织
加12针
减17针 6行平坦 6-1-17
右袖片（12号棒针）
27cm（116行）
14cm（48针）
花样G
减17针 6行平坦 6-1-17
12针
70针
70针
下针
3cm（8行）
24cm（108针）
50针
加12针
减17针 6行平坦 6-1-17
左袖片（12号棒针）
27cm（116行）
14cm（48针）
花样G
70针
70针
下针
3cm（8行）
24cm（108针）
50针
15cm（72行）花样B
6针 花样B
6针 花样B

加6针　50针
下针
右前片（12号棒针）
36行
花样G
花样B
6针
26cm（116行）
29cm（124行）
3cm（8行）
花样G
18cm（62针）

加6针　50针
左前片（12号棒针）
花样B
6针
花样G
26cm（116行）
3cm（8行）
花样G
18cm（62针）

花样B（搓板针）

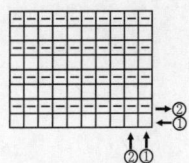

②①

符号说明：

□ 上针	☒ 右并针
□=□ 下针	☒ 左并针
	⊡ 镂空针
2-1-3	行-针-次

↑ 编织方向

161

花样C

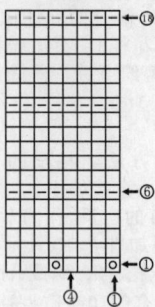

花样D

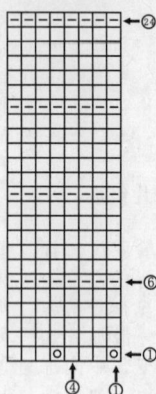

花样E

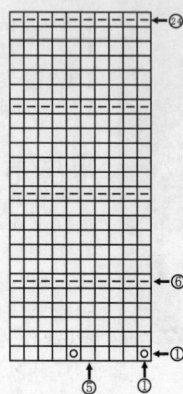

花样A（单罗纹）

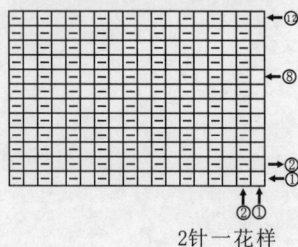

2针一花样

花样G

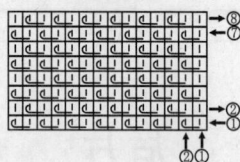

花样F

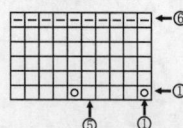

温暖牌背心

【成品规格】衣长27cm，胸宽39cm，肩宽32cm
【工　　具】6号棒针
【编织密度】10cm²=82针×15.6行
【材　　料】深黄色丝光棉线400g

前片/后片制作说明

1.棒针编织法，由前片1片、后片1片组成。从下往上连成片编织。

2.前片的编织。一片起织，平针起针法，起32针，编织花样A，两侧加针，10-1-2，22行平坦，编织36行后，进行衣领针，中间平收4针，两侧减针，2-1-3，两侧各余12针作为肩部，留针留线。

3.后片的编织。将前片肩部留有的12针作为后片的起始数，继续编织花样A。两侧分别进行衣身减针，36行平坦，10-1-2，同时中间进行衣领加针，2-1-2，中间一侧针，共加10针，将两肩部针数合并起来编织衣身，编织行，收针断线，将衣服沿着肩部线对折，缝上纽扣，衣服成。

花样A（搓板针）

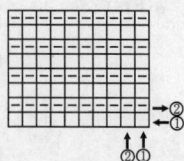

符号说明：

□	上针	⊠	右并针
□=□	下针	⊠	左并针
		⊡	镂空针

2-1-3　　　　行-针-次

↑ 编织方向

162

后片 图

39cm
(32针)

34cm
(56行)

减2针
10-1-2
36行平坦

后片
(6号棒针)

减2针
10-1-2
36行平坦

34cm
(56行)

花样A

加2-1-2　加6针　加2-1-2

16cm
(12针)

10下针
平收4针

16cm
(12针)

前片
(6号棒针)

减2-1-3　减2-1-3

27cm
(42行)

加2针
22行平坦
10-1-2

加2针
22行平坦
10-1-2

27cm
(42行)

23cm
(36行)

花样A

39cm
(32针)

灰色长款背心

【成品规格】裙长49cm，半胸围30cm，肩宽21cm
【工　　具】13号棒针
【编织密度】花样A：10cm²=24针×32行
　　　　　　花样B：10cm²=34针×32行
　　　　　　花样C：10cm²=40针×32行
【材　　料】灰色羊毛线400g

前片/后片制作说明

1.棒针编织法，裙身分为前片和后片分别编织而成。
2.起织后片，下针起针法，起102针，织花样A，织92行后，第93行起，中间织84针花样B，两侧继续织花样A，重复往上织至112行，两侧减针织成袖窿，方法为1-4-1，2-1-5，织至124行，第125行起，改织花样C，织至130行，中间56针单罗纹针收针法收针，两侧各余下14针继续编织，织至156，收针断线。
3.同样的方法织前片。
4.前片与后片的两侧缝对应缝合，两肩部对应缝合。

前/后片 图

3.5cm
(14针)

14cm
(56针)

3.5cm
(14针)

8cm
(26行)

14cm
(44行)

减9针
2-1-5
1-4-1

花样C

减9针
2-1-5
1-4-1

6cm
(20行)

10cm
(84针)花样B(32行)

30cm
(102针)

49cm
(156行)

前/后片
(13号棒针)
花样A

29cm
(92行)

42cm
(102针)

符号说明：

□　　上针

□=□　下针

▨▨　左上2针与右下2针交叉

▨▨　右上2针与左下2针交叉

2-1-3　行-针-次

花样A

②
①

③①

花样B

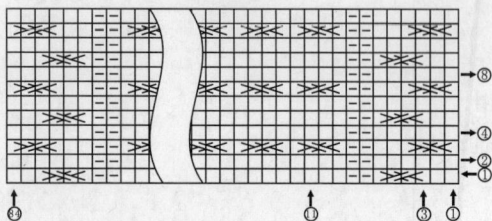

花样C

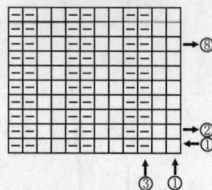

配色连帽学生装

【成品规格】衣长42cm，半胸围33cm，肩宽33cm，袖长37cm

【工　　具】11号棒针

【编织密度】10cm² =26针×34行

【材　　料】绿色棉线400g，咖啡色棉线80g

前片/后片制作说明

1.棒针编织法，衣身分为前片和后片分别编织。

2.起织后片，下针起针法咖啡色线起86针，织花样A，织10行后，改为绿色线织花样B，不加减针至132行，第133行将中间平收40针，两侧减针织成后领，方法为2-1-2，织至136行，两侧肩部各余下21针，收针断线。

3.前片的编织方法与后片相同，织至88行，第89行将中间平收10针，两侧各38针不加减针分别往上编织，织至125行，减针织成前领，方法为1-5-1，2-2-6，织至136行，两侧肩部各余下21针，收针断线。

4.将前片与后片的两肩部缝合，两侧缝缝合后留起15cm高袖窿。

帽片制作说明

1.棒针编织法，沿领口往上咖啡色线挑起86针，往返编织花样A，不加减针织74行后，将织片从中间分开成左右两片别编织，中间减针，方法为2-1-4，织至82行，织片两侧余下39针，将帽顶缝合。

2.编织帽檐。沿帽檐及前襟咖啡色线挑针起织，挑起168织花样C，织4行后，两侧前襟留起4个孔眼，共织8行后，针断线。

袖片制作说明

1.棒针编织法，编织两片袖片.从袖口往上编织。

2.单罗纹针起针法，绿色线起58针织花样D，织10行后改色线织花样B，两侧按10-1-10的方法加针，织至118行，为咖啡色线织花样C，织至126行，织片变成78针收针断线。

3.同样的方法再编织另一袖片。

4.缝合方法:将袖山对应前片与后片的袖窿线用线缝合，将两袖侧缝对应缝合。

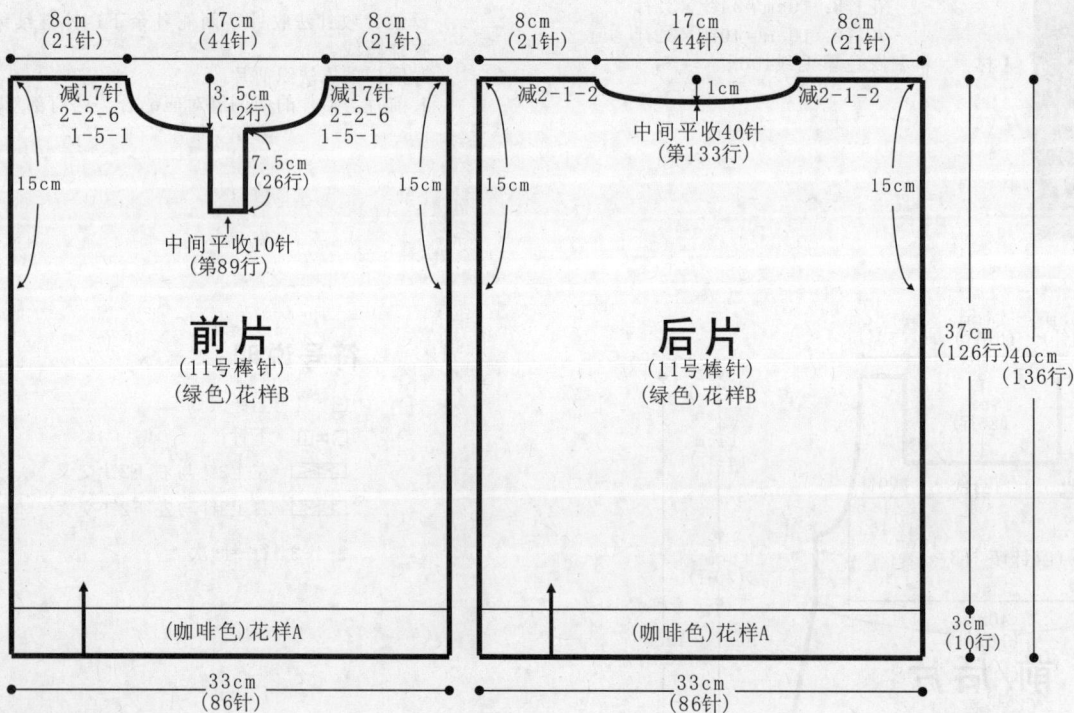

花样A

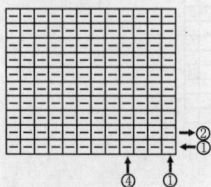

花样B

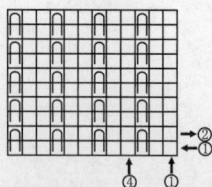

符号说明：

符号	说明
⊟	上针
□=⊡	下针
⊞	延伸针(下针时)
2-1-3	行-针-次

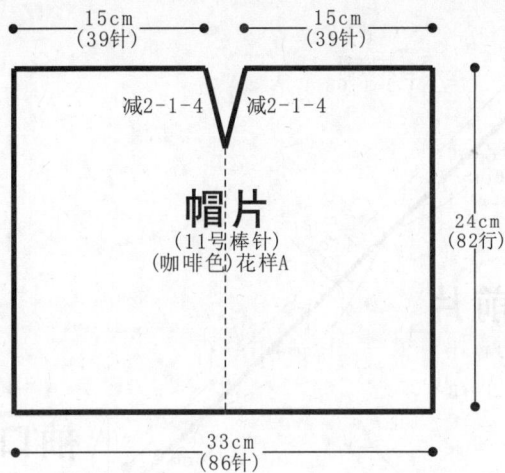

15cm
（39针）　　　15cm
（39针）

减2-1-4　　减2-1-4

帽片
（11号棒针）
（咖啡色）花样A

24cm
（82行）

33cm
（86针）

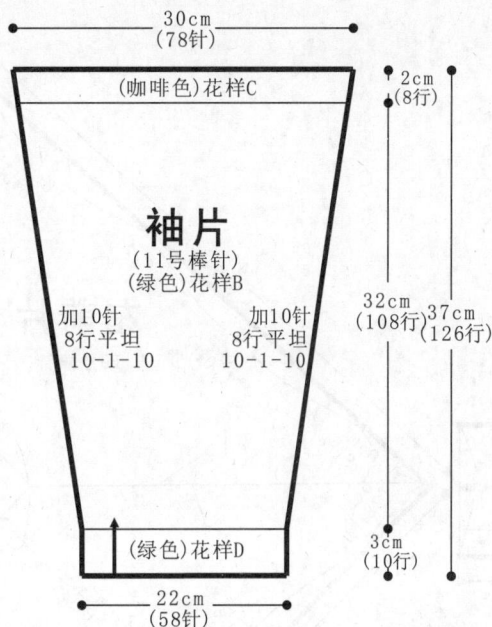

30cm
（78针）

（咖啡色）花样C

袖片
（11号棒针）
（绿色）花样B

加10针　　　　加10针
8行平坦　　　　8行平坦
10-1-10　　　　10-1-10

2cm
（8行）

32cm
（108行）

37cm
（126行）

3cm
（10行）

（绿色）花样D

22cm
（58针）

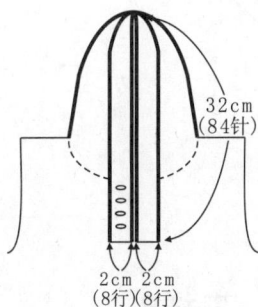

32cm
（84针）

2cm 2cm
（8行）（8行）

花样C

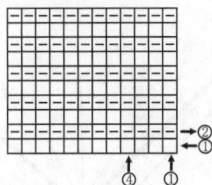

花样D

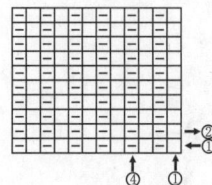

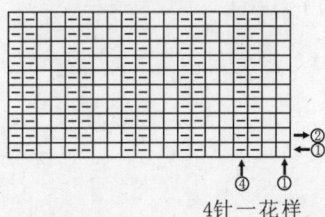

黄色纽扣斗篷

【成品规格】衣长41cm,胸宽32cm,肩宽32cm
【工　　具】10号棒针
【编织密度】10cm²=35针×33行
【材　　料】鹅黄色丝光棉线400g

前片/后片制作说明

1.棒针编织法，由前片2片、后片2片组成。从上往下织起。
2.领圈的编织，起针，双罗纹起针法，起72针，编织花样A，不加减针，织8行的高度，下一行起，将72针分为4份，各为18针为左、右前片和两个后片的起始针数。
3.前片的编织。由右前片和左前片组成。
(1)右前片的编织。领圈右前侧留18针编织花样B，两侧同时进行减针，2-1-68，当织成136行后余下154针，收针断线。
(2)左前片的编织。领圈左前侧留18针编织花样B，两侧

同时进行减针，2-1-68，当织成136行后余下154针，收针断线。
4.后片的编织。由右后片和左后片组成。
(1)右后片的编织。领圈右后侧留18针编织花样B，两侧同时进行减针，2-1-68，当织成136行后余下154针，收针断线。
(2)左后片的编织。领圈左后侧留18针编织花样B，两侧同时进行减针，2-1-68，当织成136行后余下154针，收针断线。
5.拼接。先将右后片的D边线与右前片的D边线及侧缝对应缝合，然后将左后片的B边线与左前片的B边线及侧缝对应缝合。
6.袖口的编织。从右前片和右后片各6cm边长挑出56针，编织花样A，不加减针，织20行的高度。收针断线。相同的方法去编织左前片和左后片的袖口。
7.门襟的编织。沿着左前片右边侧缝边挑出114针，编织花样A，不加减针，织14行的高度，同时均匀留出5个扣眼，收针断线.沿着右前片左边侧缝边挑出114针，编织花样A，不加减针，织14行的高度，收针断线。与扣眼相应位置缝上纽扣，衣服完成。

花样A（双罗纹）

4针一花样

符号说明：

□　上针
□=□　下针
2-1-3　行-针-次

↑　编织方向

☒　右并针
☒　左并针
▣　镂空针

花样B

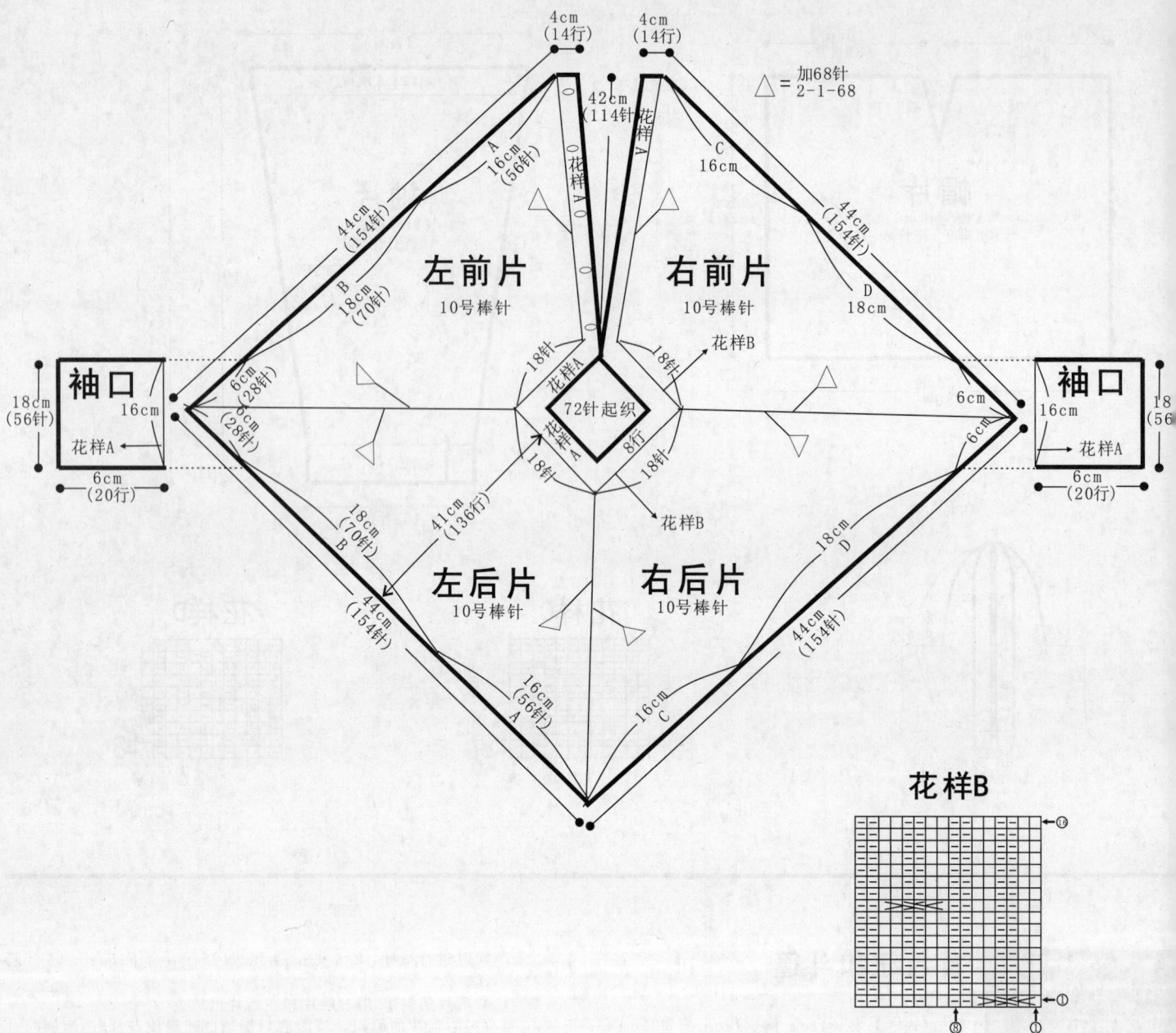

白色高领毛衣

【成品规格】衣长49cm，胸宽36cm，
　　　　　　袖长(连肩)49cm
【工　　具】9号，10号棒针各1副，缝衣针1枚
【编织密度】花样A：10cm²=29针×35行
　　　　　　花样A：10cm²=31针×35行
【材　　料】白色羊毛线450g，纽扣4颗

制作说明

1.前后片编织方法基本相同，先织后片，用10号棒针白色毛线起106针，织双罗纹4cm，换9号棒针编织花样A，织20cm，换织花样B，此时应均匀加针到112针，身长织29cm，开始腋下减针，减针方法如图所示，后领留针，待用。

2.前片。用10号棒针白色毛线起106针，织双罗纹4cm，换9号棒针编织花样A，织20cm，换织花样B，此时应均匀加针112针，身长织29cm，开始腋下减针，减针方法如图示，到衣长最后4cm时，进行领口减针，减针方法如图。

3.袖。用10号棒针起56针，织4cm双罗纹，换9号棒针均匀到66针，织花样A，如图，织到28cm时换花样B，此时应匀放出7针，织到腋下开始收针，如图。

4.领。10号棒针起104针，织双罗纹16cm。

5.缝合。将前后片、袖片与领子缝合，领子a，b点重叠合，并缝上扣子。

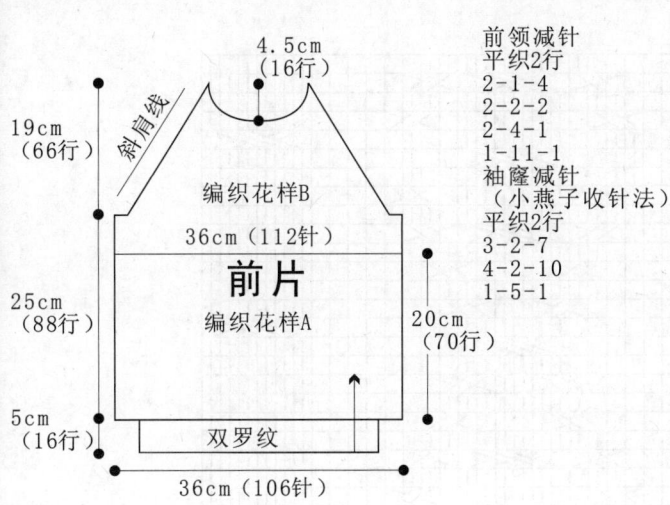

前片

4.5cm（16行）

19cm（66行）

斜肩线

编织花样B

36cm（112针）

25cm（88行）

编织花样A

20cm（70行）

5cm（16行）

双罗纹

36cm（106针）

前领减针
平织2行
2-1-4
2-2-2
2-4-1
1-11-1
袖窿减针
（小燕子收针法）
平织2行
3-2-7
4-2-10
1-5-1

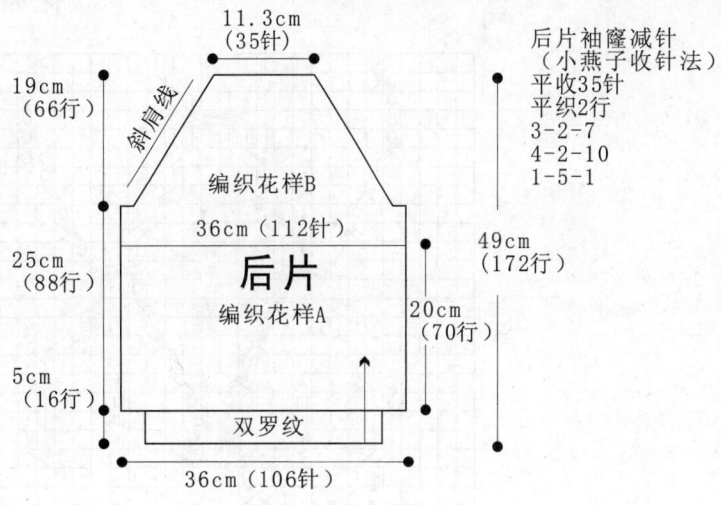

后片

11.3cm（35针）

19cm（66行）

斜肩线

编织花样B

36cm（112针）

25cm（88行）

编织花样A

20cm（70行）

5cm（16行）

双罗纹

36cm（106针）

49cm（172行）

后片袖窿减针
（小燕子收针法）
平收35针
平织2行
3-2-7
4-2-10
1-5-1

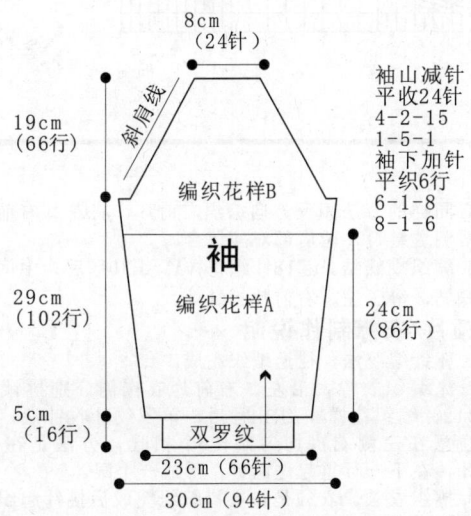

袖

8cm（24针）

19cm（66行）

斜肩线

编织花样B

29cm（102行）

编织花样A

24cm（86行）

5cm（16行）

双罗纹

23cm（66针）

30cm（94针）

袖山减针
平收24针
4-2-15
1-5-1
袖下加针
平织6行
6-1-8
8-1-6

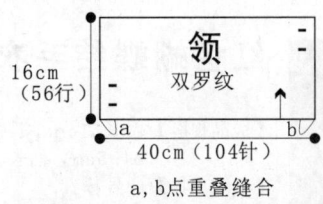

领

双罗纹

16cm（56行）

a   b

40cm（104针）

a，b点重叠缝合

符号说明

☐ 上针

Ⅳ 1针放3针

Ⅰ 中上3针并1针

Ⅰ 下针扭针

左上扭针交叉针

左上扭1针跳交叉

右上2针跳交叉针

右上2针交叉针

左上2针跳交叉针

3针左上交叉针

花样A

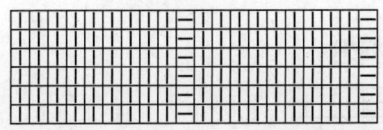

167

花样B

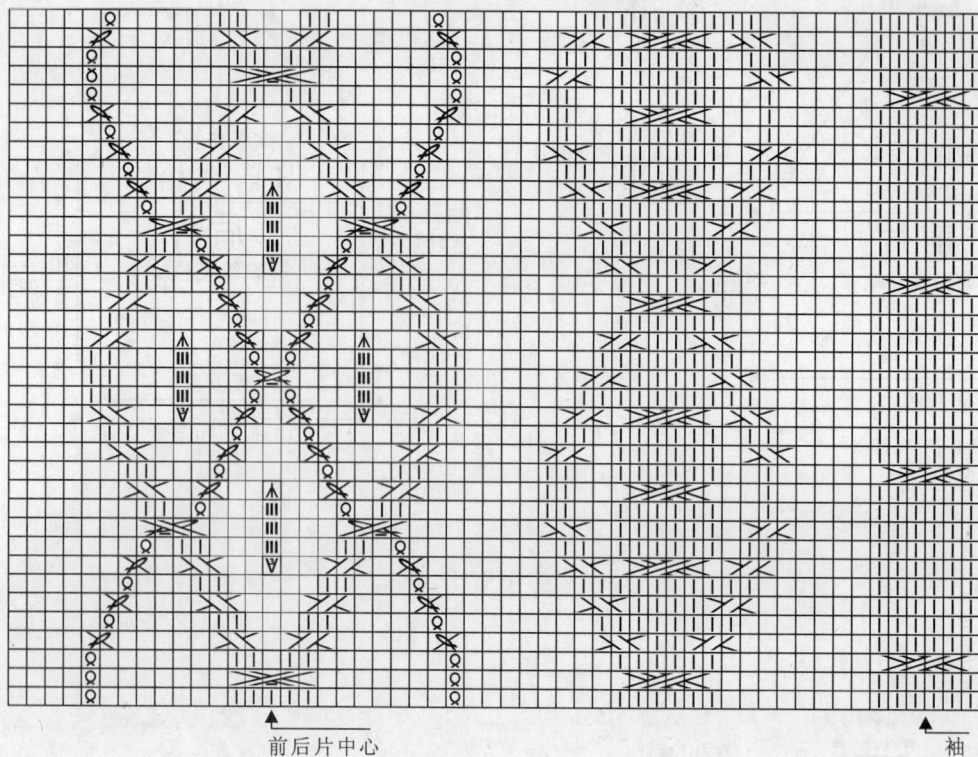

前后片中心　　　　　　　　　　　　　　袖

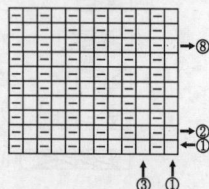

红色蝴蝶结毛衣

【成品规格】衣长51cm，半胸围31cm，肩宽
　　　　　　24.5cm，袖长33cm
【工　　具】13号棒针
【编织密度】10cm²=36针×46行
【材　　料】红色棉线500g

前片/后片制作说明

1.棒针编织法，衣身分为左前片、右前片、后片分别编织。

2.起织后片，单罗纹针起针法，起152针织花样A，织24行后，改织花样B，织至144行，第145行制作两个对折，如图所示，织片变成112针，继续往上编织至176行，两侧开始袖窿减针，方法为1-4-1，2-1-8，织至229行，中间留起38针不织，两侧减针，方法为2-1-2，织至232行，两侧肩部各余下23针，收针断线。

3.起织左前片，单罗纹针起针法，起70针织花样A，织24行后，改织花样B，织至144行，第145行制作一个对折，如图所示，织片变成50针，继续往上编织至176行，左侧开始袖窿减针，方法为1-4-1，2-1-8，织至209行，右侧减针织成前领，方法为1-4-1，2-2-2，2-1-7，共减15针，织至232行，肩部余下23针，收针断线。

4.同样的方法相反方向编织右前片。将左、右前片与后片两侧缝缝合，两肩部对应缝合。

5.编织蝴蝶结。起18针织花样A，织30行后，中间用线绑成蝶结，缝于左、右前片折缝处。

领片/衣襟制作说明

1.棒针编织法，往返编织完成。

2.先编织衣襟，沿左、右前片衣襟侧分别挑针起织，挑312针编织花样A，织14行后，单罗纹针收针法，收针断线。注意在左侧衣襟均匀制作5个扣眼，方法是在一行收针两针，在下一行重起这两针，形成一个眼。

3.挑织衣领。衣领是在衣襟编织完成后挑针起织，沿前口挑起84针编织花样A，织28行后，第29行在衣领两侧边各起42针，共168针编织花样A，织4行后，单罗纹针收针法，收针断线。

袖片制作说明

1.棒针编织法，编织两片袖片。从袖口起织。

2.起84针，织花样A，织10行后，改织花样B，不加减针织88行。第89行织片中间制作一个对折，如图所示，织片变成64针，继续往上编织至124行，开始编织袖山，两侧同时针，方法为1-4-1，2-1-14，两侧各减少18针，织至152行织片余下28针，收针断线。

3.同样的方法再编织另一袖片。

4.缝合方法：将袖山对应前片与后片的袖窿线，用线缝合，再将两袖侧缝对应缝合。

花样A

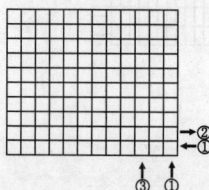

花样B

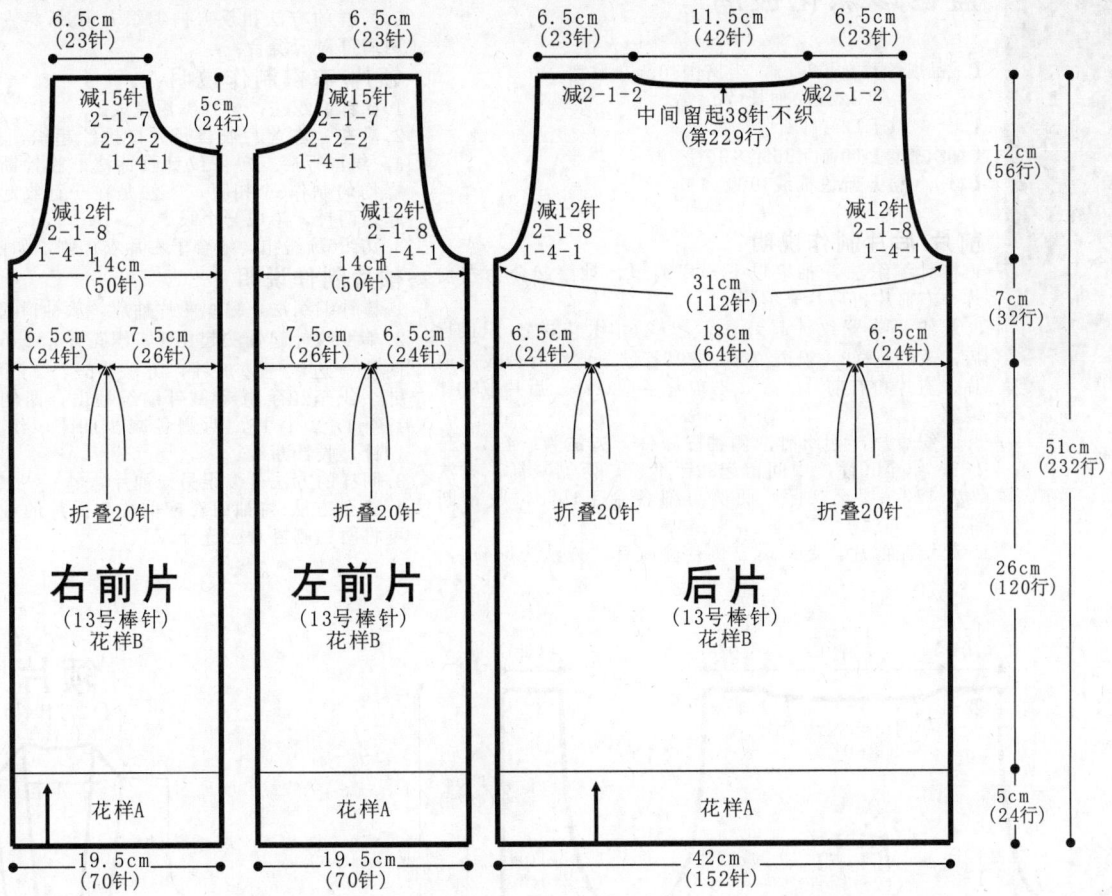

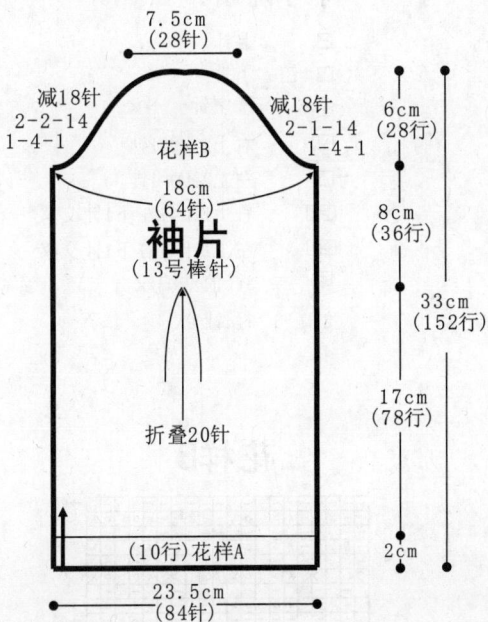

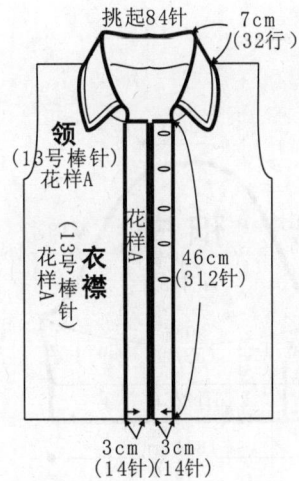

6.5cm
(23针)

6.5cm
(23针)

6.5cm
(23针)

11.5cm
(42针)

6.5cm
(23针)

减15针
2-1-7
2-2-2
1-4-1

5cm
(24行)

减15针
2-1-7
2-2-2
1-4-1

减2-1-2

中间留起38针不织
(第229行)

减2-1-2

12cm
(56行)

减12针
2-1-8
1-4-1

减12针
2-1-8
1-4-1

14cm
(50针)

14cm
(50针)

减12针
2-1-8
1-4-1

减12针
2-1-8
1-4-1

31cm
(112针)

7cm
(32行)

6.5cm
(24针)

7.5cm
(26针)

7.5cm
(26针)

6.5cm
(24针)

6.5cm
(24针)

18cm
(64针)

6.5cm
(24针)

51cm
(232行)

折叠20针

折叠20针

折叠20针

折叠20针

右前片
(13号棒针)
花样B

左前片
(13号棒针)
花样B

后片
(13号棒针)
花样B

26cm
(120行)

花样A

花样A

花样A

5cm
(24行)

19.5cm
(70针)

19.5cm
(70针)

42cm
(152针)

挑起84针

7cm
(32行)

7.5cm
(28针)

减18针
2-2-14
1-4-1

花样B

减18针
2-1-14
1-4-1

6cm
(28行)

领
(13号棒针)
花样A

18cm
(64针)

8cm
(36行)

袖片
(13号棒针)

花样A
(13号棒针)

花
样
A

衣襟

46cm
(312针)

33cm
(152行)

折叠20针

17cm
(78行)

3cm
(14针)

3cm
(14针)

(10行)花样A

2cm

符号说明：

23.5cm
(84针)

□ 　上针

□=□ 　下针

2-1-3 行-针-次

蓝色珍珠花披肩

【成品规格】衣长24cm，半胸围30cm，肩宽
　　　　　　22cm，袖长17cm
【工　　具】12号棒针
【编织密度】10cm²=26针×30行
【材　　料】蓝色棉线300g

前片/后片制作说明

1.棒针编织法，袖窿以下一片编织，袖窿起分为左前片、右前片、后片来编织。

2.起织，单罗纹针起针法，起124针织花样A，织12行后，改织花样B，织至27行，第28行起，将织片分成左前片、右片和右前片，左、右前片各取22针，后片取80针编织。

3.起织后片，起织时两侧袖窿减针，方法为1-4-1，2-1-8，织至69行，中间留起32针不织，两侧减针，方法为2-1-2，织至72行，两侧肩部各余下10针，收针断线。

4.起织左前片，起织时左侧袖窿减针，方法为1-4-1，

2-1-8，织至72行，肩部余下10针，收针断线。

5.同样的方法相反方向编织右前片.将左、右前片与后片两肩部对应缝合。

领片/衣襟制作说明

1.棒针编织法，一片编织完成。

2.沿左、右前片衣襟及领口挑针起织，挑起170针编织花样A，织16行后，单罗纹针收针法，收针断线。注意在左侧衣襟均匀制作6个扣眼，方法是在一行收起两针，在下一行起这两针，形成一个眼。

3.钩织6颗纽扣，缝合于右片衣襟侧，如图示。

袖片制作说明

1.棒针编织法，编织两片袖片。从袖口起织。

2.单罗纹针起针法起48针织花样A，织6行后，改织两侧一边织一边加针，方法为6-1-2，两侧的针数各增加针，织至22行。接着减针编织袖山，两侧同时减针，方法1-4-1，2-1-15，两侧各减少19针，织至52行，织片余14针，收针断线。

3.同样的方法再编织另一袖片。

4.缝合方法:将袖山对应前片与后片的袖窿线，用线缝合，再将两袖侧缝对应缝合。

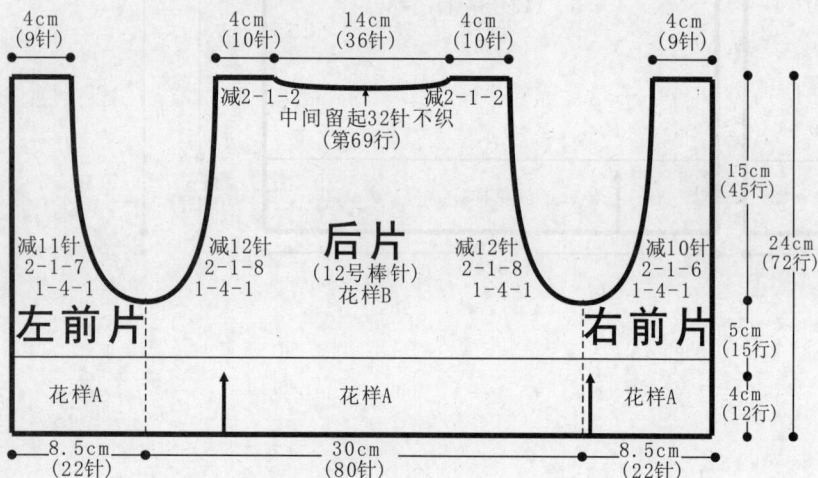

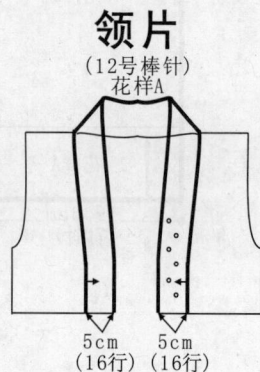

领片
（12号棒针）
花样A

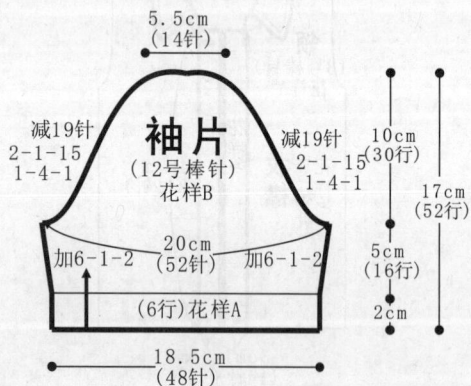

符号说明：

□	上针
□=|	下针
⊡	镂空针
🄰	右上2针并1针
🄰	左上2针并1针
⊠	右上1针与左下1针交叉
⊠	左上1针与右下1针交叉
⊡	3针的结编织
2-1-3	行-针-次

花样A

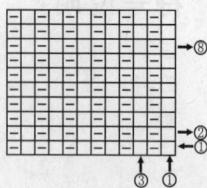

花样B

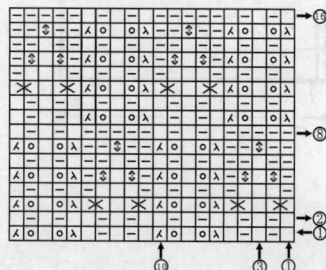

玫红色荷叶领毛衣

【成品规格】裙长55cm，半胸围32cm，肩宽
　　　　　　24cm，袖长38cm
【工　　具】13号棒针
【编织密度】花样A/B：10cm²＝34针×42行
　　　　　　花样C：10cm²＝42针×42行
【材　　料】玫红色棉线450g，白色棉线30g

前片/后片制作说明

1.棒针编织法，裙身袖窿以下一片环形编织，袖窿起分为前片、后片来编织。

2.起织，下针起针法，白色线起308针织花样A，环形编织，织8行后，改为粉红色线织花样B，不加减针织至130行，第131行将织片均匀减针成216针，织花样C，织至152行，改织花样B，织至160行，第161行起将织片分片，分成前片和后片，各取108针，先织后片。

3.起织后片，起织时两侧开始袖窿减针，方法为1-4-1，2-1-8，织至229行，中间留起44针不织，两侧减针，方法为2-1-2，织至232行，两侧肩部各余下18针，收针断线。

4.起织前片，起织时两侧开始袖窿减针，方法为1-4-

1，2-1-8，织至203行，中间留起16针不织，两侧减针，方法为2-2-4，2-1-8，织至232行，两侧肩部各余下18针，收针断线。

5.将前片与后片的两肩部对应缝合。

6.前片裙摆十字绣方式绣图案a小花。

7.钩织小花，详细方法如花样E所示，完成后缝合于右前胸位置。

领片制作说明

1.棒针编织法，粉红色线一片环形编织完成。

2.沿领口挑起100针织花样D，织50行后，改织花样B，每2针加1针，将织片加成150针，织至58行，下针收针法，收针断线。

袖片制作说明

1.棒针编织法，编织两片袖片.从袖口起织。

2.双罗纹针起针法，红色线起64针织花样D，织16行后，改织花样B，两侧一边织一边加针，方法为8-1-13，织至126行，织片变成90针，接着减针编织袖山，两侧同时减针，方法为1-4-1，2-2-17，两侧各减少38针，织至160行，织片余下14针，收针断线。

3.同样的方法再编织另一袖片。

4.缝合方法：将袖山对应前片与后片的袖窿线用线缝合，再将两袖侧缝对应缝合。

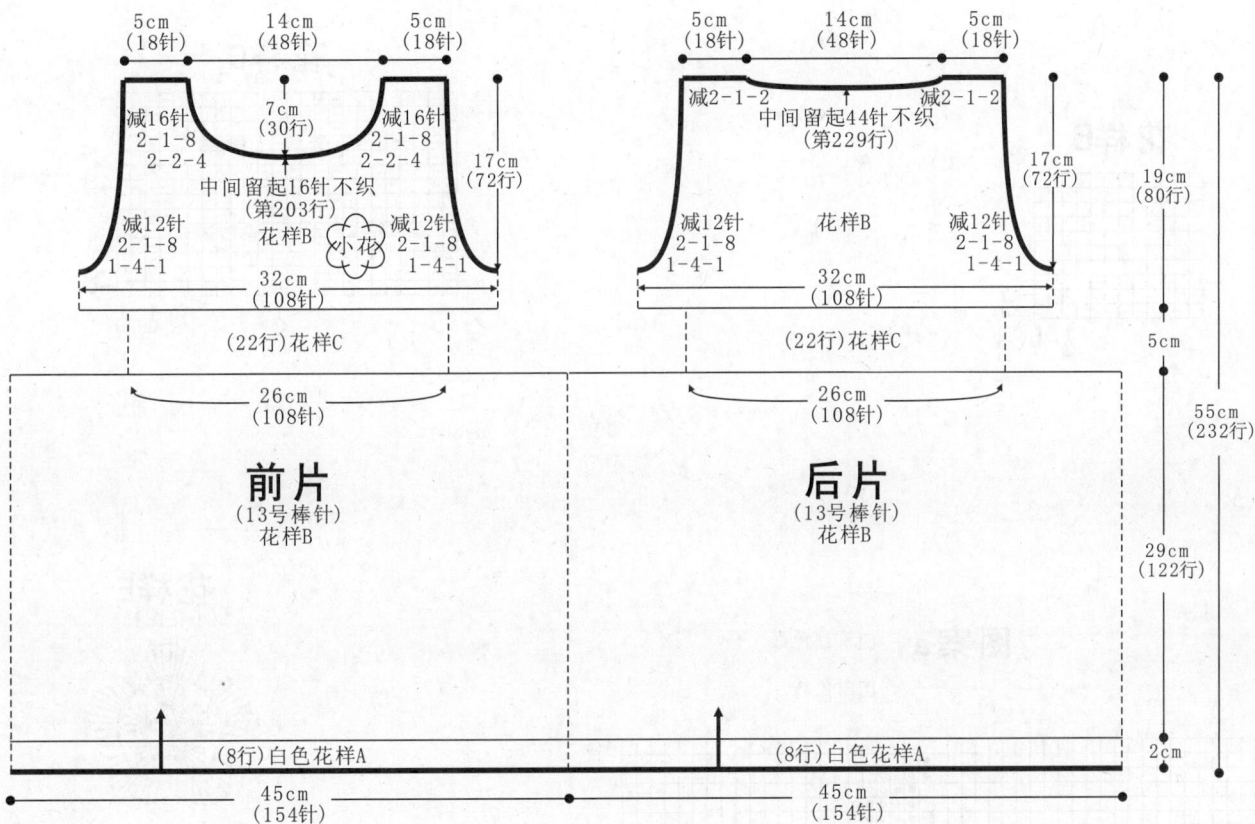

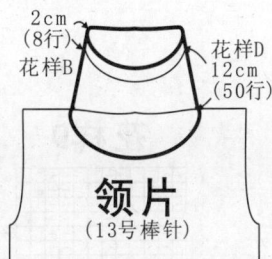

前片
（13号棒针）
花样B

- 5cm（18针）
- 14cm（48针）
- 5cm（18针）
- 减16针 2-1-8 2-2-4
- 7cm（30行）
- 减16针 2-1-8 2-2-4
- 17cm（72行）
- 中间留起16针不织（第203行）
- 花样B
- 小花
- 减12针 2-1-8 1-4-1
- 减12针 2-1-8 1-4-1
- 32cm（108针）
- （22行）花样C
- 26cm（108针）
- （8行）白色花样A
- 45cm（154针）

后片
（13号棒针）
花样B

- 5cm（18针）
- 14cm（48针）
- 5cm（18针）
- 减2-1-2
- 中间留起44针不织（第229行）
- 减2-1-2
- 17cm（72行）
- 减12针 2-1-8 1-4-1
- 花样B
- 减12针 2-1-8 1-4-1
- 32cm（108针）
- （22行）花样C
- 26cm（108针）
- （8行）白色花样A
- 45cm（154针）

- 19cm（80行）
- 5cm
- 55cm（232行）
- 29cm（122行）
- 2cm

领片
（13号棒针）

- 2cm（8行）花样B
- 花样D 12cm（50行）

符号说明：

- □　上针
- □＝□　下针
- （交叉符号）左上3针与右下3针交叉
- 2-1-3　行-针-次

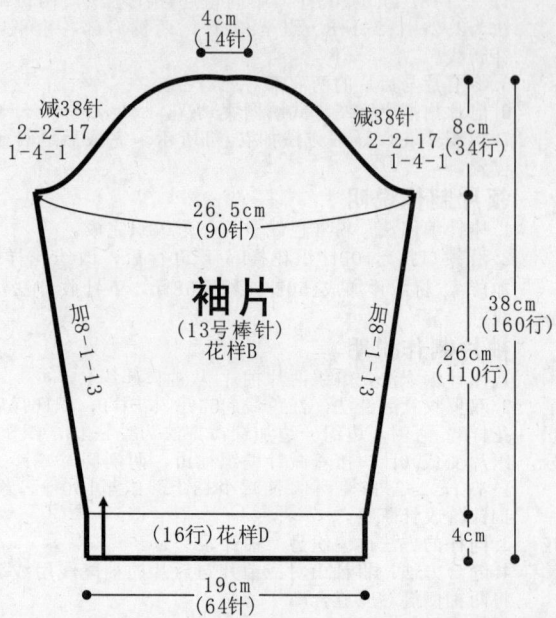

4cm
(14针)

减38针
2-2-17
1-4-1

减38针
2-2-17
1-4-1

8cm
(34行)

26.5cm
(90针)

袖片
(13号棒针)
花样B

加8-1-13

加8-1-13

38cm
(160行)

26cm
(110行)

4cm

(16行)花样D

19cm
(64针)

花样A

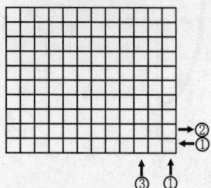

花样B

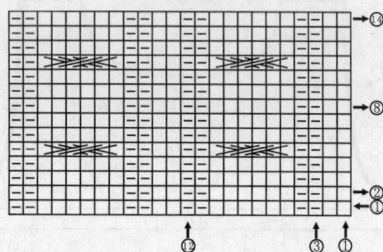

花样C

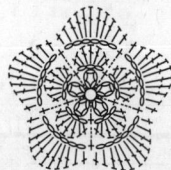

花样E
(小花图样)

图案a □粉红色线
       ⊡白色线

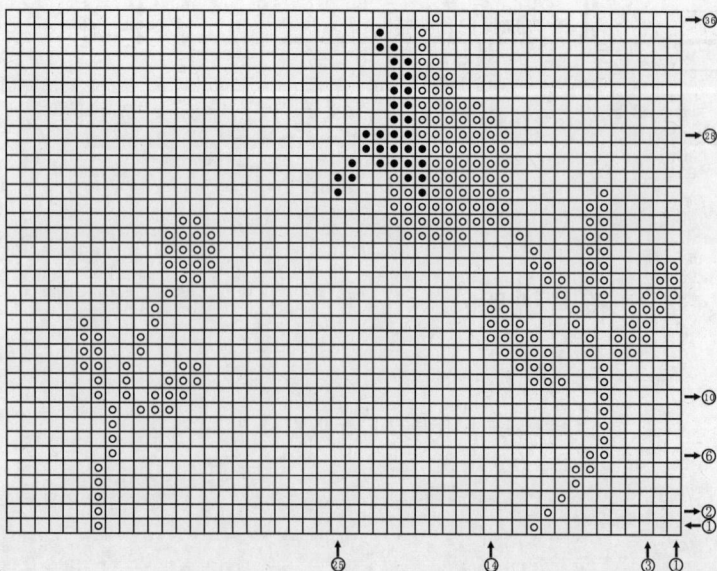

花样D

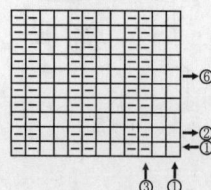

172

帅气两粒扣外套

【成品规格】衣长42cm，胸宽38cm，袖长38cm，
　　　　　　下摆宽47cm
【工　　具】8号棒针
【编织密度】10cm²=25.5针×24行
【材　　料】灰色特粗腈纶线500g，大扣子2颗

前片/后片/袖片/领片制作说明

1.棒针编织法，由前片2片、后片1片、袖片2片组成。前片和后片是从下往上织，袖片是从上往下织。

2.前片的编织。由右前片和左前片组成，以右前片为例.
(1)起针，单罗纹起针法，起41针，编织花样A单罗纹针，不加减针，织16行的高度。
(2)袖窿以下的编织.第17行起，分散加5针，针数加成46针，依照花样C分配好花样，并按照花样C的图解一行行往上编织，织成34行的高度，至袖窿.此时衣身共织成50行。
(3)袖窿以上的编织。第51行时，左侧收针6针，右侧不加减针，往上编织，每织2行减1针，共减18次，袖窿以上织成36行，针数余下18针，不收针，用防解别针扣住

不织。
(4)相同的方法，相反的方向去编织左前片。
(5)将前片的侧缝与后片的侧缝进行缝合。

3.后片的编织。单罗纹起针法，起70针，编织花样A单罗纹针，不加减针，织16行的高度。然后第19行分散加14针，总针数加成84针，分配成花样B双桂花针，不加减针往上编织成34行的高度，至袖窿，然后袖窿起减针，方法与前片相同。每织2行减1针，减18次，织成36行的高度后，余下36针，不收针，用防解别针扣住不织。进入袖片的编织。

4.袖片的编织。袖片从领口起织，单罗纹起针法，起6针，两边两针与前片和后片的袖窿边的2针进行连接，然后依照花样D分配花样编织，两边边编织边挑针，每织2行挑1针，共挑18次，织成36行后，将前后片的袖窿收起的6针(前后片一共12针)挑起编织，进入环织.以腋下中间的2针作减针所在列，先不加减织14行后，开始减针，每织6行减1针，减4次，织成38行的袖身，至袖口，下一行分散减掉10针，余下34针，编织花样A单罗纹针，织16行后收针断线。相同的方法编织另一袖片。

5.领片的编织。将用防解别针扣住的针挑到棒针上，将袖片的起针6针用棒针挑出，除了门襟的12针继续编织花样A单罗纹针外，余下的针数全织花样B双桂花针，不加减针织16行的高度后收针断线。衣服完成。

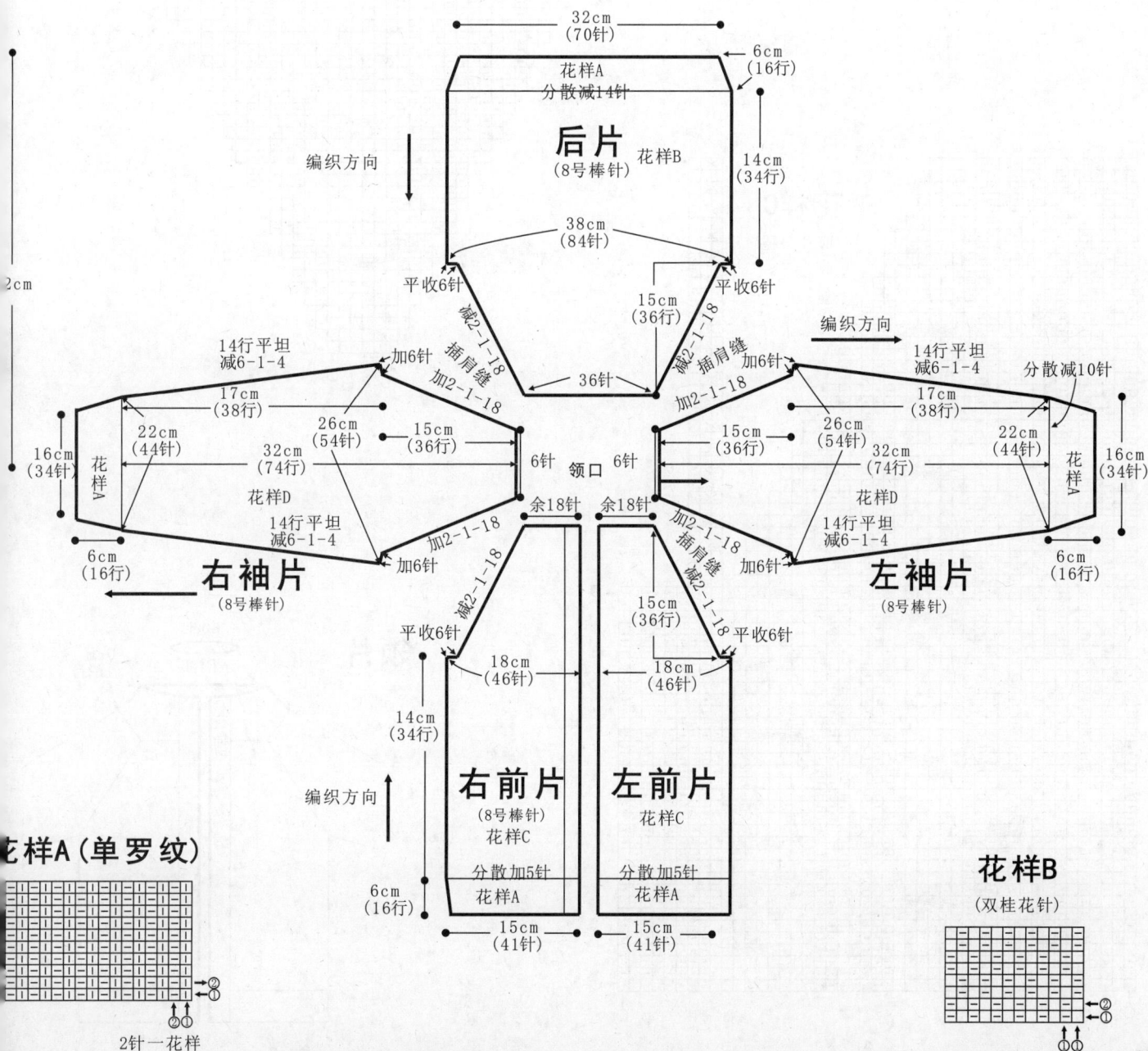

花样A（单罗纹）

2针一花样

花样B
（双桂花针）

符号说明：

□　上针

□＝□　下针

2-1-3　行-针-次

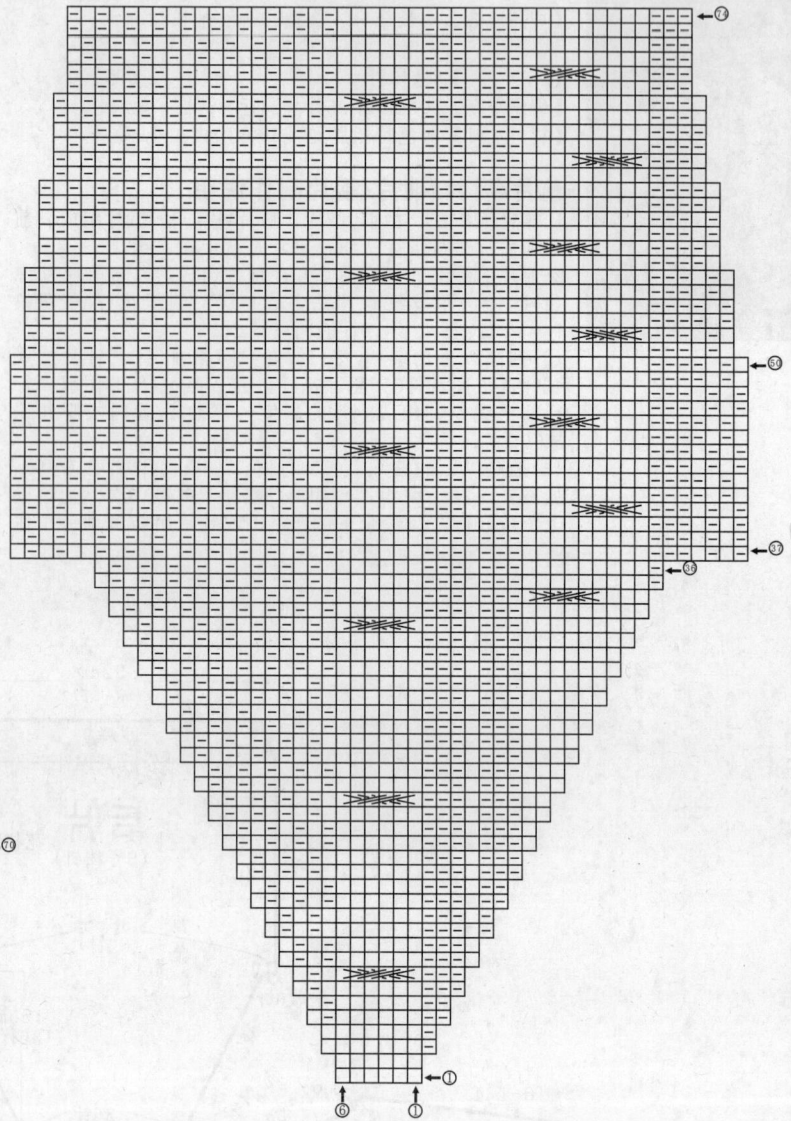

↑　编织方向

⊠　2针交叉

⬚⬚⬚⬚⬚⬚　左上3针与右下3针交叉

花样D
（袖片图解）

花样C
（前片图解）

领片（8号棒针）

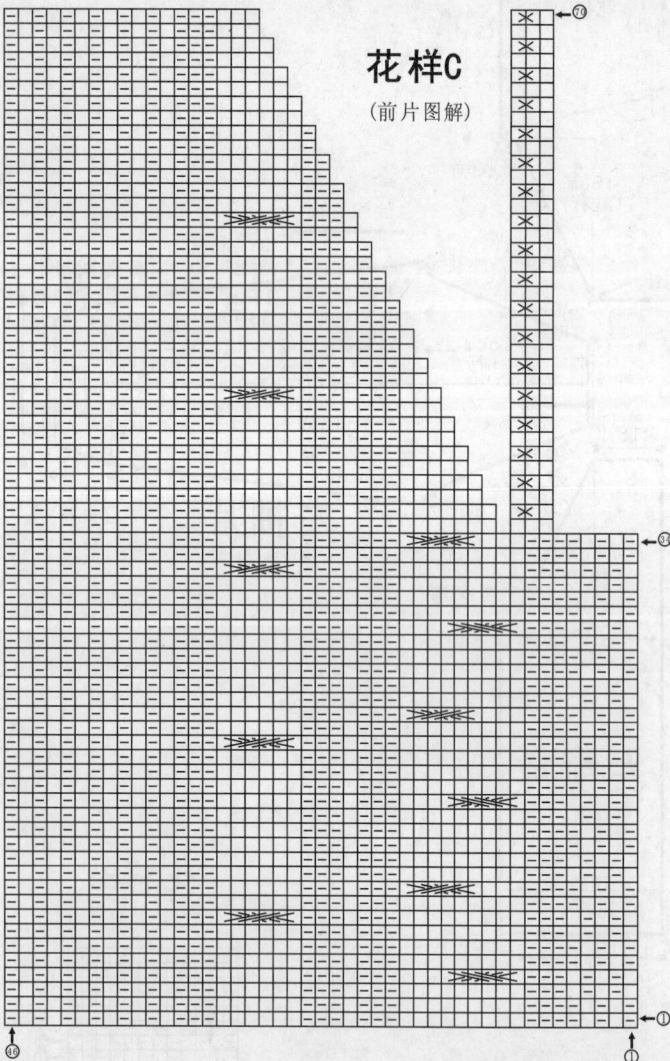

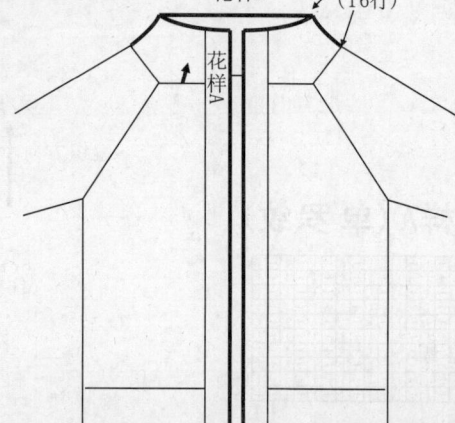

60针

花样B

6cm
（16行）

花样A

174

淡紫色七分袖毛衣

【成品规格】衣长48.5cm,胸围80cm,
　　　　　　袖长26cm
【工　　具】11号棒针
【编织密度】10cm²=29针×41.8行
【材　　料】羊毛线450g

前片/后片/衣摆/袖片制作说明

1.领口起织,起60针编织花样A24行,参照花样B编织,
分散加针至77针,织7组花样a,编织36行后成119针,这
时开始分衣片和袖片,前后衣片各63针,左右袖片各
30针,如图腋窝处衣片两侧和袖片两侧分别加出6针,

开始分别编织。
2.前后片各挑起63针,加上腋窝处挑起的6针(前后片共挑
24针)编织114行开始织花样C20行,然后织花样D6行收针结
束。衣身加针方法参照编织图。
3.袖片穿起留下的针数及腋窝处挑起的针数编织。减针方法
为6-1-1,36行平坦,织72行后编织花样D40行,收针断线。

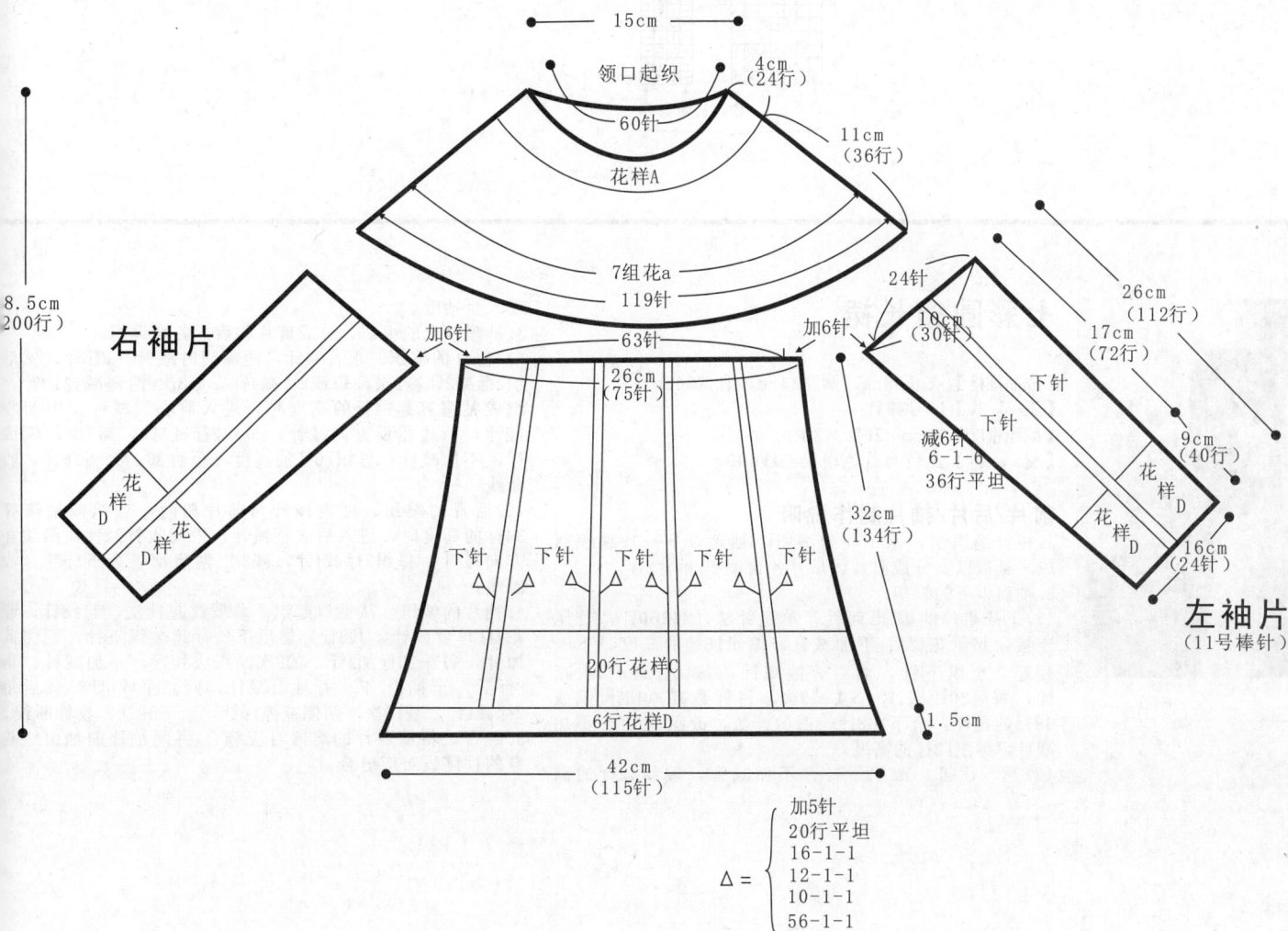

右袖片

左袖片
(11号棒针)

领口起织
15cm
4cm
(24行)
60针
花样A
11cm
(36行)
7组花a
119针
63针
加6针
加6针
26cm
(75针)
24针
10cm
(30针)
26cm
(112行)
17cm
(72行)
下针
减6针
6-1-6
36行平坦
9cm
(40行)
花样D
花样D
花样D
花样D
16cm
(24针)
48.5cm
(200行)
花样D
花样D
下针　下针　下针　下针　下针
32cm
(134行)
20行花样C
6行花样D
1.5cm
42cm
(115针)

$$\triangle = \begin{cases} 加5针 \\ 20行平坦 \\ 16-1-1 \\ 12-1-1 \\ 10-1-1 \\ 56-1-1 \end{cases}$$

花样C

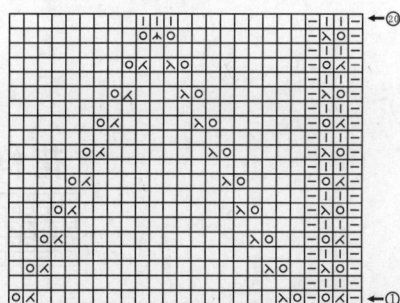

花样D
(单罗纹)

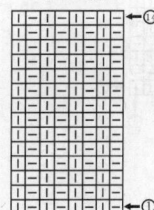

175

花样A

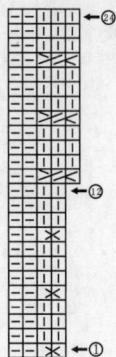

花样B

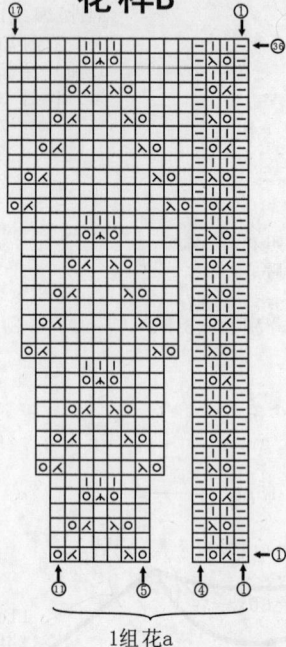

1组花a

符号说明：

□　上针

□=□　下针

2-1-3　行-针-次

↑　编织方向

◩　中上3针并1针

◎　镂空针

◪　左上2针并1针

◪　右上2针并1针

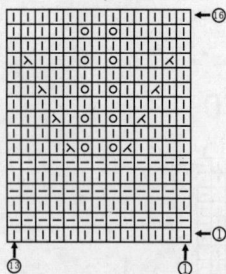

七彩圆领长裙

【成品规格】衣长58cm，胸宽33cm，肩宽24cm
【工　　具】10号棒针
【编织密度】10cm²=26针×35行
【材　　料】白色与蓝色段染毛线600g

前片/后片/袖片制作说明

1.棒针编织法，从下往上编织，袖窿以下一片编织而成，袖窿以上分成前片、后片各自编织.袖片2片。

2.袖窿以下的编织。

(1)下摆裙片的编织.起针，单起针法，起260针，首尾连接，起织花样A，不加减针，编织16行的高度。下一行起，全织下针，然后分散减针，每10行进行1次减针，每隔20针减1针，共减9次，将针数减掉46针.织成98行的裙片。余下168针一圈的针数，改织花样B。不加减针，编织12行的高度。

(2)下一行起，改织下针，不加减针，编织42行的高

度，至袖窿。

3.袖窿以上的编织。分成前片和后片各自编织。

(1)前片的编织。前片84针，两侧同时减针，减6针，然后织2行减2针减2次，每织2行减1针，减3次。两边减掉13针，织成袖窿算起14行的高度时，进入前衣领减针，中间收针12针，两边相反方向减针，每织2行减1针，减7次，织成行，不加减针，再织10行的高度，至肩部，余下16针，收断线。

(2)后片的编织。两侧减针与前片相同，当织成袖窿算起34行的高度时，进入后衣领减针，中间收针22针，两边相反方向减针，每织2行减1针，减2次。两肩部各余下16针，收断线。

4.袖片的编织。从袖口起织，单罗纹起针法，起48针，起织花样C单罗纹针，共8行，然后下一行起全织下针，两侧同时加针，每织10行加1针，加8次，织成80行，不加减针，再织8行后，至袖山.下一行袖山减针，两侧平收6针，然后织2行减1针，减10次，两侧减掉16针，余下32针，收针断线。

5.缝合。将前后片的肩部对应缝合.将两袖片的袖山线与身的袖窿线对应缝合。

花样A

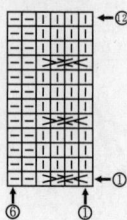

花样B

花样C

花样D

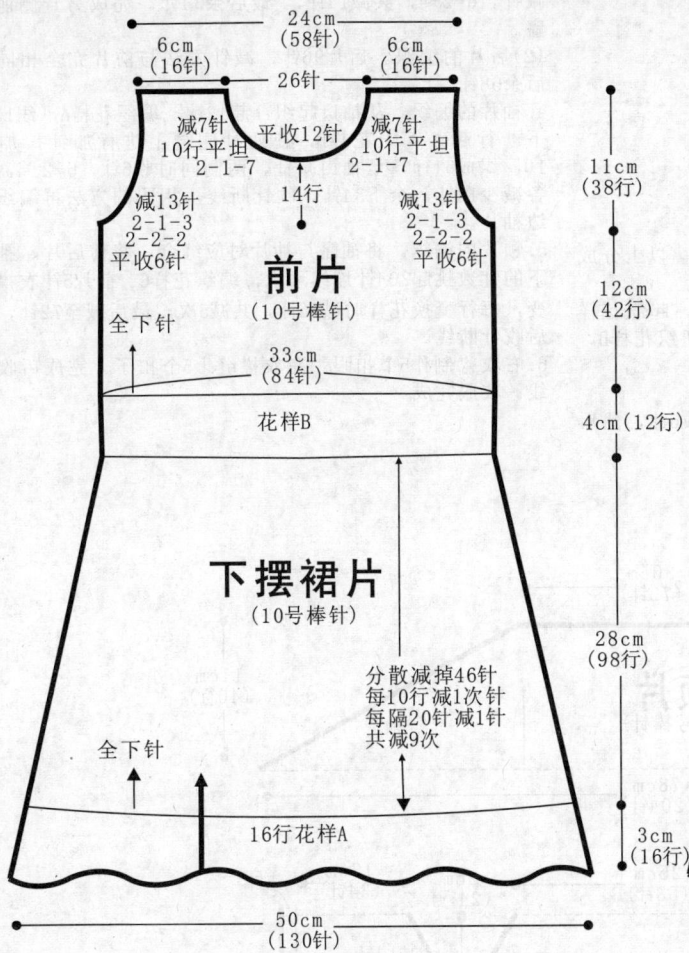

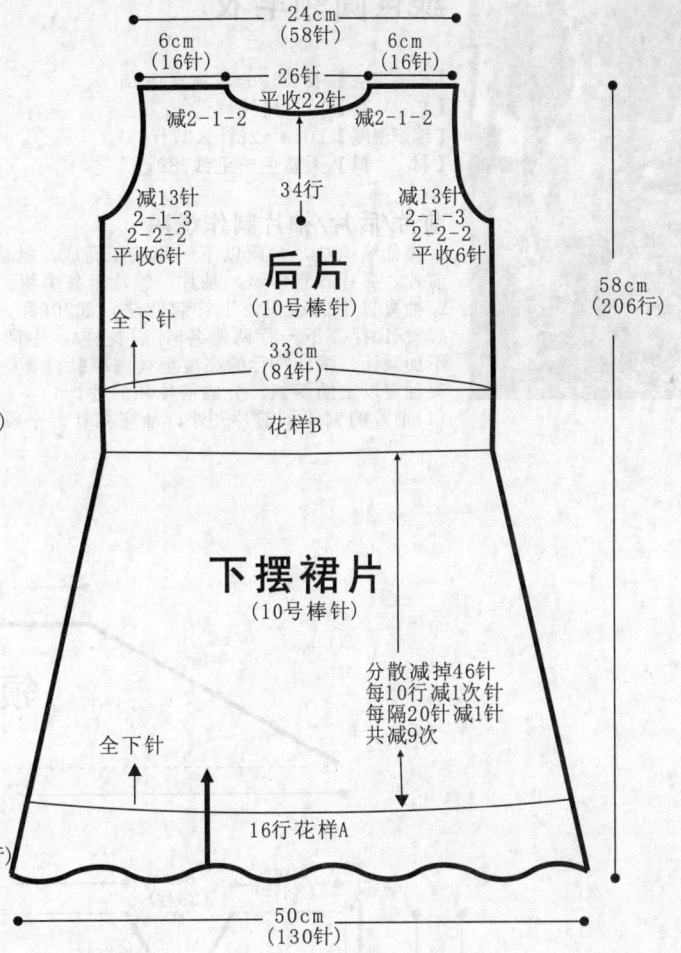

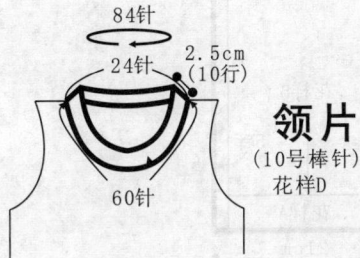

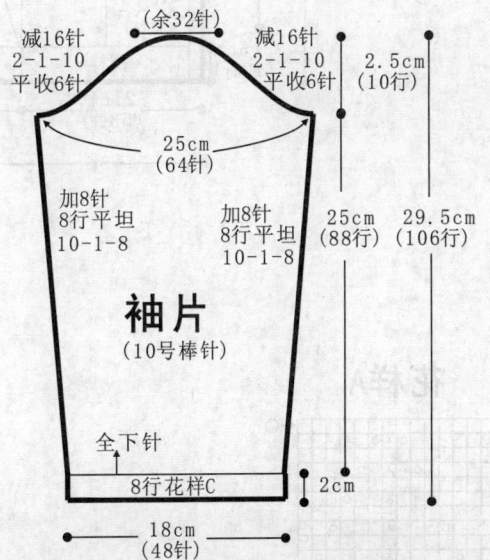

前片

24cm
(58针)

6cm | 6cm
(16针) | (16针)

26针

减7针 | 平收12针 | 减7针
10行平坦 | | 10行平坦
2-1-7 | | 2-1-7

14行

减13针 | | 减13针
2-1-3 | | 2-1-3
2-2-2 | | 2-2-2
平收6针 | | 平收6针

前片
(10号棒针)

全下针

33cm
(84针)

花样B

下摆裙片
(10号棒针)

分散减掉46针
每10行减1次针
每隔20针减1针
共减9次

全下针

16行花样A

50cm
(130针)

后片

24cm
(58针)

6cm | 6cm
(16针) | (16针)

26针
平收22针

减2-1-2 | | 减2-1-2

减13针 | 34行 | 减13针
2-1-3 | | 2-1-3
2-2-2 | | 2-2-2
平收6针 | | 平收6针

后片
(10号棒针)

全下针

33cm
(84针)

花样B

下摆裙片
(10号棒针)

分散减掉46针
每10行减1次针
每隔20针减1针
共减9次

全下针

16行花样A

50cm
(130针)

中间尺寸标注：

11cm (38行)

12cm (42行)

4cm(12行)

28cm (98行)

3cm (16行)

58cm (206行)

领片

84针

24针 — 2.5cm (10行)

领片
(10号棒针)
花样D

60针

袖片

(余32针)

减16针 | | 减16针
2-1-10 | | 2-1-10
平收6针 | | 平收6针

2.5cm (10行)

25cm (64针)

加8针 | | 加8针
8行平坦 | | 8行平坦
10-1-8 | | 10-1-8

25cm (88行) | 29.5cm (106行)

袖片
(10号棒针)

全下针

8行花样C

2cm

18cm
(48针)

符号说明：

□ 上针

□=□ 下针

2-1-3 行-针-一次

↑ 编织方向

▨▨▨ 左上2针与右下2针交叉

☒ 右并针

☒ 左并针

☒ 镂空针

☒ 中上3针并1针

绿色圆领毛衣

【成品规格】衣长39cm，胸宽38cm
【工　　具】12号棒针
【编织密度】10cm²=26针×37行
【材　　料】天蓝色羊毛线780g

前片/后片/袖片制作说明

1.棒针编织法，袖窿以下一片编织而成，袖窿以上分成前片、后片各自编织，袖片、领片单独编织。
2.袖窿以下的编织。下针起针法，起208针，起织花样A，织13行。下一行两侧各5针织花样A，中间织花样B。不加减针，编织70行的高度至袖窿减针。
3.袖窿以上的编织。分成前片和后片。
(1)前片的编织。前片53针，袖窿减针，平收6针，然后

减针，6-2-4，共减14针，最后余34针。完成另一侧前片窿。
(2)后片的编织。后片96针，减针方法与前片完全相同，后余68针。
4.袖片的编织。从袖口起织，起42针，编织花样A，织13行下一行起，编织花样B，在两袖侧缝上进行加针，加6-10，织成61行，至袖山减针，两侧同时收各6针，6-2-4，每各减少14针，余下34针，收针断线，相同的方法再编织另边袖片。
5.领片的编织。将袖窿与袖片对应缝合，将前后片、袖片下的针数挑起204针连续环织，编织花样C，前片5针衣襟边变，每行变换花样时减26针，共减5次，最后减至72针，后收针断线。
6.右衣襟制作5个扣眼。左衣襟缝上5个扣子。完成后收针线。衣服完成。

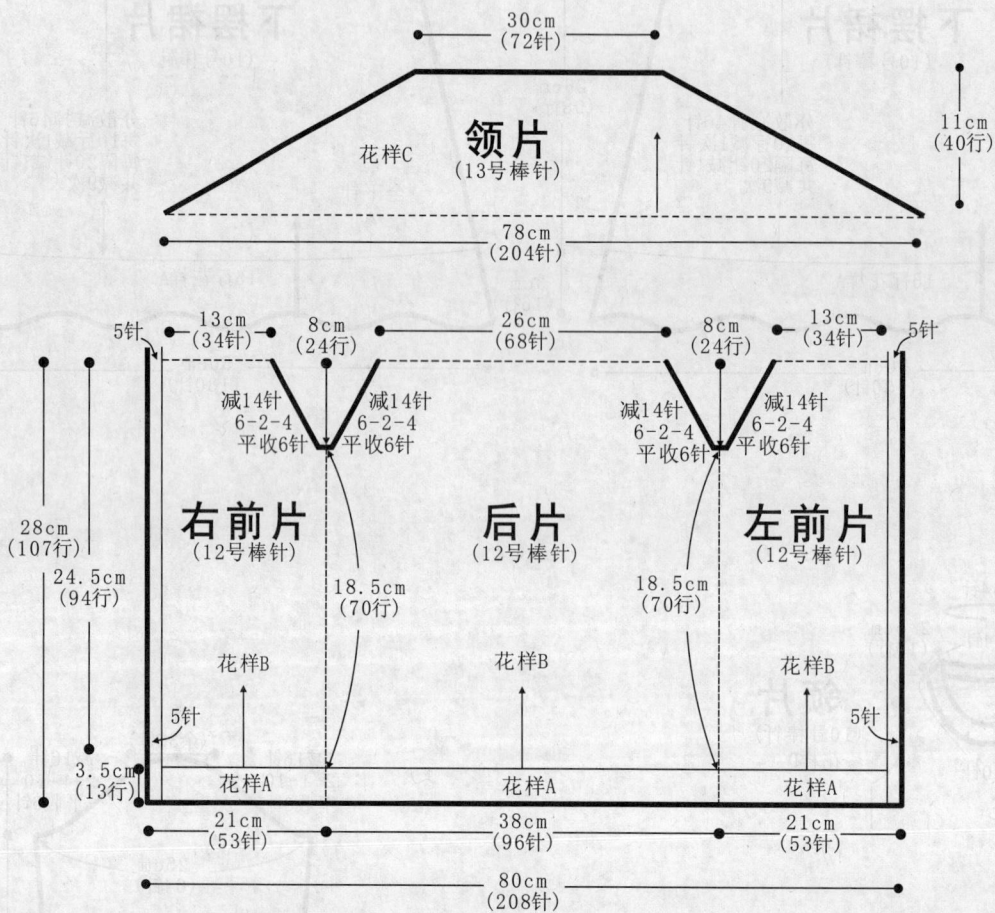

领片
（13号棒针）
花样C
30cm（72针）
11cm（40行）
78cm（204针）

13cm（34针）　8cm（24行）　26cm（68针）　8cm（24行）　13cm（34针）
5针　　　　　　　　　　　　　　　　　　　　　　　　　　　　5针

减14针 6-2-4 平收6针　　减14针 6-2-4 平收6针

右前片（12号棒针）　　后片（12号棒针）　　左前片（12号棒针）

28cm（107行）
24.5cm（94行）
18.5cm（70行）　　18.5cm（70行）

花样B　　　　　花样B　　　　　花样B

5针　　　　　　　　　　　　　　　　　　　　　　　　5针

3.5cm（13行）
花样A　　　　　花样A　　　　　花样A

21cm（53针）　　38cm（96针）　　21cm（53针）
80cm（208针）

花样A

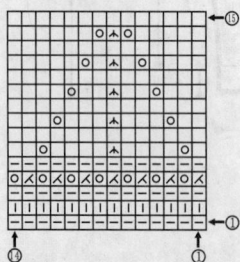

花样B

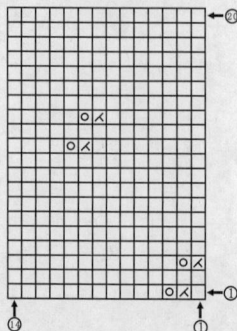

花样C

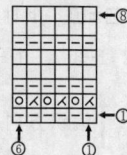

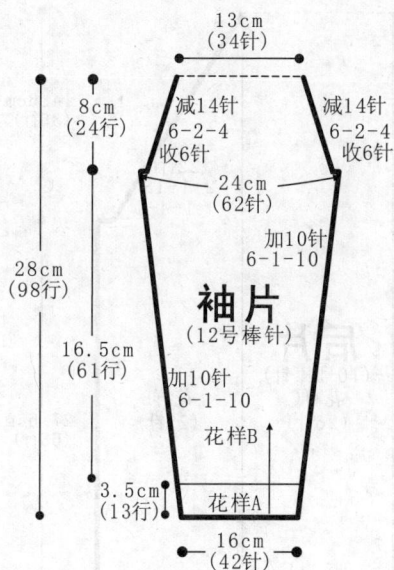

13cm
(34针)

8cm
(24行)

减14针
6-2-4
收6针

减14针
6-2-4
收6针

24cm
(62针)

加10针
6-1-10

28cm
(98行)

袖片
(12号棒针)

16.5cm
(61行)

加10针
6-1-10

花样B

3.5cm
(13行)

花样A

16cm
(42针)

符号说明：

□　　上针

□=□　下针

2-1-3　行-针-次

↑　　编织方向

|0|▲|0|　中上3针并1针

|人|0|　右上2针并1针

休闲蓝色连帽装

【成品规格】衣长42cm，半胸围35cm，袖连
　　　　　　肩长42cm
【工　　具】10号棒针
【编织密度】10cm²=20针×24.8行
【材　　料】蓝色棉线450g

前片/后片制作说明

1.棒针编织法，衣身分为前片和后片分别编织。
2.起织后片，下针起针法，起70针织花样A，织4行，改
为花样B与花样C组合编织，中间织26针花样C，两侧余下
针数织花样B，织至68行，两侧各平收4针，然后按2-1-
18的方法减针织成插肩，织至104行，织片余下26针，
用防解别针扣起暂时不织。
3.起织前片，下针起针法，起70针织花样A，织4行，改
为花样B与花样C组合编织，中间织26针花样C，两侧余下

针数织花样B，织至68行，两侧各平收4针，然后按2-1-18的
方法减针织成插肩，织至92行，第93行起将织片从中间平分
成左右两片分别编织，织至104行，两织片各余下13针，用
防解别针扣起暂时不织。
4.将前片与后片的两侧缝对应缝合。

帽片制作说明

棒针编织法，沿领口往上往返编织。共织84针，不加减针织
50行后，将织片从中间对称缝合。

袖片制作说明

1.棒针编织法，编织两片袖片。从袖口往上编织。
2.单罗纹针起针法，起44针织花样D，织10行后，改织花样
B，两侧加针，方法为8-1-8，织至50行，改织花样C，织至
62行，改织花样B，织至68行，两侧各平收4针，然后按2-1-
18的方法减针织成插肩袖山，织至104行，织片余下16针，
用防解别针扣起暂时不织。
3.同样的方法再编织另一袖片。
4.缝合方法:将袖片插肩对应衣身插肩缝合。两将两袖侧缝
对应缝合。

花样A

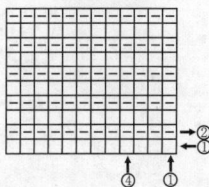

花样B

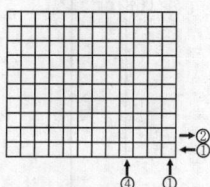

花样C

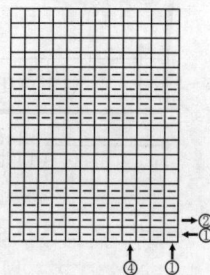

花样D

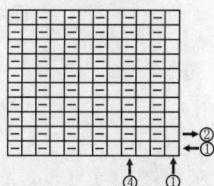

179

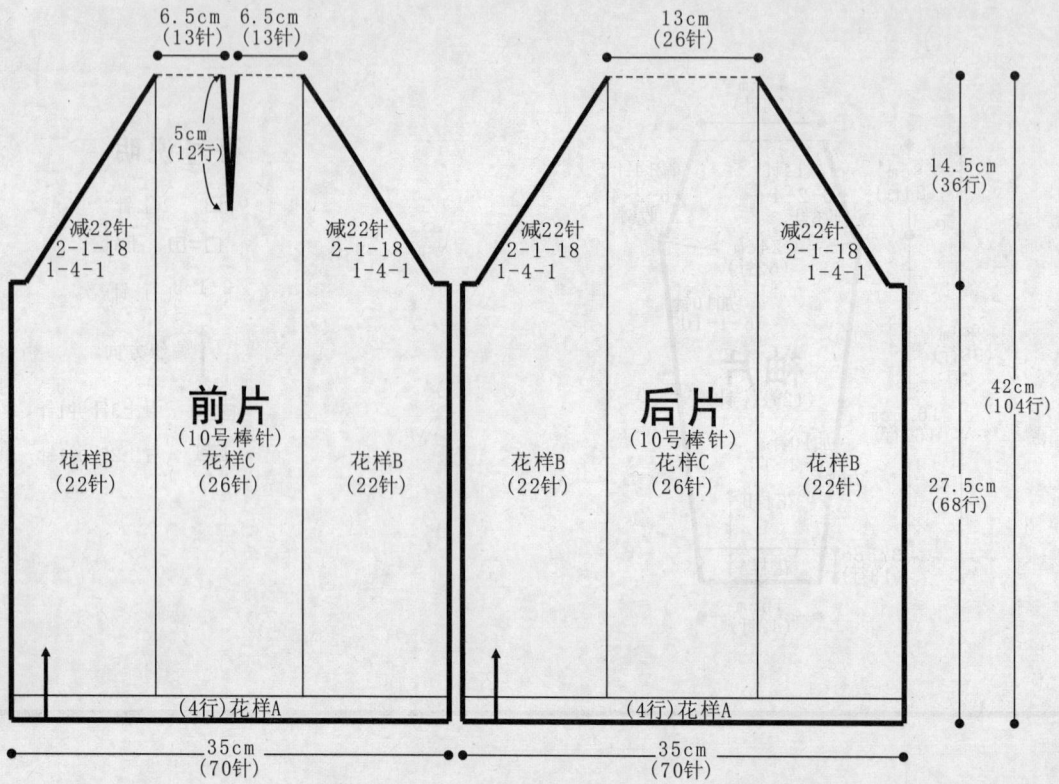

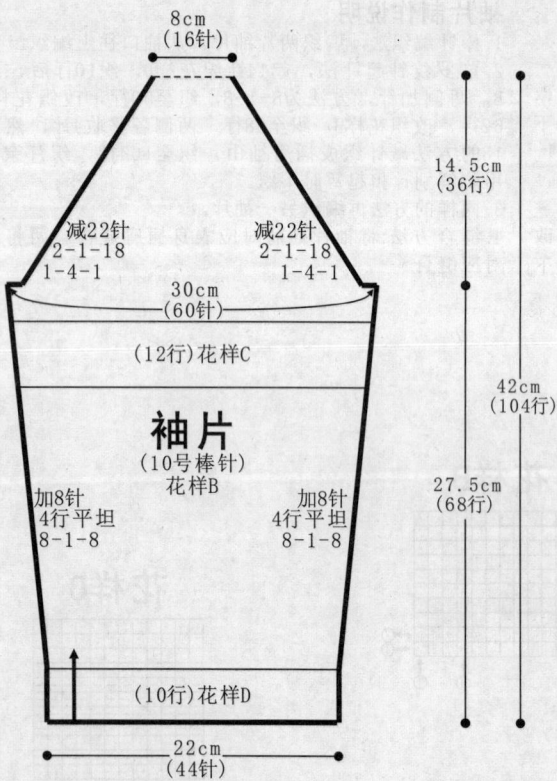

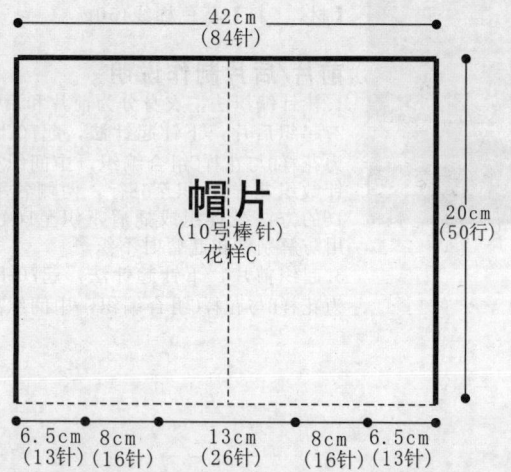

6.5cm 6.5cm
(13针) (13针)

13cm
(26针)

5cm
(12行)

减22针
2-1-18
1-4-1

减22针
2-1-18
1-4-1

减22针
2-1-18
1-4-1

减22针
2-1-18
1-4-1

14.5cm
(36行)

42cm
(104行)

前 片
(10号棒针)

后 片
(10号棒针)

花样B
(22针)

花样C
(26针)

花样B
(22针)

花样B
(22针)

花样C
(26针)

花样B
(22针)

27.5cm
(68行)

(4行)花样A

(4行)花样A

35cm
(70针)

35cm
(70针)

8cm
(16针)

42cm
(84针)

减22针
2-1-18
1-4-1

减22针
2-1-18
1-4-1

14.5cm
(36行)

帽 片
(10号棒针)
花样C

20cm
(50行)

30cm
(60针)

(12行)花样C

袖 片
(10号棒针)
花样B

42cm
(104行)

加8针
4行平坦
8-1-8

加8针
4行平坦
8-1-8

6.5cm 8cm 13cm 8cm 6.5cm
(13针)(16针)(26针)(16针)(13针)

27.5cm
(68行)

(10行)花样D

22cm
(44针)

符号说明：

☐   上针

□＝Ⅰ   下针

2-1-3 行-针-次

180

温暖休闲连帽背心

【成品规格】衣长48cm，胸宽34cm，肩宽28cm
【工　　具】9号棒针
【编织密度】10cm²=14针×20行
【材　　料】湖蓝色圈圈绒400g

前片/后片/袖片制作说明

1.棒针编织法，袖窿以下一片编织而成，袖窿以上分成
前片、后片各自编织，袖片单独编织。
2.袖窿以下的编织。单罗纹起针法，起90针，起织花样
A，织8行。下一行起，右前片和左前片两边各留6针花样
A，其余全部织下针。不加减针，编织52行的高度至袖
窿减针。

3.袖窿以上的编织。分成前片和后片。
(1)前片的编织。前片22针，袖窿减针，平收针3针，然后减
针，2-1-2，共减5针，至肩部余下17针，收针，左衣襟制作
3个扣眼。右衣襟缝上3个扣子。同样方法完成另一侧前片。
(2)后片的编织。后片46针，两侧袖窿同时减针，方法与前
片相同，至肩部余下36针，收针。
4.拼接。将前后片的肩部对应缝合5针，余下针连续织帽
片。
5.帽片的编织。沿拼接后的前后片余针连续挑织帽片，共
60针，编织下针，两侧1针下针上进行加针，12-1-4，不加
减再织6行，前片的花样A继续编织，织54行后收针断线，将
收针边对折拼接缝合。衣服完成。

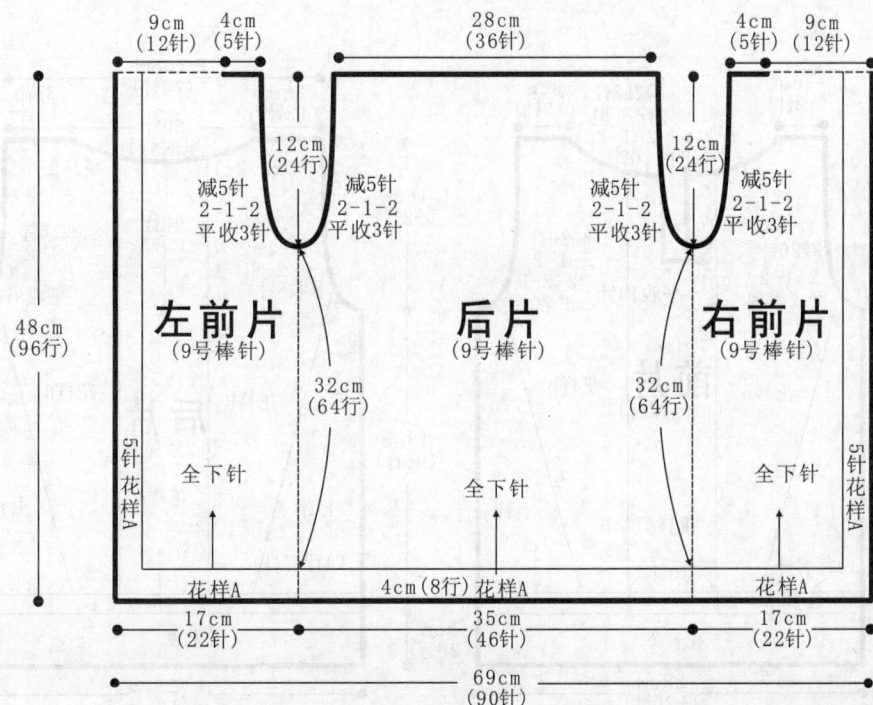

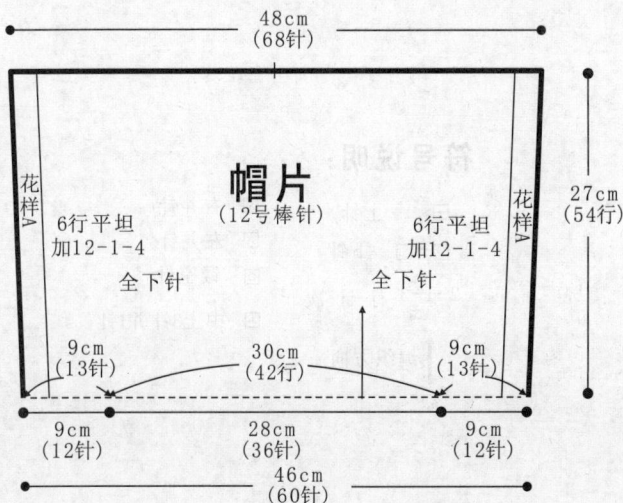

符号说明：

□	上针	⊠	右并针
□=□	下针	⊠	左并针
		⊠	镂空针
2-1-3	行-针-次	⊠	中上3针并1针

↑ 编织方向

花样A

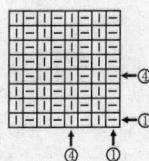

酷雅腰带毛衣

【成品规格】 衣长39cm，胸宽28cm，肩宽24cm
【工　具】 12号棒针
【编织密度】 10cm²=46针×56行
【材　料】 灰色羊毛线340g

前片/后片/袖边制作说明

1. 棒针编织法，前后身片分别编织而成。

2. 前片的编织。一片织成。起针，双罗纹针起针法，起126针，起织花样A，织28行。下一行起，全织下针，不加减针，织14行的高度，在中间30针的两侧分别留出腰带扣眼，再从下针处挑另一层下针，织14行的高度后，第15行将两层下针合并成双层编织，下一行改织花样A、花样B和上针，不加减针，编织96行的高度，至袖

隆。袖隆起减针，两边同时减8针，然后2-2-8，2-1-2，两边各减少26针，继续编织下针，织成袖隆算起20行的时，中间平收14针不织，两边不加减针编织，收针后第减前领针，两边相反方向减针，减8针，2-1-8，两边各12针，不加减针，再织2行的高度后，收针断线。

3. 后片的编织。后片袖隆以下的编织与前片完全相同，减针与前片相同，当织成袖隆算起90行的高度时，进行领减针，中间留46针不织，两边相反方向减针，减2-2-，织成4行，两边各余下12针，收针断线。

4. 拼接。将前片的侧缝与后片的侧缝和肩部对应缝合。

5. 衣领、袖边的编织。沿着前后衣领边挑出156针，编样A，织28行后，收针断线。前衣领边的编织，沿着平14针两边，各挑78针，起织花样A，不加减针，织14行的后，收针断线，沿收针处将两领片重叠缝实。袖隆边的织，分别沿两袖隆挑织80针，编织花样A，织14行，收线。衣服完成。

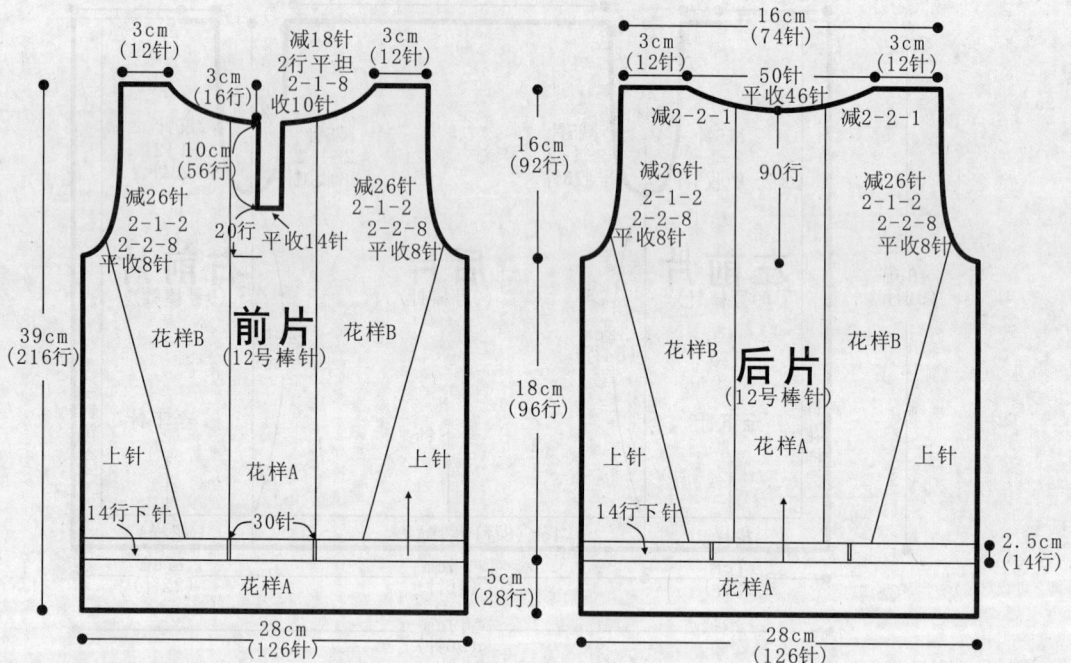

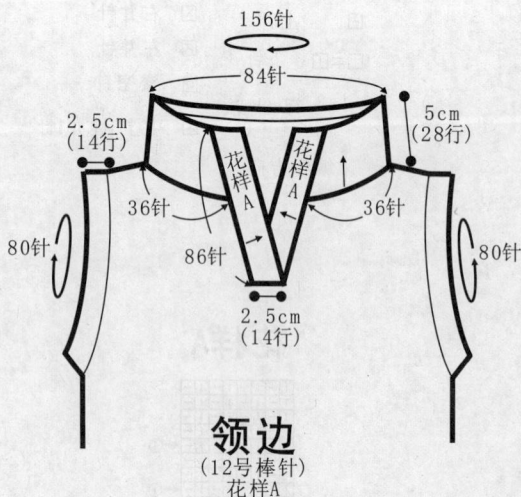

前片图：
- 3cm（12针）
- 减18针 2行平坦 2-1-8 收10针
- 3cm（12针）
- 3cm（16行）
- 10cm（56行）
- 减26针 2-1-2 2-2-8 平收8针
- 20行
- 平收14针
- 减26针 2-1-2 2-2-8 平收8针
- 39cm（216行）
- 花样B
- **前片**（12号棒针）
- 花样B
- 上针
- 花样A
- 上针
- 14行下针
- 30针
- 花样A
- 28cm（126针）

后片图：
- 16cm（74针）
- 3cm（12针）
- 3cm（12针）
- 50针 平收46针
- 减2-2-1
- 减2-2-1
- 16cm（92行）
- 减26针 2-1-2 2-2-8 平收8针
- 90行
- 减26针 2-1-2 2-2-8 平收8针
- 18cm（96行）
- 花样B
- **后片**（12号棒针）
- 花样B
- 上针
- 花样A
- 上针
- 14行下针
- 2.5cm（14行）
- 花样A
- 5cm（28行）
- 28cm（126针）

领边图：
- 156针
- 84针
- 2.5cm（14行）
- 5cm（28行）
- 36针
- 花样A
- 花样A
- 36针
- 80针
- 86针
- 80针
- 2.5cm（14行）
- **领边**（12号棒针）花样A

符号说明：

符号	说明	符号	说明
⊟	上针	⊠	右并针
□=□	下针	⊠	左并针
2-1-3	行-针-次	⊡	镂空针
		⊠	中上3针并1针

↑ 编织方向

182

花样A

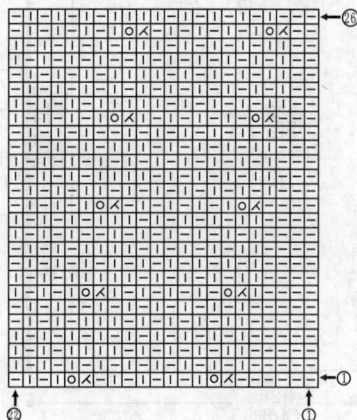

←④
←①
⑧ ①

花样B

←26
←①
42 ①

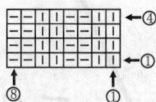

雪白珍珠花短装

【成品规格】 衣长27cm，半胸围32cm，肩连
袖长27cm
【工　　具】 9号棒针
【编织密度】 10cm²=12.5针×18行
【材　　料】 白色棉线共350g，纽扣4颗

前片/后片制作说明

1.棒针编织法，衣身片分为左前片、右前片和后片，分
别编织，完成后与袖片缝合而成。
2.起织后片，下针起针法起40针织花样A，织4行后，第
5行两侧各平收2针，改织花样B，一边织一边两侧减针，
方法为4-1-10，织至48行，织片余下16针，用防解别针
扣起，留待编织衣领。
3.起织左前片，下针起针法起22针织花样A，织4行后，
第5行左侧平收2针，右侧衣襟4针断线续编织花样A，其

余针数改织花样C，一边织一边左侧减针，方法为4-1-10，
织至42行，第43行织片右侧留起衣襟的4针不织，然后减针织
成前领，方法为2-2-2，2-1-1，织至48行，织片余下1针，
用防解别针扣起，留待编织衣领。
4.相同的方法相反方向编织右前片，将左、右前片与后片的
侧缝缝合，前片及后片的插肩对应袖片的插肩缝缝合。

帽片制作说明

1.棒针编织法，一片编织完成。
2.沿领口挑针起织，挑起40针编织花样B，两侧各织4针花样
A作为帽边。重复往上织46行后，收针。将帽顶缝合。

袖片制作说明

1.棒针编织法，编织两片袖片。从袖口起织。
2.下针起针法起34针织花样A，织4行后，第5行两侧各平收
2针，改织花样B，一边织一边两侧减针，方法为3-1-14，织
至48行，织片余下2针，用防解别针扣起，留待编织衣领。
3.同样的方法编织另一袖片。
4.将两袖侧缝对应缝合。

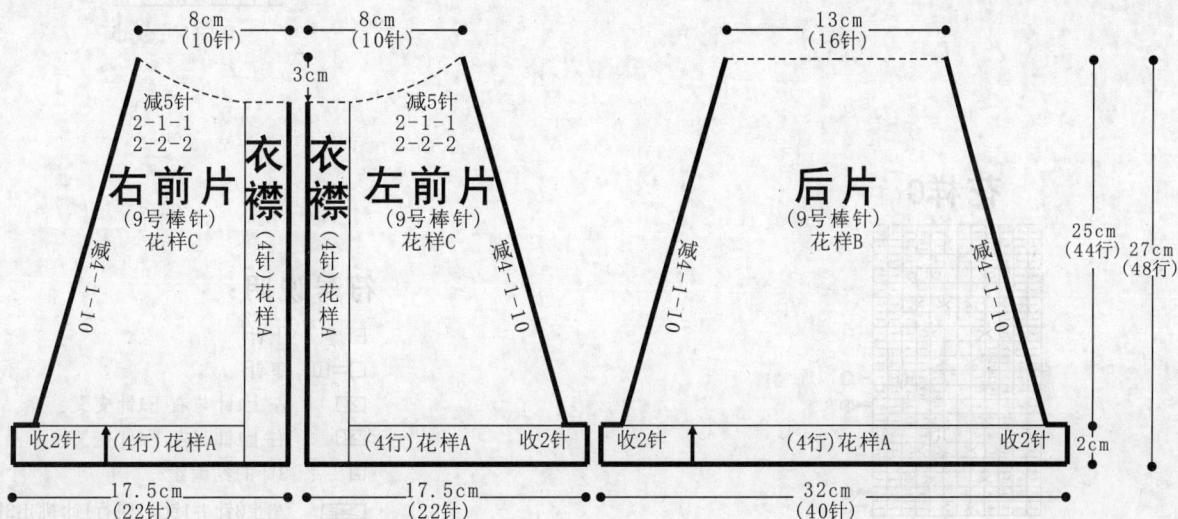

8cm
(10针)
8cm
(10针)
3cm
减5针
2-1-1
2-2-2
减5针
2-1-1
2-2-2
右前片
(9号棒针)
花样C
衣襟
(4针)
花样A
衣襟
(4针)
花样A
左前片
(9号棒针)
花样C
减4-1-10
减4-1-10
收2针 (4行)花样A
收2针 (4行)花样A
17.5cm
(22针)
17.5cm
(22针)

13cm
(16针)
后片
(9号棒针)
花样B
减4-1-10
减4-1-10
25cm
(44行)
27cm
(48行)
收2针 (4行)花样A 收2针
2cm
32cm
(40针)

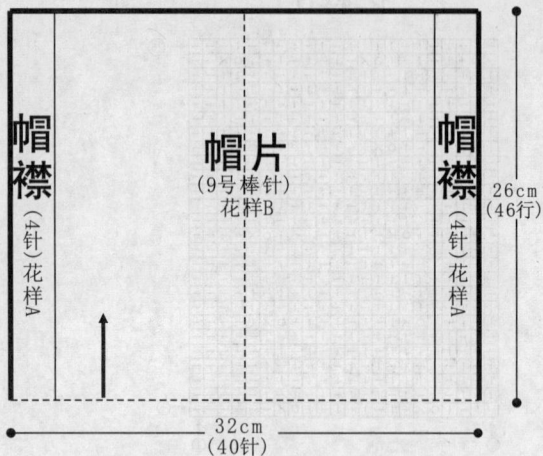

帽襟
(4针)花样A

帽片
(9号棒针)
花样B

帽襟
(4针)花样A

26cm
(46行)

32cm
(40针)

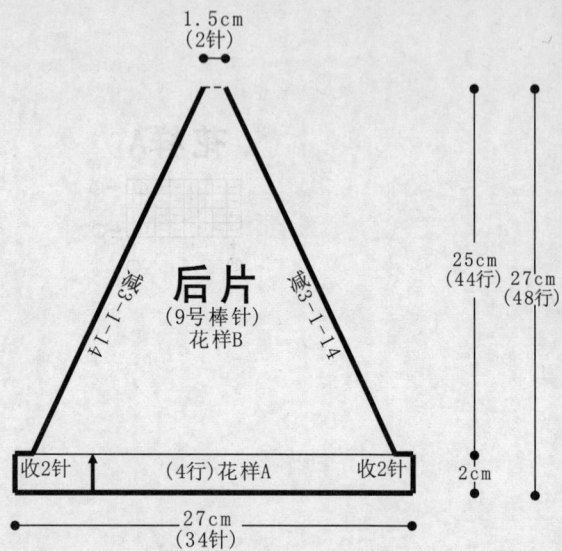

1.5cm
(2针)

后片
(9号棒针)
花样B

减3-1-14

减3-1-14

收2针 (4行)花样A 收2针

25cm
(44行)

27cm
(48行)

2cm

27cm
(34针)

花样A

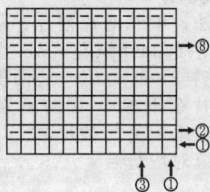

花样B

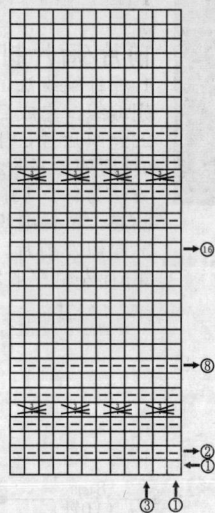

花样C

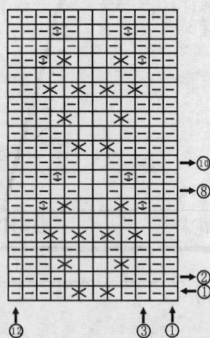

符号说明:

□ 上针

□=□ 下针

☒ 左上1针与右下1针交叉

☒ 右上1针与左下1针交叉

回 3针的结编织

☒ 左上3针并1针,同行1针挑出3针

2-1-3 行-针-次

184

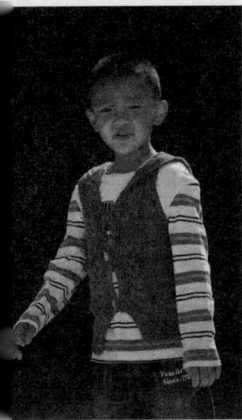

咖啡色连帽背心

【成品规格】 衣长41cm，半胸围29cm，肩宽cm，
　　　　　　 帽长27cm
【工　　具】 11号棒针
【编织密度】 10cm² =22.8针×22.6行
【材　　料】 浅咖啡色棉线共400g

前片/后片制作说明

1.棒针编织法，衣服分成左前片、右前片和后片分别编织。

2.起织后片，起66针，先织5针花样A，接着织56针花样B，再织5针花样A，重复往上织16行，第17行起两侧花样

A继续编织，中间56针改为花样C和花样D组合编织，如结构图所示，织至46行，两侧花样C减针织成袖窿，方法为2-1-9，织至92行，两侧各平收7针，中间余下34针留待编织帽子

3.起织右前片，起37针，先织5针花样A，接着织25针花样，再织7针花样A，重复往上织16行，第17行起两侧花样A继续编织，中间25针改为花样C和花样E组合编织，如结构图所示，织至46行，右侧花样C减针织成袖窿，方法为2-1-9，织至92行，右侧平收7针，左侧余下21针留待编织帽子。

4.同样的方法相反方向编织左前片。

5.前片与后片的两肩部对应缝合，两侧缝合。

6.编织帽子。挑起左、右前片及后片领口留起的76针织，织花样A，E，C组合，组合方法如结构图所示，织60行，收针，将帽顶缝合。

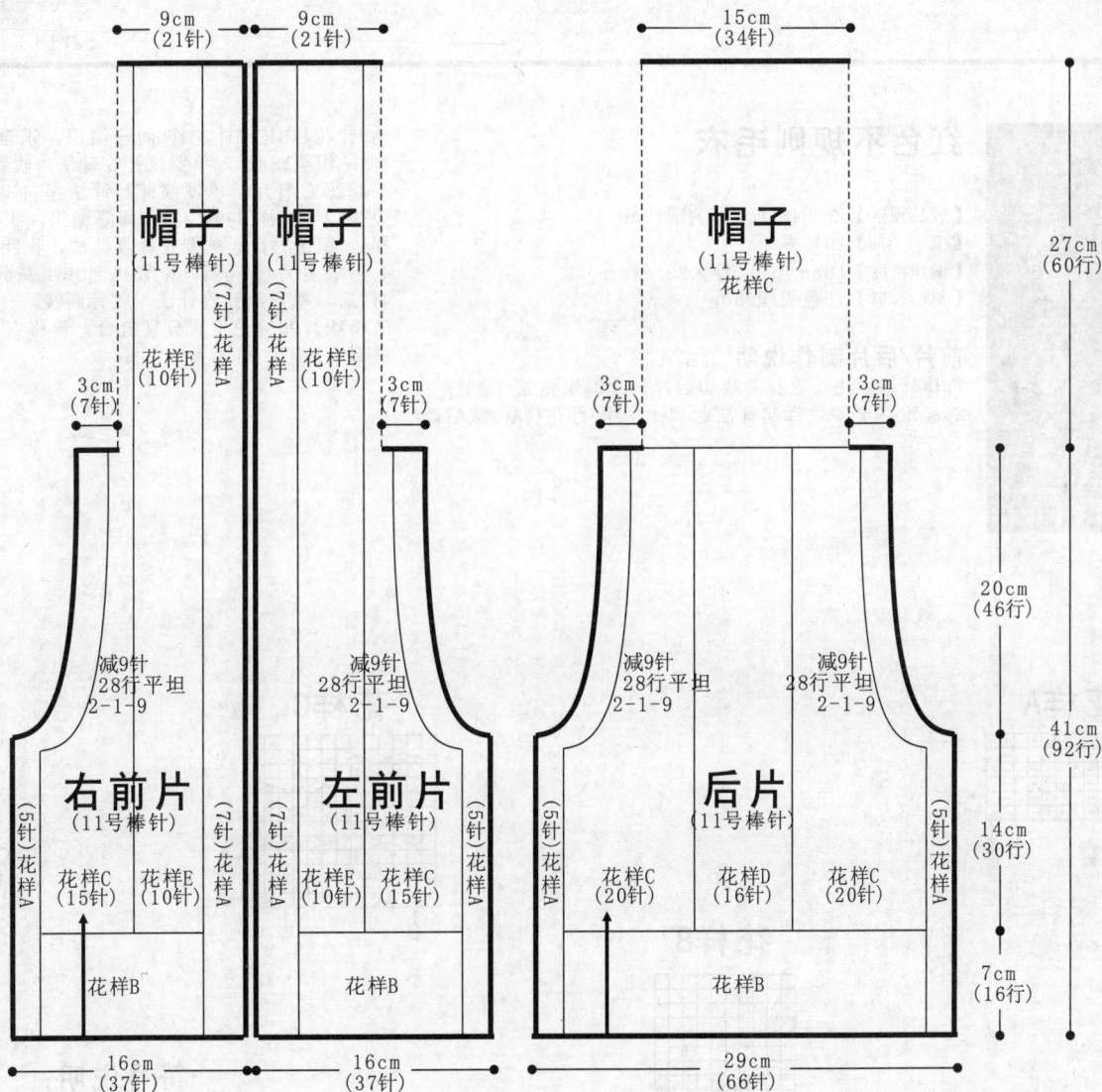

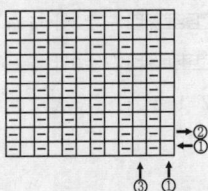

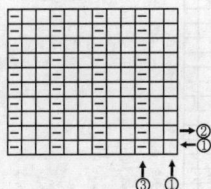

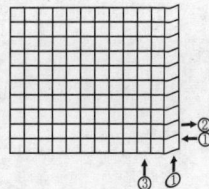

花样D

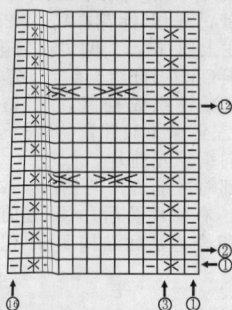

花样E

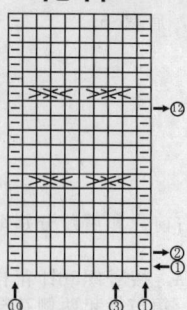

符号说明：

□　　　　　上针

□＝①　　　下针

⊠　　　　　左上1针与右下1针交叉

⟩⟨　　　　左上2针与右下2针交叉

⟩⟨　　　　右上2针与左下2针交叉

2-1-3　行-针-次

红色不规则毛衣

【成品规格】 衣长48cm，半胸围32cm

【工　　具】 10号棒针

【编织密度】 10cm²=19.5针×22.7行

【材　　料】 红色棉线250g

前片/后片制作说明

1.棒针编织法，衣身前片和后片一次编织完成.

2.起织，单罗纹针起针法起63针，织4行花样A，然后改

为9针花样B与12针花样C间隔编织，织至184行，全部改织样A，织至188行，单罗纹针收针法，收针断线。

3.起织右肩片，单罗纹针起针法起54针，织4行花样A，然后改为12针花样C与9针花样B间隔编织，织至30行，全部改织样A，织至34行，单罗纹针收针法，收针断线。

4.沿衣身片图示领口位置挑起39针编织领片，织花样A，4行后，单罗纹针收针法，收针断线。

5.将织片和标记位置分别缝合，再将右肩片对应衣身前后缝合。

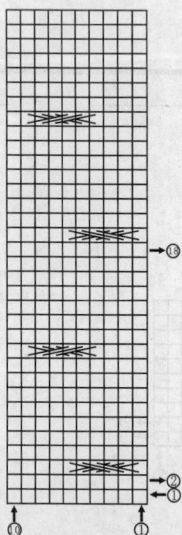

花样A

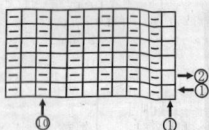

花样C

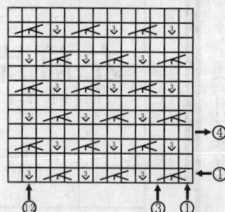

花样B

符号说明：

□　　　　　上针

□＝①　　　下针

⟩⟨　　　　左上3针并1针

③＝⟩⟨　　1针编出3针
　　　　　的加针(上挂上)

⟩⟨　　　　左上3针与右下3针交叉

⟩⟨　　　　右上3针与左下3针交叉

2-1-3　行-针-次

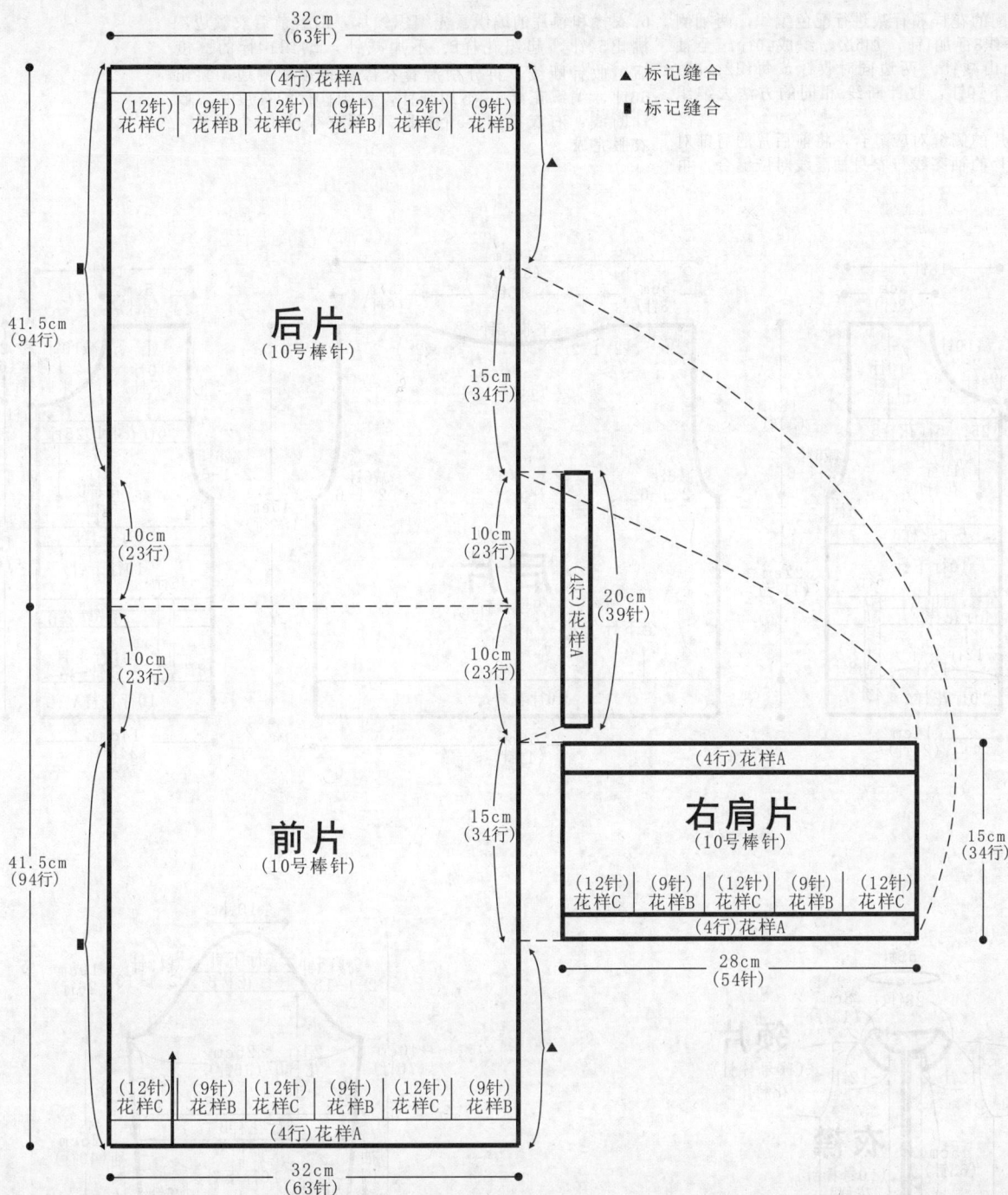

图示（后片）：

32cm（63针）

（4行）花样A

| （12针）花样C | （9针）花样B | （12针）花样C | （9针）花样B | （12针）花样C | （9针）花样B |

▲

后片（10号棒针）

41.5cm（94行）

15cm（34行）

10cm（23行）

10cm（23行）

（4行）花样A

20cm（39针）

10cm（23行）

10cm（23行）

前片（10号棒针）

15cm（34行）

41.5cm（94行）

| （12针）花样C | （9针）花样B | （12针）花样C | （9针）花样B | （12针）花样C | （9针）花样B |

（4行）花样A

32cm（63针）

▲ 标记缝合
■ 标记缝合

（4行）花样A

右肩片（10号棒针）

| （12针）花样C | （9针）花样B | （12针）花样C | （9针）花样B | （12针）花样C |

（4行）花样A

15cm（34行）

28cm（54针）

帅气配色毛衣

【成品规格】衣长45cm，胸宽36cm，袖长40cm
【工　　具】9号棒针
【编织密度】10cm²=17针×18行
【材　　料】羊毛线蓝色300g、棕色80g、白色
　　　　　　少许，扣子5个

前片/后片/领片/袖片制作说明

1.棒针编织法，从下往上编织，分成左前片、右前片、后片各自编织，再编织袖片。配色线编织。

2.前片的编织，分成左前片和右前片.以左前片为例.

(1)下针起针法，用蓝色线，起24针，起织花样A，不加减针，编织10行的高度。

(2)下一行起，将织片分成两部分，之间的开口作袋口.内侧部分8针，外侧部分16针，各自编织，蓝色线编织12行下针后，改用配色编织6行花样B，再配色编织3行

花样C。完成两片的编织。下一行起，将所有的针数作为一片进行编织，全用蓝色线编织，全织下针，共织10行，然后再编织6行花样B，最后编织4行花样D后，至袖隆，此时共织成51行的织片。

(3)袖隆以上的编织。继续编织花样D，右侧袖隆减针，每织2行减1针，减6次.织成12行，再织3行后，下一行起，改织花样B，共6行，而后用蓝色线，再织4行后，进入前衣领减针，先收针4针，每织2行减2针，减4次，织成6行，至肩部，余下8针，收针断线。

(4)相同的方法去编织右前片。

3.后片的编织。下针起针法，用蓝色线起44针，起织花样A，不加减针，编织10行的高度后，全织下针，不加减针，编织41行的高度后，至袖隆，两边减针，每织2行减1针，减6次，织成12行，再编织16行后，进行后衣领减针，下一行的中间收针12针，两边相反方向减针，每织2行减1针，减2次，两边肩部各余下8针，收针断线。

4.袖片的编织。从袖口起织，下针起针法，用蓝色线起26针，起织花样A，不加减针，编织10行的高度。下一行起，

187

依照结构图所分配的花样和行数进行配色编织，两袖侧缝进行加针，每织8行加1针，加5次，织成40行，至袖山，下一行起袖山减针，两边同时收针，每织2行减1针，减13次，余下10针，收针断线.相同的方法去编织另一袖片。

5.缝合。将前后片的侧缝对应缝合，将前后片的肩部对应缝合。将两袖片的袖窿线与衣身袖窿线对应缝合。再将袖侧缝进行缝合。

6.衣襟和领片的编织。先编织领片，沿着前后衣领边，挑出52针，起织花样E，不加减针，编织14行的高度后，收针断线。再分别沿着衣襟边和领片侧边，挑出63针，编织花样A，不加减针，编织10行的高度后，收针断线。右衣襟制作5个扣眼.对侧衣襟缝上5个扣子。衣服完成。

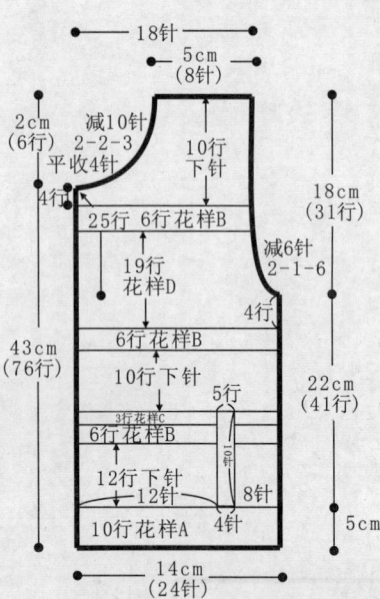

左前片 （6号棒针）

- 18针
- 5cm (8针)
- 2cm (6行) 平收4针
- 减10针 2-2-3
- 10行 下针
- 4针
- 25行 6行花样B
- 18cm (31行)
- 19行 花样D
- 减6针 2-1-6
- 4行
- 6行花样B
- 10行下针
- 22cm (41行)
- 3行花样C
- 6行花样B
- 5行
- 12行下针 12针
- 8针
- 10行花样A
- 4针
- 43cm (76行)
- 14cm (24针)

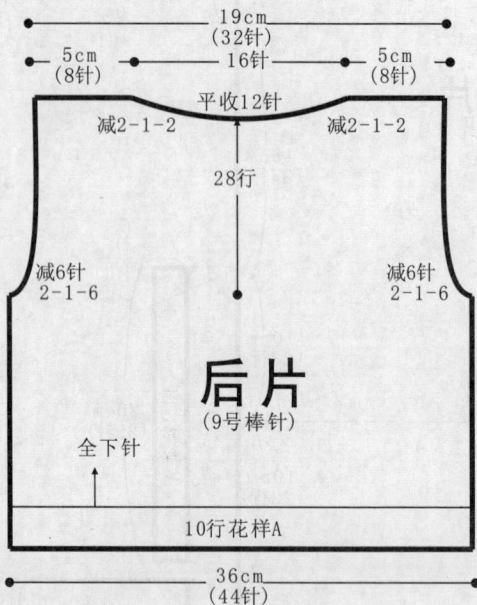

后片 （9号棒针）

- 19cm (32针)
- 5cm (8针)
- 16针
- 5cm (8针)
- 平收12针
- 减2-1-2
- 减2-1-2
- 28行
- 减6针 2-1-6
- 减6针 2-1-6
- 45cm (82行)
- 全下针
- 10行花样A
- 36cm (44针)
- 5cm

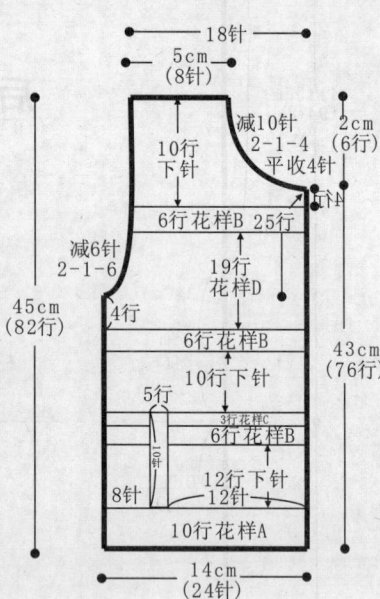

右前片 （6号棒针）

- 18针
- 5cm (8针)
- 减10针 2-1-4
- 2cm (6行)
- 平收4针
- 10行 下针
- 6行花样B 25行
- 19行 花样D
- 减6针 2-1-6
- 4行
- 6行花样B
- 10行下针
- 3行花样C
- 6行花样B
- 5行
- 12行下针 12针
- 8针
- 10行花样A
- 45cm (82行)
- 43cm (76行)
- 14cm (24针)

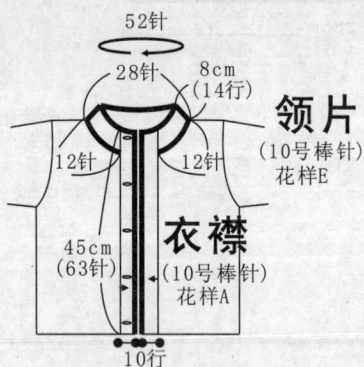

- 52针
- 28针
- 8cm (14行)
- 领片 （10号棒针）花样E
- 12针
- 12针
- 45cm (63针)
- 衣襟 （10号棒针）花样A
- 10行

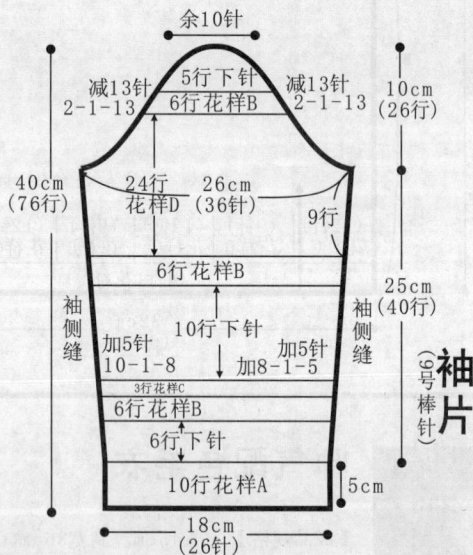

袖片 （6号棒针）

- 余10针
- 减13针 2-1-13
- 5行下针
- 6行花样B
- 减13针 2-1-13
- 10cm (26行)
- 24行 花样D
- 26cm (36针)
- 9行
- 6行花样B
- 40cm (76行)
- 袖侧缝
- 10行下针
- 加5针 10-1-8
- 加5针 加8-1-5
- 25cm (40行)
- 袖侧缝
- 3行花样C
- 6行花样B
- 6行下针
- 10行花样A
- 5cm
- 18cm (26针)

花样A

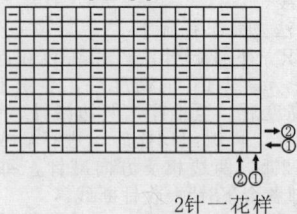

2针一花样

花样B

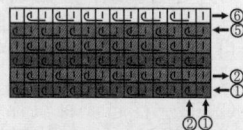

花样D

花样C

符号说明：

□ 上针

□=Ⅰ 下针

2-1-3 行-针-次

↑ 编织方向

花样E（单罗纹）

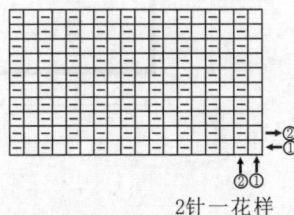

2针一花样

白色休闲毛衣

【成品规格】衣长38.5cm，胸宽31.5cm，
　　　　　　袖长27cm

【工　具】12号棒针，10号棒针

【编织密度】10cm²=32针×38行
　　　　　　10cm²=21针×28行

【材　料】白色羊毛线680g

前片/后片/袖片制作说明

1.棒针编织法，前身片、后身片、袖片分别编织而成。

2.前片的编织。一片织成.双罗纹针起针法，细针起88针，织花样A，织38行，第39行起换粗针织花样B，织

20行至袖窿。袖窿起减针，两边同时减针，2-1-28，两边各减28针，最后余32针至前领窝，收针断线。

3.后片的编织。起针、编织与前片完全相同，共织58行，开始袖窿减针，减针与前片相同，后衣领减针至32针，收针断线。

4.袖片的编织。从袖口起织，粗针起60针，两侧同时加针，加2-2-5，再织2行，两边各加10针，然后不加减针织12行，织成22行至袖山减针，两侧同时减针，减2-1-28，两边各减少28针，余下24针，收针断线，相同的方法再编织另一袖片。

5.拼接。将前片的侧缝与后片的侧缝及袖片和肩部对应缝合。

6.衣领的编织。沿着前后衣领边挑出120针，编织花样A，织4行后，收针断线。衣服完成。

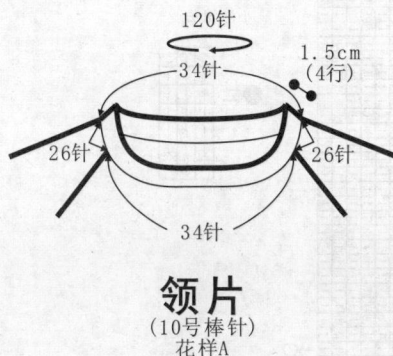

120针
34针
1.5cm（4行）
26针　26针
34针

领片
（10号棒针）
花样A

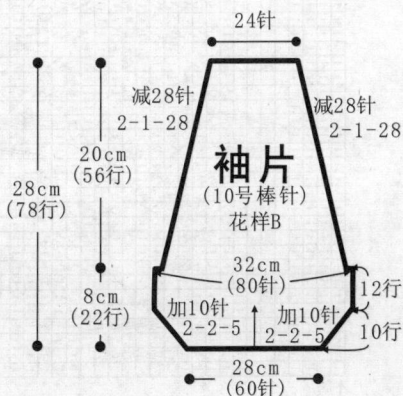

24针
减28针 2-1-28　减28针 2-1-28
28cm（78行）　20cm（56行）
袖片
（10号棒针）
花样B
32cm（80针）
12针
8cm（22行）
加10针 2-2-5　加10针 2-2-5
10行
28cm（60针）

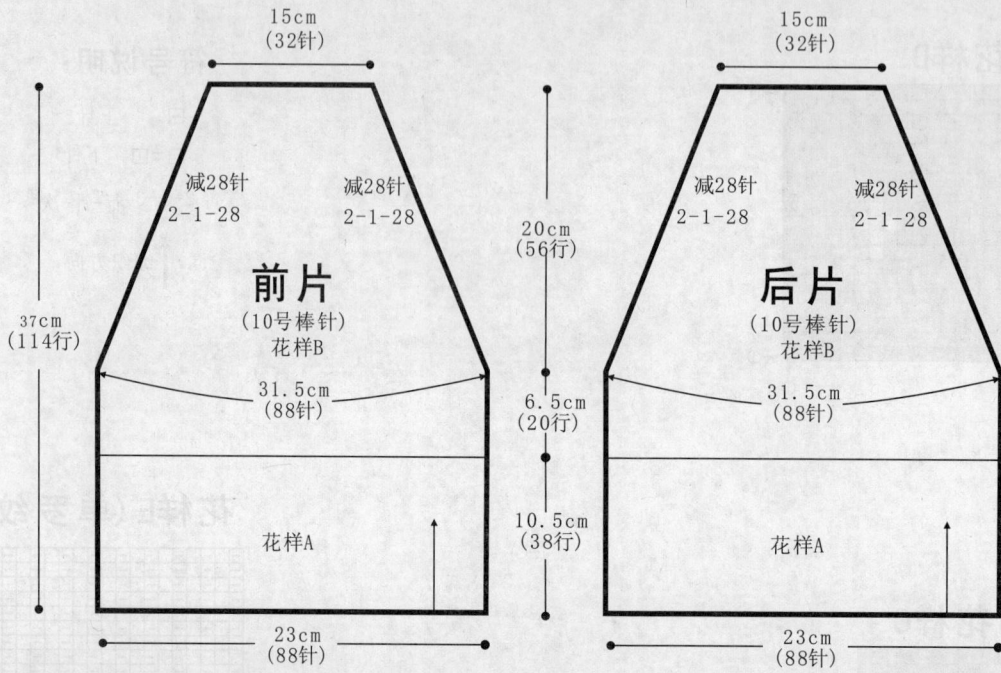

15cm
(32针)

减28针
2-1-28

减28针
2-1-28

前片
(10号棒针)
花样B

37cm
(114行)

31.5cm
(88针)

花样A

23cm
(88针)

20cm
(56行)

6.5cm
(20行)

10.5cm
(38行)

15cm
(32针)

减28针
2-1-28

减28针
2-1-28

后片
(10号棒针)
花样B

31.5cm
(88针)

花样A

23cm
(88针)

符号说明：

符号	说明	符号	说明
⊟	上针		右上2针和1针交叉
□=Ⅰ	下针		左上2针和1针交叉
2-1-3	行-针-次		左上2针交叉
↑	编织方向		右上2针交叉
⊠	右上1针交叉		右上3针与左下1针交叉
⊠	左上1针交叉		左上3针与右下1针交叉

5针5行玉编织

右上3针与左下3针交叉

花样A

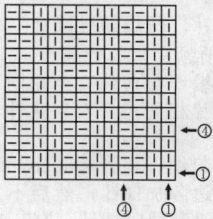

花样B

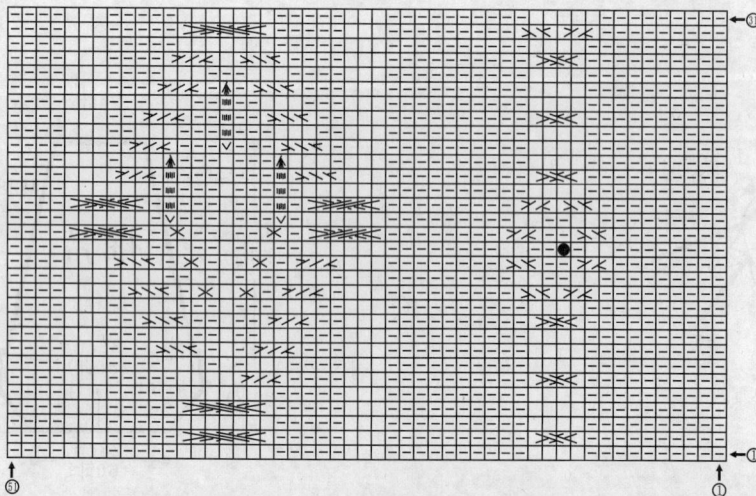

小球织法

●=

黄色珍珠扣翻领毛衣

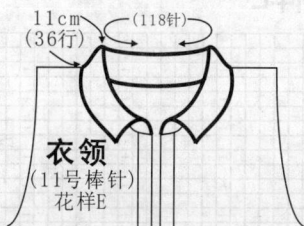

【成品规格】衣长44cm，半胸围34cm，肩宽
　　　　　27cm，袖长39cm
【工　　具】11号棒针
【编织密度】10cm²=20针×31.6行
【材　　料】黄色棉线450g

前片/后片制作说明

1.棒针编织法，袖窿以下一片编织，袖窿起分为左前片、右前片、后片来编织。

2.起织，下针起针法，起144针，左右两侧各织8针花样F作为衣襟，中间衣身部分织花样A，织至76行后，衣身部分改织花样B，织至88行，将织片分成左前片、后片和右前片分别编织，左、右前片各取38针，后片取68针编织。

3.分配后片的针数到棒针上，起织时两侧减针织成袖窿，方法为1-4-1，2-1-3，织至135行，中间平收26

针，两侧减针，方法为2-1-2，织至138行，两侧肩部各余下12针，收针断线。

4.分配左前片的针数到棒针上，起织时左侧减针织成袖窿，方法为1-4-1，2-1-3，织至116行，右侧减针织成前领，方法为1-8-1，2-2-2，2-1-7，织至138行，肩部余下12针，收针断线。

5.同样的方法相反方向编织右前片，完成后将两肩部对应缝合。

领片制作说明

棒针编织法，衣领往返编织。沿领口挑起118针织花样E，织36行后，收针断线。

袖片制作说明

1.棒针编织法，编织两片袖片.从袖口往上编织。

2.双罗纹针起针法，起54针织花样，织76行后改织花样D，织至84行，两侧减针编织袖山，方法为1-4-1，2-1-20，织至124行，织余下6针，收针断线。

3.同样的方法再编织另一袖片。

4.缝合方法：将袖山对应前片与后片的袖窿线，用线缝合，再将两袖侧缝对应缝合.

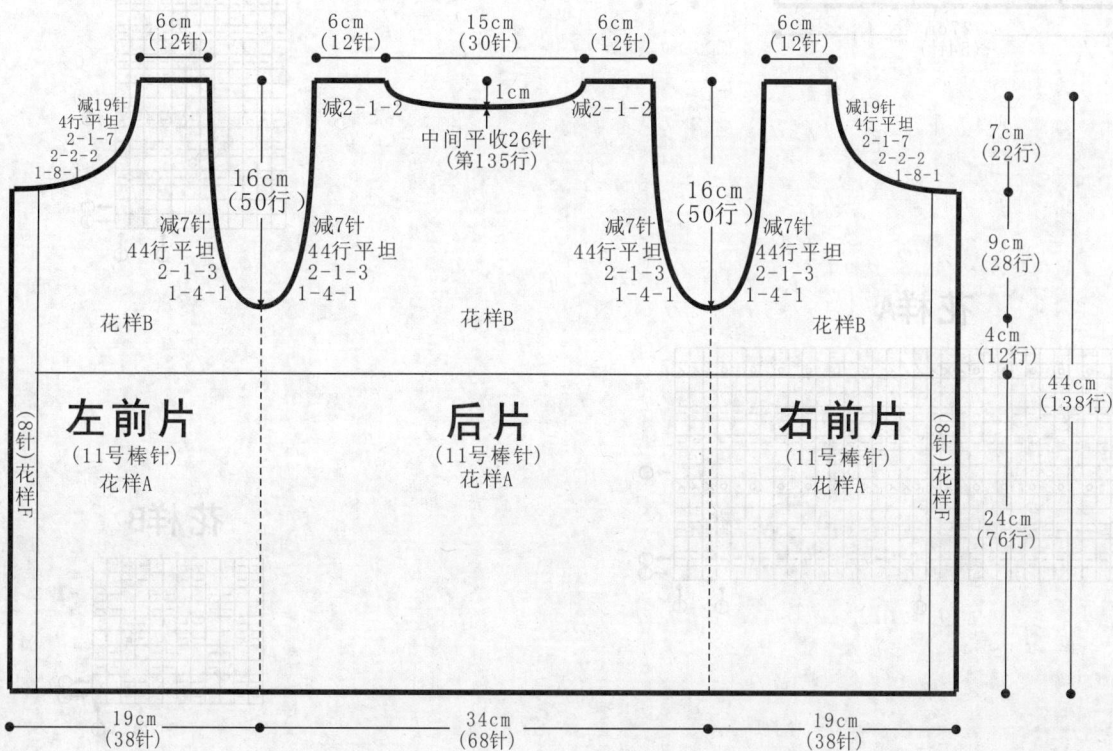

6cm
(12针)　6cm　15cm　6cm　6cm
　　　(12针)(30针)(12针)　(12针)

减19针
4行平坦
2-1-7
2-2-2
1-8-1

减2-1-2　1cm　减2-1-2
中间平收26针
（第135行）

减19针
4行平坦
2-1-7
2-2-2
1-8-1

16cm
(50行)

16cm
(50行)

7cm
(22行)

减7针
44行平坦
2-1-3
1-4-1

减7针
44行平坦
2-1-3
1-4-1

减7针
44行平坦
2-1-3
1-4-1

减7针
44行平坦
2-1-3
1-4-1

9cm
(28行)

花样B　花样B　花样B

4cm
(12行)

44cm
(138行)

(8针)花样F

左前片
(11号棒针)
花样A

后片
(11号棒针)
花样A

右前片
(11号棒针)
花样A

(8针)花样F

24cm
(76行)

19cm
(38针)　34cm
(68针)　19cm
(38针)

11cm
(36行)　(118针)

衣领
(11号棒针)
花样E

符号说明：

□　　上针
□=□　下针
☒　　左上2针并1针
⊙　　镂空针
⊗　　5针的结编织
左上3针与右下3针交叉
2-1-3　行-针-次

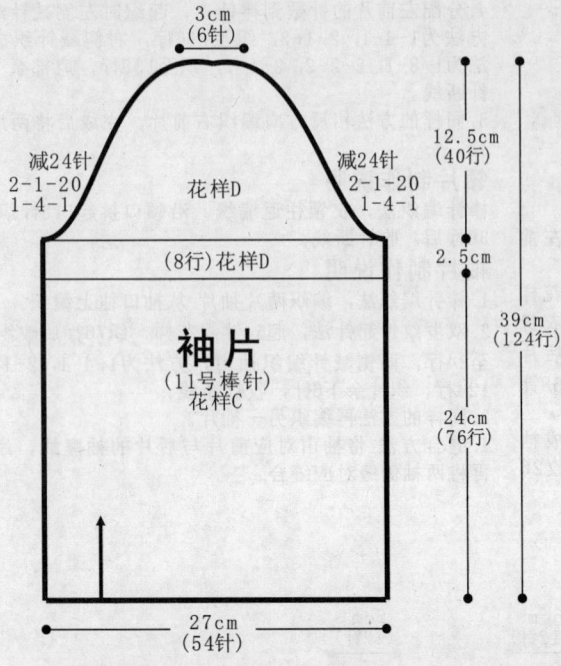

3cm
(6针)

减24针
2-1-20
1-4-1

花样D

减24针
2-1-20
1-4-1

(8行)花样D

袖片
(11号棒针)
花样C

12.5cm
(40行)

2.5cm

39cm
(124行)

24cm
(76行)

27cm
(54针)

花样C

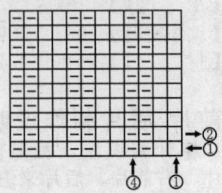

花样D

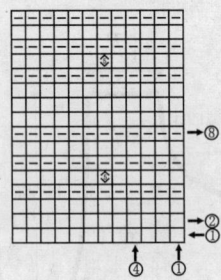

花样A

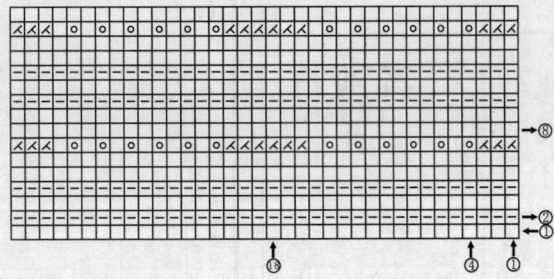

花样B

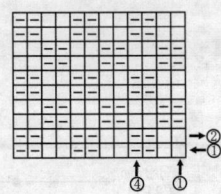

花样F

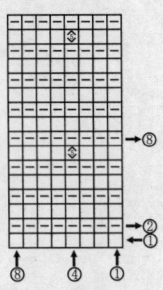

花样E

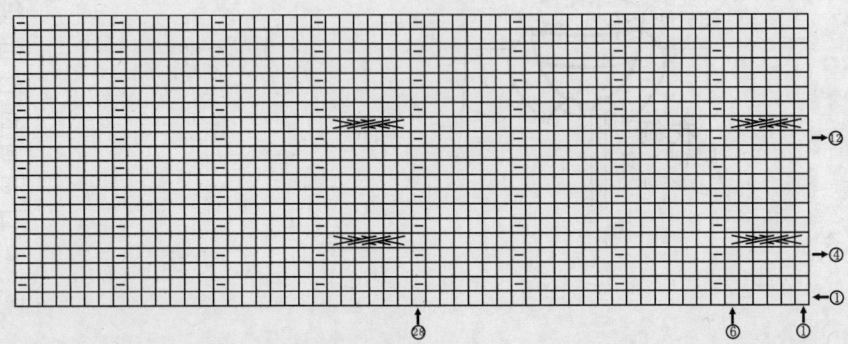